发现科学百科全书

地球

Discovery Science Encyclopedia

美国世界图书公司 编

沈岩 译

Earth

上海辞书出版社

上海市版权局著作权合同登记章：图字 **09-2018-340**

Earth

目 录

阿格里科拉

Agricola, Georgius

乔治·阿格里科拉(1494—1555)是德国内科医生和科学家。他是矿物学之父,也是早期地质学史上最重要的人物之一。地质学是研究地球是如何形成和变化的学科。阿格里科拉是他的德语名字格奥尔格·鲍尔的拉丁文形式。

阿格里科拉写过七本关于地质和采矿的书。书中描述了许多以前没有发现的岩石和矿物,还纠正了其他作品中关于岩石和矿物的信息。

延伸阅读: 地质学;矿物;岩石。

阿格里科拉

阿根廷草原

Pampas

潘帕斯(Pampas)是瓜拉尼语中的一个词,意思是"平原"。地理学家把这个词用在南美洲的许多平原上。但是"潘帕斯"这个词通常指环绕阿根廷首都布宜诺斯艾利斯的阿根廷草原。阿根廷草原从大西洋一直延伸到安第斯山脉。超过三分之二的阿根廷人生活在阿根廷草原上。阿根廷大部分城市和工业也在那里。

阿根廷草原拥有世界上最肥沃的土壤。这里非常适合种植小麦、玉米、苜蓿和亚麻等作物。成群的牛在西部草原上吃草。富有的牧场主在草原上拥有巨大的农场。他们向农民出租土地,雇人帮助种植和收割庄稼。

延伸阅读: 草原;平原。

一位阿根廷牧牛人赶着牛群穿越阿根廷草原。

阿蒙森

Amundsen, Roald

罗尔德·阿蒙森（1872—1928）是挪威探险家，他率领的探险队第一个到达南极。1911年12月14日，他率领的探险队抵达南极，比斯科特率领的英国探险队早了5星期。阿蒙森还多次去北极探险。

阿蒙森出生于奥斯陆附近的博尔格。1897年，他乘“贝尔吉卡”号船出海。1898年，这艘船成为第一艘进入南极水域的船只。

1906年，阿蒙森穿过加拿大的北极水域，完成了从大西洋到太平洋的首次航行。当他计划再次探索北极时，美国探险家皮尔里先行到达了那里。于是，阿蒙森改变了计划。他于1910年6月离开挪威，1911年1月抵达南极洲。10月，他的团队乘坐狗拉雪橇出发前往南极。

阿蒙森走的路线比斯科特的短，走的是平坦的陆地。而且，他的团队装备更好。1911年12月14日，阿蒙森和同伴通过计算得知他们已经到达南极点。而斯科特的团队5星期后才会到达那里。斯科特和他的团队是用小马拉雪橇，而不是狗，但最终小马们一匹匹筋疲力尽，不得不被射杀。在没有小马的情况下，这些人不得不拉着装载着补给的雪橇前行。在返回的途中，斯科特的团队成员相继在饥寒交迫中死去。

1926年，阿蒙森驾驶飞艇飞越北极，再次创造了历史。1928年，他和他的队员在北极失踪。

延伸阅读： 南极洲；北极；皮尔里；南极。

阿蒙森

埃特纳火山

Mount Etna

埃特纳火山是世界上最著名的火山之一。它位于意大利西西里岛，方圆大约有160千米，高3323米。

埃特纳火山的山坡上生长着森林。人们在它周围的肥沃土壤中种植橘子、葡萄和其他水果。埃特纳火山周围地区的人口比西西里岛其他地方都要多。

埃特纳火山是一座活火山。也就是说，它随时可能爆发。在过去的3000年里，它至少喷发了260次。古希腊的作家们留下了埃特纳火山活动的记录。在17世纪，一次地震和火山爆发夺去了2万人的生命；1950年和1951年火山爆发后，有几个城镇被毁；1960年猛烈的火山爆发在山的东侧撕裂出一个洞，自那以后火山又爆发过数次。

延伸阅读： 山地；火山。

西西里岛埃特纳火山是一座活火山。

矮草草原

Steppe

矮草草原是主要由矮草覆盖的地区。矮草草原位于夏季炎热、冬季寒冷的干燥地区。大多数矮草草原年平均降水量为25～50厘米，比高草草原的降水量还少，只是比沙漠地区稍多点。在北美洲，从美国新墨西哥州北部到加拿大艾伯塔省南部，矮草草原覆盖了北美大平原的大部分。在欧洲和亚洲，矮草草原从俄罗斯西南部延伸到中亚。

矮草草原上的骆驼

大多数矮草草原植物的高度不到 30 厘米，它们不像高草草原上的草那样茂密。北美洲矮草草原的植物包括格兰马草、野牛草、仙人掌、灌木蒿和茅草。今天，人们利用矮草草原放养牲畜和种植庄稼。在人类开始在矮草草原上耕作之前，许多野牛、鹿、长耳大野兔、土拨鼠、叉角羚羊、鹰和猫头鹰就已生活在那里。

夏季，矮草草原上常见火灾。这种火灾是很危险的，因为火焰在干燥的草地上能迅速蔓延。过度放牧、开垦耕地和灌溉后的土地盐碱化损害了一些矮草草原。

延伸阅读： 草原；北美大平原；高草草原；费尔德草原。

美国怀俄明州杰克逊霍尔附近的矮草草原上，北美野牛在吃草。远处是大提顿山脉的山峰。

凹坑

Crater

凹坑是地面上巨大的坑，它通常呈碗状。地球上有许多凹坑（火山口）。其他一些行星和月球上则有更多的凹坑（陨击坑）。

地球上大多数凹坑是由火山喷发形成的，称火山口。火山是能喷发炽热的熔岩的山。一些火山喷发后，顶部会形成凹坑，也有一些凹坑是火山某些部分坍塌而形成的。

地球上还有一些凹坑是因来自太空的物体撞击地球表面而形成的。这种凹坑称为陨击坑。其他行星和月球上几乎所有的凹坑都是陨击坑。这些凹坑是由小行星和陨石造成的。小行星是围绕太阳运行的岩石类天体。陨石则是来自太空的大块岩石。许多陨石曾经是小行星的一部分，当两颗小行星相撞时，它们便碎裂了。

小行星或陨石撞击地球时会释放出巨大的能量，这些能量以冲击波的形式从撞击点向外扩散，它们在地表传播直到能量耗尽。在向外扩散的过程中，它们将物质推离撞击点，于是便形成了凹坑。冲击波迫使一些地表物质向上向外移动，从而形成凹坑壁。

延伸阅读：火山。

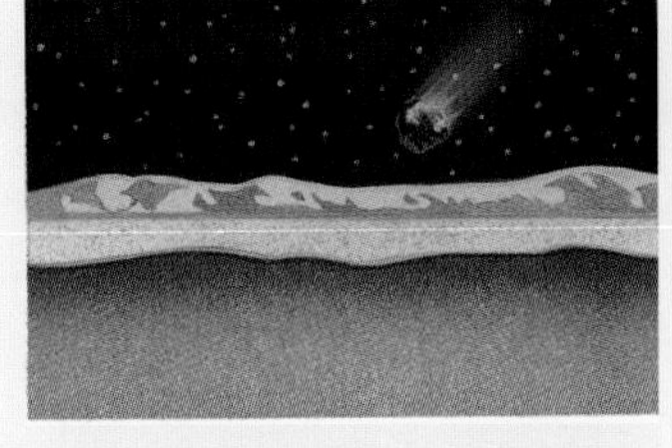

（1）小行星高速接近行星或月球表面。

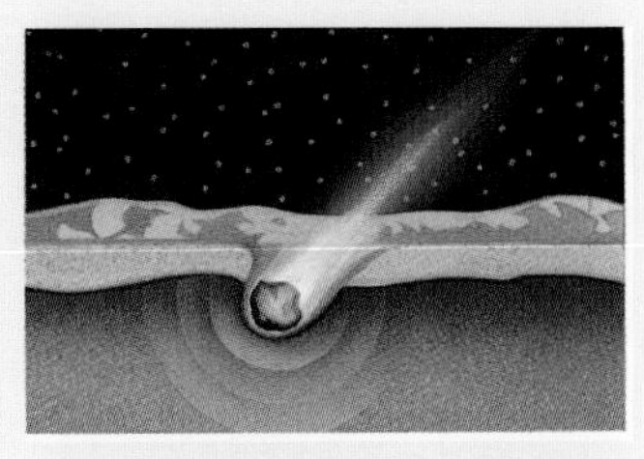

（2）小行星穿透地表，以冲击波的形式释放能量。

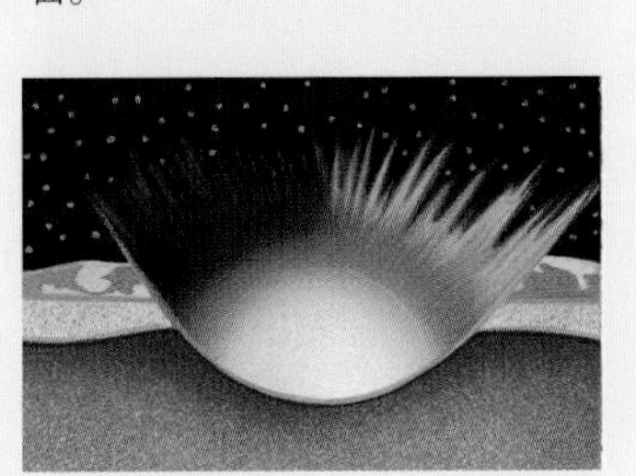

（3）冲击波摧毁了小行星，并将地表物质推离撞击地点。

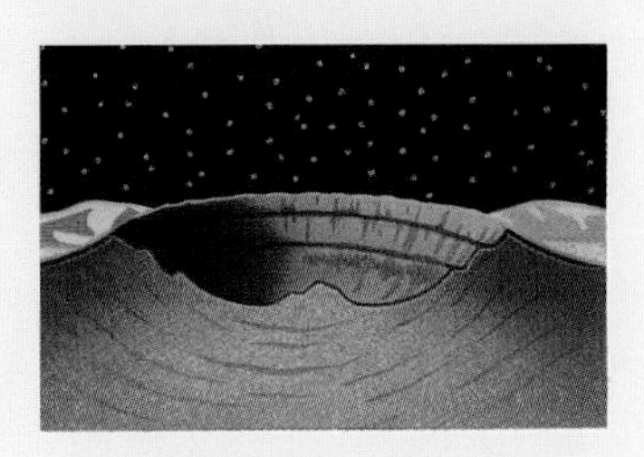

（4）凹坑的中心会反弹形成一个尖峰，而侧壁会倒塌，呈梯田状。

当彗星、小行星、陨石或其他小天体与更大的天体(如行星或月球)相撞时，就会形成凹坑。

地球上绝大多数凹坑是由火山造成的。图中这个火山口在萨尔瓦多。

奥陶纪

Ordovician Period

奥陶纪是地球上从距今4.85亿年至4.43亿年前的一段地质历史时期。这段时间远在恐龙出现之前。

有许多动物生活在奥陶纪时期的海洋里。有些看起来像蛤蜊和蜗牛。在我们今天看来，还有一些动物看起来可能会很奇怪。没有下颌的鱼在海里游泳。三叶虫也很繁盛，这些早已灭绝的动物，长得像马蹄蟹。植物可能在这段时间蔓延到陆地上，但是陆地上没有大型动物。

在奥陶纪，世界上的大部分陆地位于南半球。现在的北美大陆当时位于赤道附近。今天的北非当时位于南极。现在的撒哈拉沙漠当时则为冰川所覆盖。

许多生物在奥陶纪末期灭绝了，主要原因可能是气温下降。

延伸阅读： 地球；地质学；古生物学。

白垩

白垩是一种石灰岩，它柔软，色白，在看不见的海底形成泥浆。与其他种类的石灰岩不同，白垩质软而轻，可制成粉笔，用来在黑板上写字，也可用来制造牙膏、油漆和油灰。

白垩主要由微小的贝壳颗粒和方解石晶体组成。方解石是一种矿物，大多数类型的岩石中都含有少量方解石，而贝壳和方解石都是由碳酸钙组成的。

大部分白垩沉积物形成于白垩纪时期，大约从距今1.45亿年前持续到距今6600万年前。“白垩纪”名字来源于拉丁语中的creta，意为白垩。

在美国堪萨斯州发现的白垩里有海蛇和飞行类爬行动物的骨骼，以及很久以前灭绝的鸟类和鱼类的骨骼。英国东南部多佛的白色悬崖是最著名的白垩地貌之一。

延伸阅读： 白垩纪；石灰岩；岩石。

英国多佛著名的白色悬崖主要是由白垩构成的。

白垩纪

Cretaceous Period

白垩纪是地球历史上的一个地质时期，从距今1.45亿年前持续到距今6600万年前。白垩纪是中生代的最后一个时期。中生代有时称为恐龙时代。白垩纪的恐龙包括霸王龙和三角龙。在白垩纪时期，一种名为翼龙的大型飞行类爬行动物遍布天空。巨大的四鳍足、长颈爬行动物蛇颈龙在海洋中游弋。这个时期也有两栖动物、鸟类和哺乳动物。

显花植物在白垩纪时期已很常见。现今的大多数植物是显花植物。

在白垩纪初期，地球上的大部分陆地被分成劳亚古陆和冈瓦纳古陆两大块。在白垩纪期间，它们逐渐分离，最终变成现在所见的大陆。

大多数生物，包括恐龙，在白垩纪末期灭绝了。科学家认为，当时一颗小行星与地球相撞是导致物种灭绝的主要原因。而火山（位于今印度）爆发可能也起了一定的作用。恐龙和其他许多动物的消失使哺乳动物和鸟类成为最重要的陆地动物。

延伸阅读： 大陆；地球；中生代；古生物学；板块构造。

白垩纪的恐龙包括鸭嘴龙（中间），它长着鸭嘴一样的喙，还包括凶猛的食肉霸王龙和三角龙（右上）。显花植物在这一时期已出现，负鼠、蛇和蜥蜴也很常见。

班纳克

Banneker, Benjamin

本杰明·班纳克（1731—1806）可能是美国早期历史上最著名的非裔美国人。他是一个农民、数学家、天文学家。他还是一名测量员。1791 年，班纳克协助埃利科特少校规划美国政府部门的中心哥伦比亚特区的边界。

班纳克出生在美国马里兰州巴尔的摩市附近。他来自英国的祖母教他读书写字。他从小就对数学和科学感兴趣。从 1791—1796 年，他写了一系列关于行星和天气的历书。他曾给托马斯·杰斐逊寄了他第一本历书的副本，同时还写了一封呼吁结束奴隶制的信。美国和英国的奴隶制反对者曾用班纳克的历书来作为黑人能力的证据。

班纳克

板块构造

Plate tectonics

板块构造学说解释了地球表面大部分特征的成因。它是一种对已知事实做出解释的理论。板块构造理论告诉我们，为什么火山会在某些地方出现，为什么海洋中有海沟，以及山脉是如何在陆地和海底形成的。

当两个板块碰撞时，一个板块可能会俯冲（下沉和滑动）到另一个板块下面。下沉的一侧熔化形成岩浆。岩浆可能随后上升到地表，形成火山。

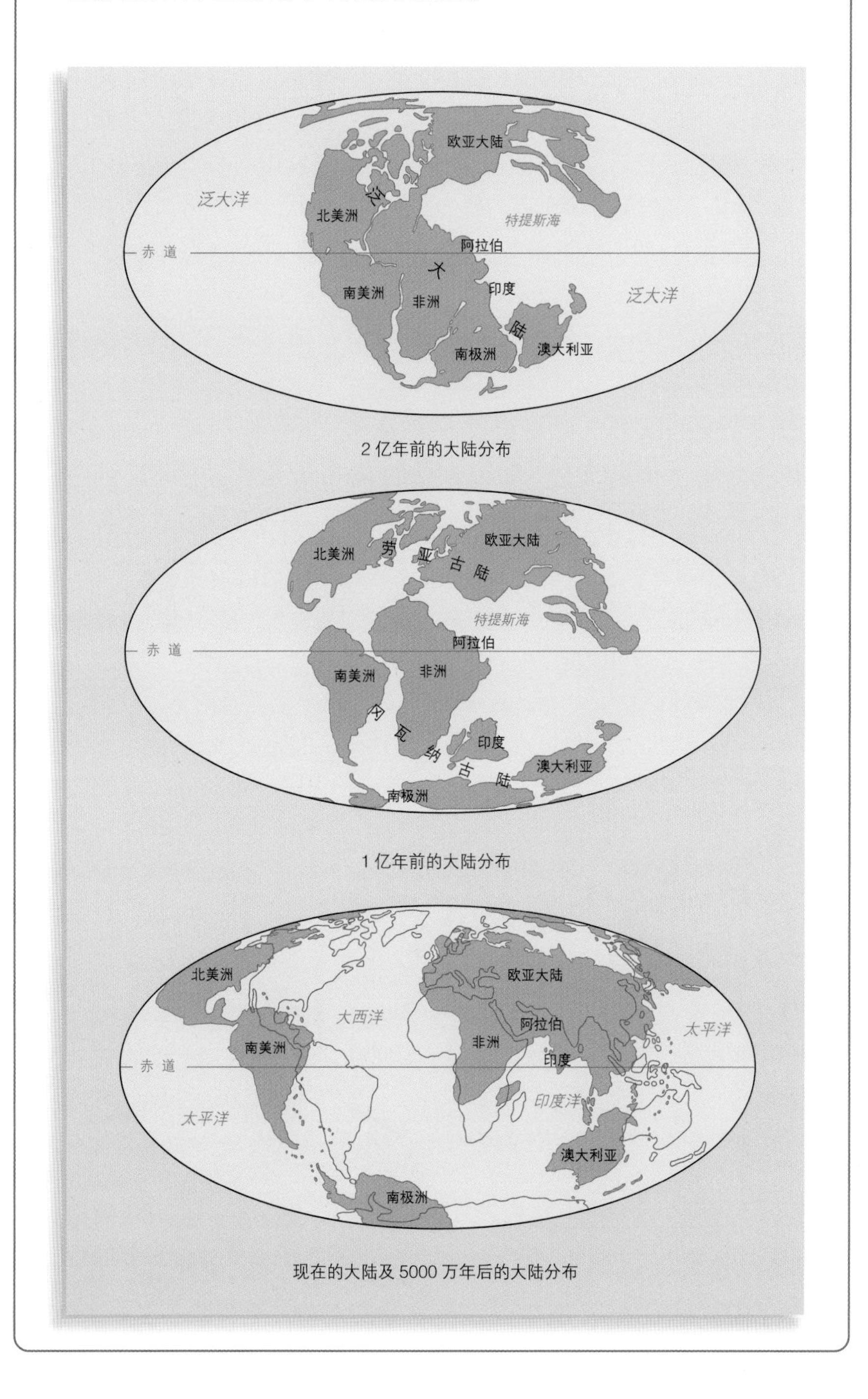

2 亿年前的大陆分布

1 亿年前的大陆分布

现在的大陆及 5000 万年后的大陆分布

在过去的几亿年间，地球构造板块的剧烈运动改变了我们星球的表面。大约 2 亿年前，地球上的大部分陆地积聚成一块单一的大陆，称为泛大陆（左上图）。泛大陆后来分为两大块陆地，即劳亚古陆和冈瓦纳古陆。这些陆地后来分裂形成几块大陆（左中图）。黑色的轮廓线（左下图）显示了约 5000 万年后大陆的位置。

地球科学家认为，地球的外壳由大约 30 块称为“构造板块”的刚性板块组成。这些板块大小不一，例如，太平洋大部分海底的地壳是一个单一板块，而小的板块小到几乎能被阿拉伯半岛完全覆盖。

板块在一层岩石上移动，这层岩石温度很高，以至于能流动，但仍然是固体。它们的移动非常缓慢——每年只有 10 厘米左右，这个速度跟头发的生长速度差不多。大陆是板块的一部分，所以当板块运动时，大陆也在运动。

在某些地方，板块相互分离，这些地方大多在海底。岩浆从地球深处上升，填满了两个板块分离后的空隙。岩浆冷却后，便在板块边缘形成新的地壳，这个过程称为裂谷作用，它正在大西洋海底发生着。

如果板块是在大陆上分开的，水就会涌入，从而形成河流、湖泊甚至海洋。如东非大裂谷。

在其他地方，板块会相互移动，相互挤压。当这种情况发生时，一个板块的边缘会下沉并滑到另一个板块下面。下沉的板块在海底形成巨大的海沟。有时板块的碰撞会引起地震，上面的板块上会有火山形成。有时，当一个板块滑到下面时，上面板块的岩层会像餐巾一样皱成一团，并被推成高山。亚洲的喜马拉雅山脉就是印度板块挤入欧亚板块下方形成的。

还有一些板块相互水平地错开。美国加利福尼亚州圣安德烈亚斯断层就是这样形成的。这些板块的边界可能会发生强烈地震。

科学家能测量板块移动的速度和方向。例如，他们知道大西洋正在慢慢变宽，而太平洋正在慢慢缩小。

科学家还追溯了这些运动的历史。他们认为大陆曾经是一个超级大陆，他们把它叫作泛大陆。大约 2 亿年前，泛大陆分裂成两块巨大的大陆，即冈瓦纳古陆和劳亚古陆。冈瓦纳古陆包括现在的南美洲、印度、澳大利亚、非洲和南极洲，劳亚古陆是由现在的亚洲、欧洲和北美洲组成的。

这两块巨大的大陆都分裂成较小的板块。它们漂流了很久，直到到达今天所在的位置。板块还在运动，科学家认为，数百万年后，大陆和海洋的大小和形状将与今天不同。

延伸阅读： 大陆；地球；地震；岩浆；海洋；泛大陆；火山；魏格纳。

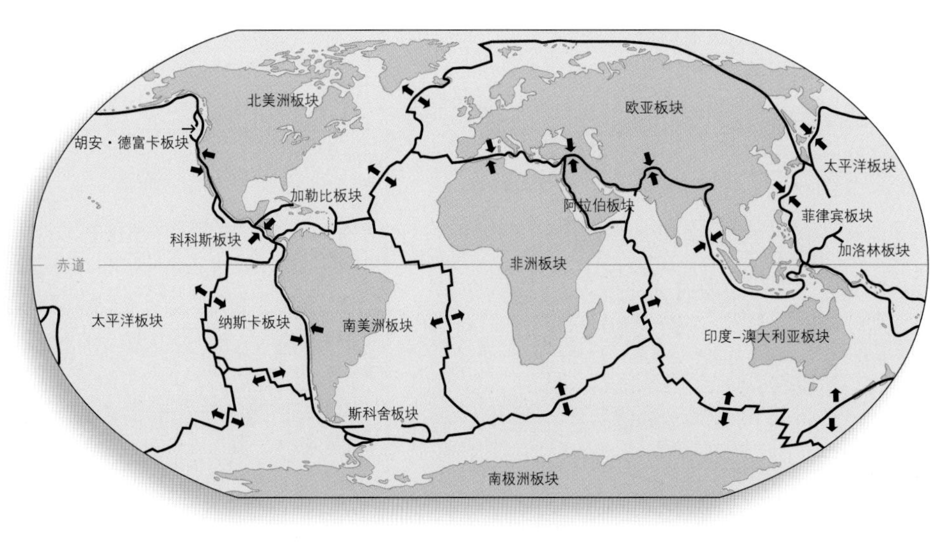

地球表面被分裂成大约 30 大块，称为构造板块。这些板块在一层炽热的岩石上滑动得非常缓慢。箭头表示板块运动的方向。

板岩

Slate

板岩是一种纹理细密的岩石。它很容易分裂成薄板，通常是灰色和黑色的，但也可能是红色或绿色的。

板岩经久耐用，不受天气影响，所以建筑工人用板岩做屋顶和铺石板路。板岩也用于制作台球桌和装饰大型建筑的门面和大堂。以前，学校的黑板通常是用板岩做的。

板岩是页岩在地下深处形成的一种层状岩石。热和压力使页岩变成板岩。板岩分布在苏格兰、威尔士、法国、德国南部和美国东北部。

延伸阅读： 变质岩；岩石。

板岩是一种细粒变质岩，是热或压力或两者同时作用于另一种岩石而形成的。

半岛

Peninsula

半岛是一片几乎四面被水包围的陆地，只有一端与一块更大的陆地相连。有些半岛与大陆相连的部位较宽，也有些由一条狭窄的地峡相连接。

半岛形状和大小各不相同。有些是狭长的陆地，意大利就位于这种半岛上。有些半岛占地广阔。位于亚洲西南部的阿拉伯半岛是世界上最大的半岛，占地约 260 万平方千米。其他著名的半岛包括美国佛罗里达半岛、加拿大拉布拉多半岛、澳大利亚约克半岛和墨西哥巴哈半岛。

延伸阅读： 大陆；地峡。

人造地球卫星拍摄的一张照片显示，意大利所在半岛的形状像一只靴子。

半球

Hemisphere

半球指地球的任何半个球体。这个术语来自希腊语，意思是半球形。

地理学家通常用两种方式来把地球分成两个半球。一种是分成东半球和西半球。东半球包括欧洲、亚洲、非洲和澳大利亚大陆，它有时被称为“旧世界”；西半球包括北美洲和南美洲大陆，它有时被称为“新世界”。

地理学家还把地球分为北半球和南半球。地球赤道把地球分成两个半球，北半球的最北端是北极，而南半球的最南端是南极。

延伸阅读： 地球；赤道；北极；南极。

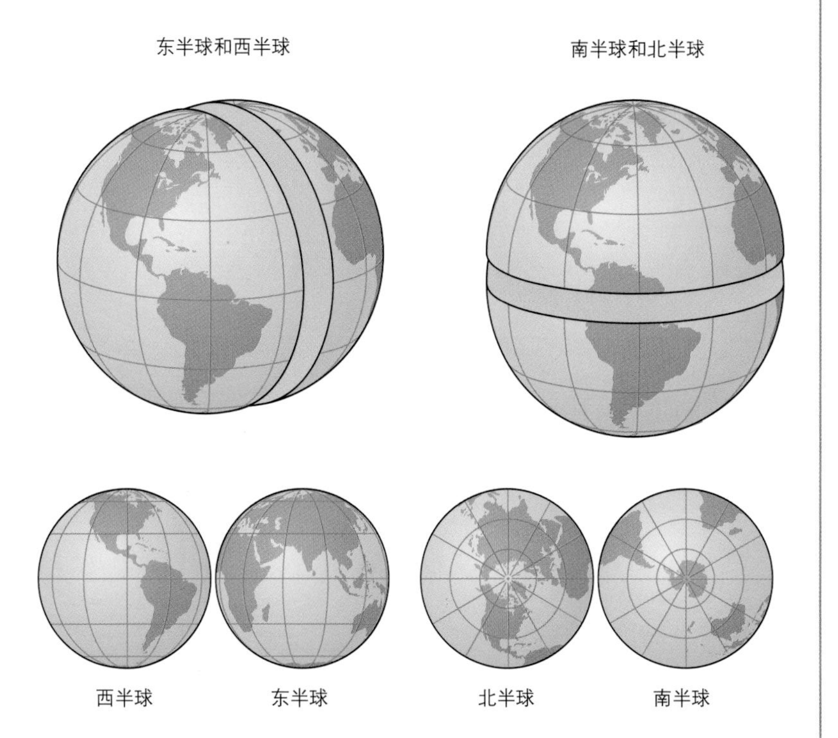

地理学家用不同的方法把地球分成两个半球。一种方法是把地球分成东半球和西半球，另一种方法是把地球分成南半球和北半球。

宝石

Gem

宝石是用来制作珠宝和饰品的材料，如珍珠。宝石很美丽，也可能很稀有。它们中大部分能持久不变，尽管有些太软，不适合做首饰。流行的宝石有钻石、绿宝石、红宝石和珍珠等。

大多数宝石是矿物，它们是在许多不同种类的岩石中发现的固体物质。但有些宝石来自植物或动物，例如，珍珠是在牡蛎壳中形成的，琥珀则来自古代松树，而珊瑚来自微小海洋动物的骨骼。

宝石有许多种颜色。宝石的颜色能使它更有价值。例如，绿宝石是绿柱石矿物中有价值的一种。

宝石会闪光，那是因为它们能折射光线。有些宝石折射光线的能力比其他的强，折射光线的能力越强，它就越闪耀。钻石就是最耀眼、最闪闪发光的宝石。

有些宝石很硬。钻石是最坚硬的宝石，它可以在其他任何矿物上刮出划痕。

开采时，大多数天然宝石表面粗糙，形状不规则。为了使这些宝石变成珠宝，宝石切割师要切割它们，然后把它们抛光。他们在宝石上切割出刻面并抛光，其他不能用这种方法切割的宝石则被塑形并抛光。

天然宝石可能非常昂贵，但科学家已经学会在实验室里制造红宝石、绿宝石和蓝宝石等。

延伸阅读： 玛瑙；变石；紫水晶；海蓝宝石；猫眼；钻石；绿宝石；石榴石；玉；矿物；蛋白石；橄榄石；红宝石；蓝宝石；黄玉；绿松石。

未切割的黄水晶是一种石英。

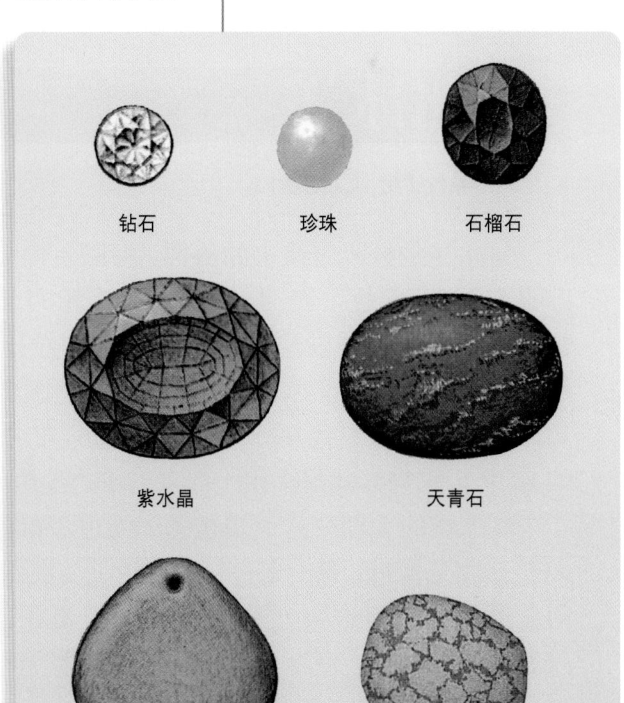

宝石是珍贵的石头，它们被切割、抛光后用作珠宝。

堡礁

Barrier reef

堡礁是一种珊瑚礁。珊瑚礁是温暖海域中的一种石灰质岩礁。它们是由称为珊瑚的微小海洋动物的骨骼形成的。当珊瑚死去时,它们的骨骼就会堆积在一起。

堡礁与附近海岸的形状保持一致。它在公海和靠近海岸的水域之间形成一道墙。海岸和珊瑚礁之间围成的水体叫潟湖。

有些堡礁形成一道长长的珊瑚墙。其他的则是由许多小暗礁组成。这些礁石被很深的水域分开。

有些堡礁相当大。世界上最大的珊瑚礁群是澳大利亚的大堡礁,它长约 2000 千米。

延伸阅读: 环礁; 大堡礁; 潟湖; 海洋。

大堡礁由 2000 多个珊瑚礁组成,它们沿着澳大利亚东北海岸延伸约 2000 千米。

北冰洋

Arctic Ocean

北冰洋是世界上最小的海洋,面积大约为 953 万平方千米。它位于亚洲、欧洲和北美洲的北部。格陵兰岛的大部分以及挪威、俄罗斯、阿拉斯加和加拿大的北部濒临北冰洋。北极点靠近北冰洋的中心。北冰洋的海岸线在沿海各国之间分布并不均匀,有些国家与其他国家相比拥有更多的周边海域。

北冰洋的大部分地区覆盖着一层厚厚的浮冰。大部分冰是海冰。有一部分冰是冰川冰,它们是从向北极海岸流动的冰川上断裂下来的。夏季,有些冰融化,北冰洋的海冰渐渐消失。自 1978 年首次进行卫星观测以来,海冰的总量每十年下降 10% 左右。全球变暖可能在很多方面加快了这一趋势。许多科学家认为,在未来几十

北冰洋大部分地区被厚厚的一层浮冰覆盖着。但是随着全球变暖,大部分冰正在消失。

年，夏季海冰将完全消失。

在海流和风的推动下，海水不断地流入、流出和环绕北冰洋运动。地球上约有 10% 的河水流入北冰洋。

北冰洋非常寒冷。1 月，海面水温降至 −2℃，达到海水的冰点；7 月，海面水温只达到 −1.5℃。

夏季，北冰洋里到处都是浮游生物，它们是随海流漂流的微小型生物。许多动物，如海豹、鱼类和鲸，在夏季游到北冰洋去捕食浮游生物。一些鲸捕食大量磷虾。北极熊则利用海冰作为平台来猎捕海豹。贝类是海象、长须海豹和抹香鲸的重要食物来源。

长期以来，北冰洋为北极地区的人们提供了捕鱼场所和狩猎平台。但是冰的消失威胁着生活在那里的人们，同样威胁着北极熊和其他依赖北极的动物。

北冰洋还拥有其他的自然资源。俄罗斯和阿拉斯加北海岸储藏有大量的石油，这些地区已有油井在开采石油。大比目鱼和其他生活在海底的鱼类吸引着沿岸的捕鱼者。北冰洋还是一条重要的运输线。船只将燃料、制成品和其他产品运往北极集聚区，并运回鱼、皮毛和木材。

公元前 3 世纪末期，古希腊探险家皮提亚斯在北冰洋附近航行。据他记载，英国以北 6 天的航程处有一个冰冻的海。“北极（Arctic）”这个名字来自“Arktos”，出现在北方天空的一个星座的希腊文名字。几个世纪以来，欧洲人找到了一条穿过北冰洋的海路。这条路线称为西北通道。

延伸阅读： 北极；全球变暖；冰山；极点；海洋。

北海

North Sea

北海是大西洋的一部分，位于大不列颠岛和北欧之间。有 7 个欧洲国家与北海接壤。多佛海峡和英吉利海峡把北海和大西洋连接起来。

北海从北到南大约有 960 千米，从东到西大约有 580 千米。自古以来，它就用于贸易和运输。北海有许多主要港口，包括英国伦敦、德国汉堡、荷兰阿姆斯特丹和比利时安特卫普。北海渔场是世界上最富饶的渔场之一。这里也是石油和天然气的重要产地。

延伸阅读： 大西洋。

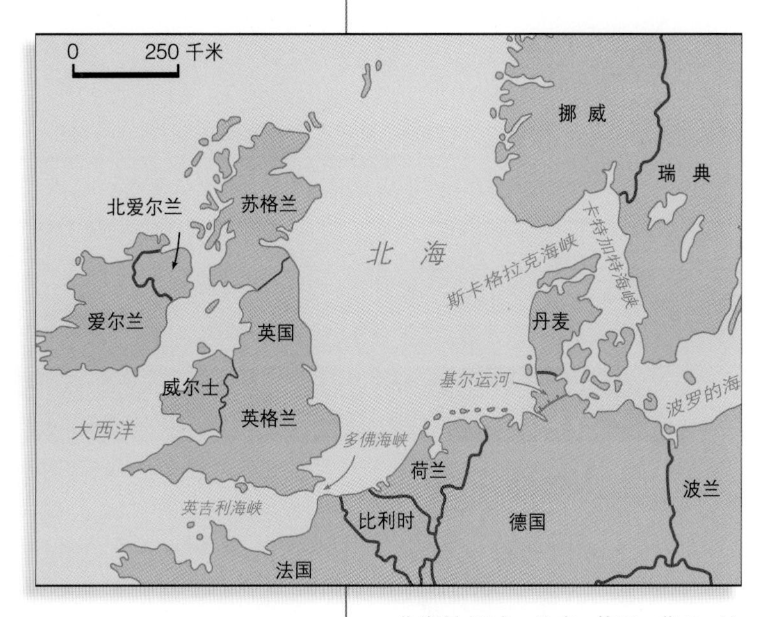

北海被挪威、丹麦、德国、荷兰、比利时、法国和英国 7 个国家所包围。

北回归线

Tropic of Cancer

北回归线是位于北半球环绕地球的一条假想线。北半球是指赤道以北的半个地球。北回归线是横跨赤道的热带地区的北部边界，南回归线则是其南部边界。

北回归线是赤道以北地区太阳可以直接出现在头顶的最北缘。夏至日中午，太阳光直射北回归线，这个日期通常在6月20日、21日或22日，是北半球夏季的开始，也是南半球冬天的开始。

北回归线是约2000年前以巨蟹座命名的。那时，太阳经过巨蟹座，到达赤道以北最远的地方。

延伸阅读： 赤道；半球；季节；二至点；南回归线；热带地区。

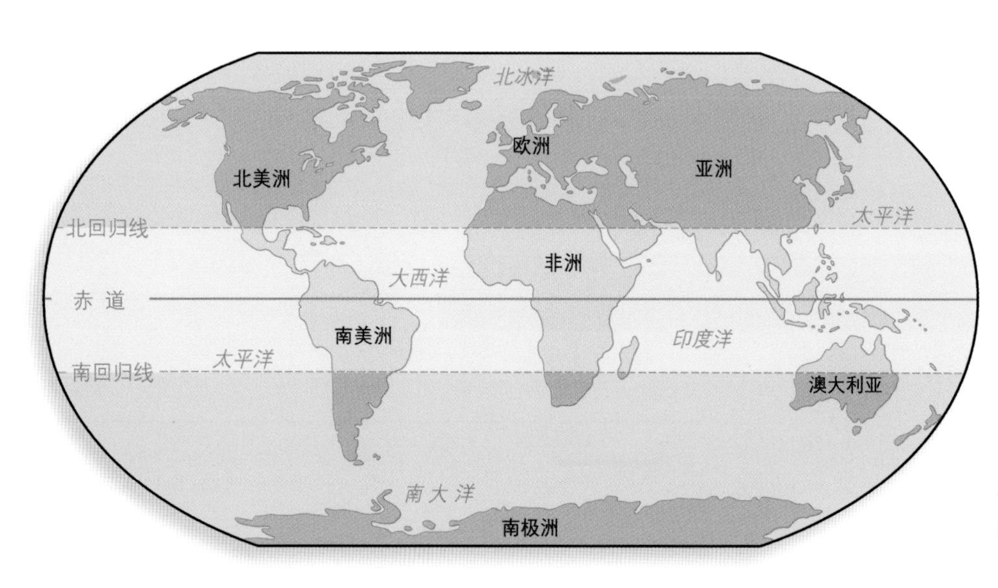

北回归线是热带地区的北部边界。

北极

North Pole

北极是地球北极地区几个点的统称。众所周知的是地理北极。它靠近北冰洋的中心，那里是地球所有经线交会的地方。

另一个北极是磁北极。地球是一个巨大的磁体，南、北磁极是地球磁场的两端。与地理北极不同，磁极并不固定在一个地方，它们在几年内能移动几千米。瞬时北极位于地轴与地表的一个交点上。

第一支到达地理北极的探险队由皮尔里率领。探险队包括皮尔里的助手亨森和4名因纽特人。1909年，这个团队乘坐狗拉雪橇进行了这次探险活动。1926年，伯德和贝内特乘飞机到达北极。1958年，美国海军"鹦鹉螺"号核潜艇是第一艘从冰下进入北极的潜水艇。1978年，日本的植村直己成为第一个独自到达北极的人，他乘狗拉的雪橇进行了这次旅行。

延伸阅读： 阿蒙森；地轴；亨森；经度和纬度；皮尔里；极点；南极。

地理北极，位于北冰洋的中心附近，是地球所有经线交会的地方。磁北极在几年内可以移动几千米。2001年磁北极位于加拿大北部埃勒夫灵内斯岛附近。

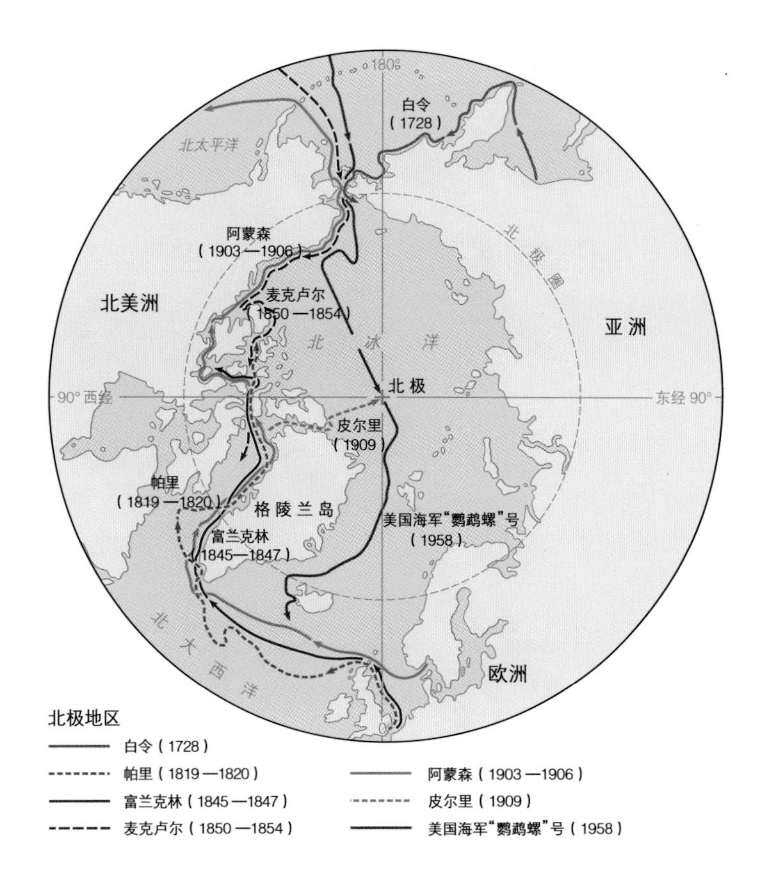

有许多人已经探索过北极附近的地区，其中包括白令，他率领第一支欧洲探险队，探索了今阿拉斯加海岸的一大片地区。其他探险者包括帕里(1819—1820)、富兰克林(1845—1847)、麦克卢尔(1850—1854)、阿蒙森(1903—1906)和皮尔里(1909)。1958年，美国海军"鹦鹉螺"号核潜艇从冰层下到达地理北极。

北极地区

Arctic

北极地区是围绕着北极点的地球最北的地区，包括北冰洋和许多岛屿，还包括亚洲、北欧和北美的部分地区。

北极地区一年中大部分时间都非常寒冷。夏季，平均气温低于 10℃。冬季，气温大约为 −34℃，也可能更冷。在短暂的夏季，大部分地区的太阳从不落下；而冬季的某些时候，太阳根本就不会出现。

北极的大部分地区终年被冰覆盖着。再往南一点，则被称为苔原的荒芜平原所覆盖。苔原很冷，一年中大部分时间被冰覆盖着。到了晚春，冰开始融化，表层土壤解冻。然而，表层下面的土壤终年处于冻结状态。这种永久冻结的土壤叫多年冻土。

由于冬季太冷，且缺少阳光，所以植物无法维持生命。到了夏季，漫长的白天使各种各样的植物得以生长。北极地区的植物包括苔藓、草和花。那里还生长着类似植物的地衣。多年冻土和严酷的气候使树木在北极的大多数地区无法生长，但是沿着北极地区的南部边缘分布着广袤的常绿森林。

这里还生活着一些动物，如驯鹿，另外还有熊、貂、狐狸、野兔、旅鼠、松鼠和田鼠。到了夏季，许多鸟类在这里筑巢，如鸭子和松鸡。夏季，北冰洋中动物特别多，许多鲸到北冰洋去觅食。许多鱼和小动物也在夏季茁壮成长。

北极地区的最北端终年被冰雪所覆盖。

北极的一些地区生活着因纽特人，因纽特人曾称爱斯基摩人。也有不少亚洲人住在这里。北欧的北极地区还生活着科米人和拉普人。

北极地区有世界上最好的渔场，还拥有大量的煤炭、石油、铁和其他矿产。

在过去的 30 年里，北极地区一直在迅速地变化。它的升温速度比地球其他任何地方都快。原先覆盖着冰的北冰洋大部分地区，现已缩小了很多。这些变化威胁着北极熊等动物的生存，也影响着植物的生长。

延伸阅读： 阿蒙森；北极圈；北冰洋；冰盖；北极；多年冻土；冻原。

冻土带是一年中大部分时间都处于冻结状态的地区。春天和夏天的部分时间地表解冻。解冻持续的时间足够使一些低矮的植物生长。地表下的土壤称为多年冻土层，终年保持冻结状态。

北极圈

Arctic Circle

北极圈是北极附近一条环绕地球的假想线。它穿过加拿大、阿拉斯加、俄罗斯和斯堪的纳维亚的北部地区。

北极圈位于北纬 66° 33′。纬度是南北方向距离赤道的度量单位。赤道的纬度为零，北极点在北纬 90°。

北极圈标志着太阳一年中有一天或几天在地平线以上的区域的边缘。夏季，最长的一天大约是 6 月 21 日，在北极圈内太阳从不落下；冬季，最短的一天是 12 月 21 日，在北极圈内太阳永远不会升起。

越接近北极点的地方，夏季就有更多太阳不会落下的日子，冬季也有更多太阳永远不会升起的日子。在北极点，太阳在 6 月 21 日前后各有 90 天始终悬在天空中；而在 12 月 21 日前后各 90 天里，太阳则始终位于地平线以下。

延伸阅读： 北极；极点；季节。

北极圈是太阳每年在地平线上停留一天或几天的区域的边缘。

北美大平原

GreatPlains

北美大平原是北美洲面积巨大且干燥的草原。它从加拿大北部向南延伸到美国的新墨西哥州和得克萨斯州，长约 4020 千米。东西方向上，北美大平原从落基山脉向东延伸约 640 千米，向西到加拿大的萨斯喀彻温省西部，还包括美国的南达科他州、内布拉斯加州、堪萨斯州和俄克拉荷马州的东部。横跨北美大平原的主要河流有阿肯色河、加拿大河、密苏里河、普拉特河和萨斯喀彻温河。

北美大平原是农业和采矿业的重要场所，世界上许多小麦都产自那里。很多石油和煤炭也来自北美大平原。

美洲原住民是第一批生活在北美大平原上的人，西班牙人是该地区的第一批欧洲移民。他们在 15 世纪就发现并开发了这一片区域。在 19 世纪后期，大量铁路开始把移民带到北美大平原。

延伸阅读： 草原；平原。

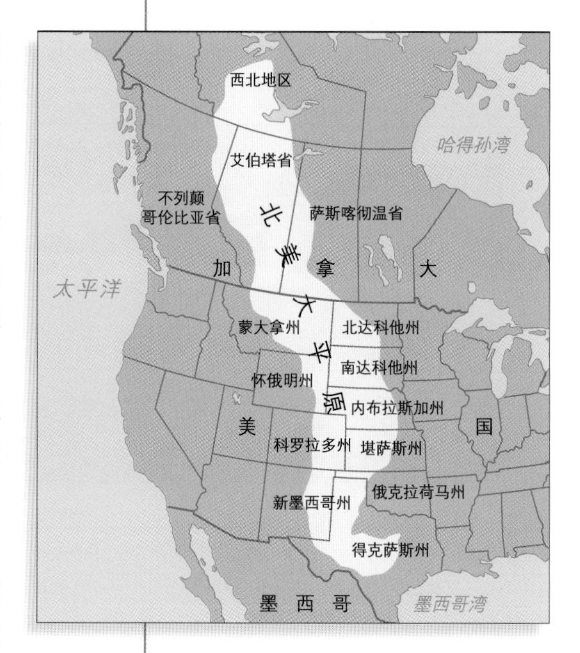

北美大平原是加拿大和美国重要的农业和矿业区。

北美大平原是北美洲面积巨大且干燥的草原。

北美五大湖

Great Lakes

北美五大湖是指位于美国和加拿大的5个大湖，从大到小，它们依次为苏必利尔湖、休伦湖、密歇根湖、伊利湖和安大略湖。只有密歇根湖完全在美国境内，另外4个湖一部分位于加拿大，另一部分位于美国。北美五大湖的总面积为244060平方千米。

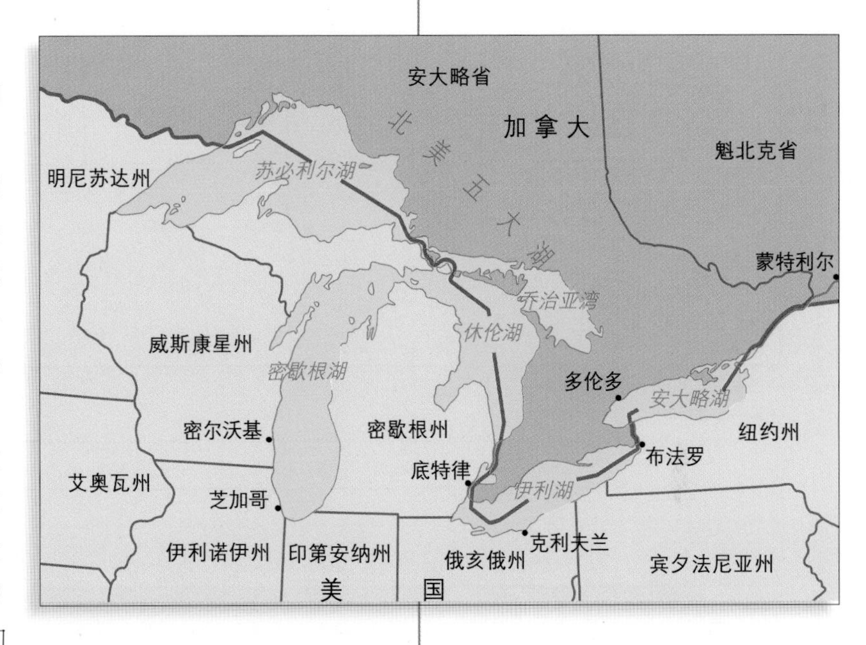

北美五大湖位于美国和加拿大两国的边界处。由苏必利尔湖、密歇根湖、休伦湖、伊利湖和安大略湖组成。

北美五大湖是世界上最大的淡水湖群。苏必利尔湖是其中最深的湖，也是世界上最大的淡水湖，而伊利湖是最浅的一个。北美五大湖的盆地最初由冰川作用形成，在过去的200万年里，巨大的冰川曾数次经过该地区。这些冰川大约有2000米厚。它们在所经之处推出深深的洼地，并带走大量的泥土和岩石。大约在11500到15000年前，冰川最终消退。这些泥土和岩石堆积起来，将盆地中的水围了起来，无法外泄，最终水注满盆地，形成了包括五大湖在内的成千上万个湖泊。

各湖泊之间有河流和运河相连。运河是人工建造的水道。其中一条运河是圣劳伦斯航道，另一条是苏运河。北美五大湖的船只可以通过这些水道航行到大西洋。今天，许多船只通过这些湖泊水利系统来运送煤、铜、钢和小麦。

自19世纪中期以来，工厂排放、化肥、城市污水和其他废弃物对湖泊造成了污染。到20世纪70年代初，一些湖泊已经被严重污染，以至于湖水变成了绿色，散发出难闻的气味，许多鱼类死亡。1972年，加拿大和美国签署了《大湖区水质协议》。从那时起，人们开始努力降低湖泊的污染程度。

物种入侵已经成为北美五大湖的一个问题。入侵物种是指在新环境中迅速扩散的动物、植物和其他生物。这些物种中，有一些是通过圣劳伦斯航道或通过外国船只倾倒出来的压舱水到达湖泊，它们当中有许多对本地物种产生有害影响。在 21 世纪第一个 10 年中，由于降水低于平均水平和气温高于往常，湖泊的水位接近历史最低点。

延伸阅读： 环境污染；冰川；湖泊；尼亚加拉瀑布。

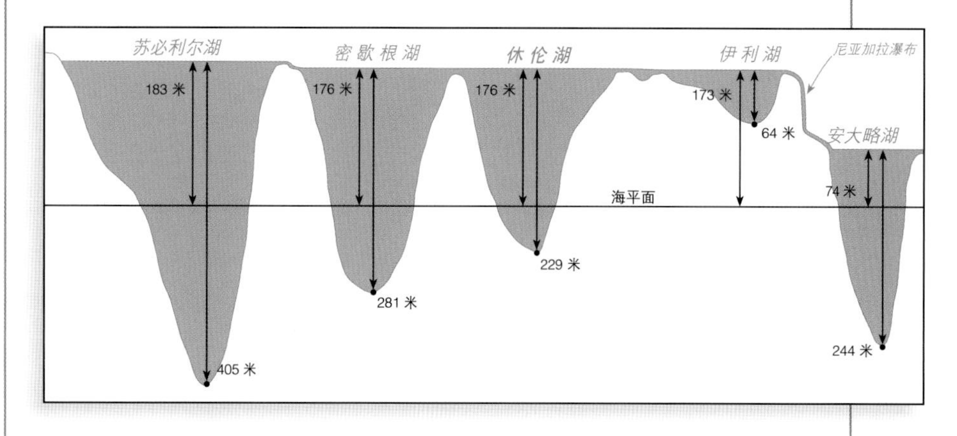

北美五大湖的大小、深度和海拔差异很大。从伊利湖到安大略湖，水位变化下降最大的值达 99 米。这种水位上的差异可在尼亚加拉瀑布看出部分端倪。

贝加尔湖

Lake Baikal

俄罗斯的贝加尔湖是世界上最深的湖。贝加尔湖位于西伯利亚南部，靠近俄罗斯与蒙古的边界。这个湖最深处大约有 1620 米，面积约 31500 平方千米，淡水储量居世界首位。科学家认为贝加尔湖也是世界上最古老的湖泊，它形成于 2500 万年前。

有些动植物只生活在贝加尔湖中或附近地区，如贝加尔湖油鱼和贝加尔湖海豹。湖的四周有多个俄罗斯国家公园和自然保护区。1996 年，联合国教科文组织将贝加尔湖列为世界遗产，认为它具有自然独特性。

贝加尔湖这一巨大水体影响着周边的天气。例如，离湖最近的地区，冬天的气温比内陆地区高几摄氏度，夏天则相反。从每年 1—5 月，湖面通常是结冰的。

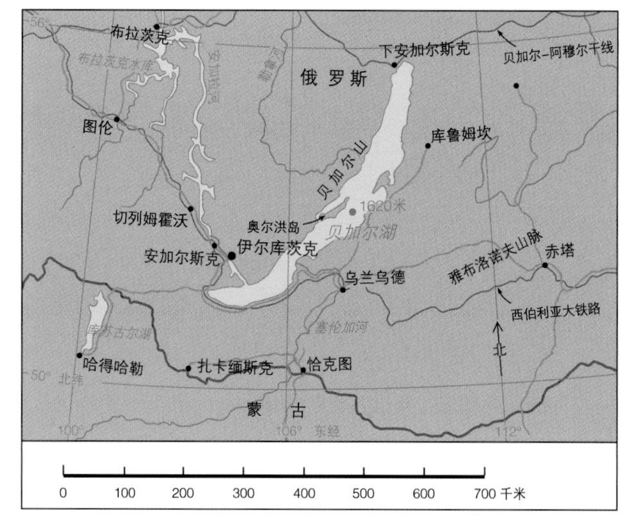

贝加尔湖位于俄罗斯西伯利亚南部。

有335条以上的河流流入贝加尔湖。只有安加拉河流出来，塞伦加河是流入湖泊中最大的河流。

工业污染了贝加尔湖的部分地区，尤其是西南部。矿山把废物排入湖泊的支流中。南岸的一家造纸厂造成了空气污染。

延伸阅读：湖泊；水。

贝加尔湖是世界上最深最古老的湖。

变石

Alexandrite

变石是一种稀有的、有光泽的宝石。它是金绿宝石的一种，在自然光下呈深绿色，但在大多数人造光下呈现红色。变石还是一种六月的生辰石。

和许多其他类型的宝石一样，变石也会经珠宝商切割和打磨，被切割成许多切面。切割过的变石常用于制造耳环、项链、戒指等。

1833年，人们在俄罗斯乌拉尔山脉首次发现了一块变石。这块石头以当时一位俄罗斯王子的名字来命名，这位王子即后来的沙皇亚历山大二世。

延伸阅读：宝石；矿物。

变石是一种金绿宝石，常用来做珠宝。

变质岩

Metamorphic rock

变质岩是三大岩石类型之一。热或压力，或两者的共同作用，引起另外两种岩石（火成岩和沉积岩）变化，即形成变质岩。这些变化能产生新的矿物。

大理石是由石灰岩形成的变质岩。随着时间的推移，石灰岩被更多的沉积物所掩埋。地球深处的压力和热量最终把石灰岩变成了大理石。地壳运动也可以使火成岩或沉积岩变为变质岩。

延伸阅读： 片麻岩；火成岩；石灰岩；大理石；矿物；岩石；片岩；沉积岩；板岩。

变质岩是某些岩石由于热或压力或两者的共同作用而发生变化时形成的。

表土

Topsoil

表土是表层的土壤。它通常有 10 ~ 25 厘米厚。表土是我们最重要的自然资源之一。表土的形成可能需要数百年的时间。

表土中含有腐殖质，它是一种由腐烂的植物和动物体形成的深棕色物质，是植物的重要营养物质来源。表土中还含有一种叫细菌的微生物，某些细菌也能帮助植物生长。表土会因侵蚀作用而流失，雨、风等外力可以使土壤逐渐流失，而人们通过开垦土地和过度放牧等破坏性的耕作方式，大大加快了水土流失的速度。当一个地区有太多的动物在吃草或当动物在一个地方停留时间太长时，会产生过度放牧问题。防止表土流失的过程叫水土保持。

延伸阅读： 侵蚀；岩石；土壤；风化。

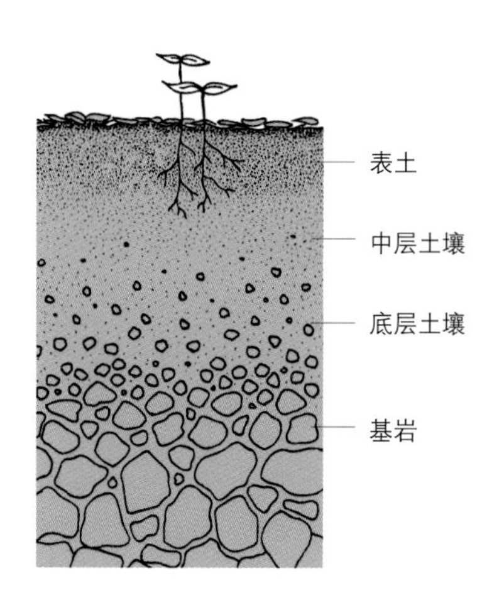

表土是表层的土壤，它富含植物生长所需的营养物质。其他土层则处在表土和基岩之间。

冰

Ice

地球上的冰是冻起来的水。在寒冷的天气里，湖泊、河流、潮湿的街道和人行道上都会结冰。雪、雨夹雪、霜、冰雹和冰川是冰的各种形式。地表上几乎所有的冰都分布在南北两极附近，全球有些高山上也有永冻不化的冰雪覆盖。在夏天，冰则可能存在于高云中。

地球上所有的冰都来自淡水。纯净的水在0℃时冻结成冰。含有酒精、盐或糖等物质的水则在较低温度下才结冰。因此，养路工会把盐或其他化学物质放在结冰的街道上来融化冰，以防路面打滑。

纯水结成的冰由晶体组成。晶体是原子以一种有序的方式聚集在一起的固体。水分子由一个氧原子和两个氢原子组成。

冰有一些不寻常的特性。固体通常比液体重，但是冰是固体，却比水轻。如果没有这种特性，冰将在湖泊和河流的底部而不是表层。此外，大多数液体变成固体时会收缩。但是当水结冰时，它会膨胀。体积上的这种变化可能产生有害的结果：水管中水结冰膨胀会使水管爆裂；道路中的水冻融产生的膨胀和收缩会导致路面碎裂。

冰很滑，因为冰晶的最外层很容易变回液体。来自我们手或温暖物体的热量很快就会使冰晶表面形成一层光滑的液体层。即使冰接触到冷的物体，微小的摩擦也会把最外层变成液态水。冰牢牢地附着在它形成时的物体上，当冰粘在汽车挡风玻璃上时，它这种特性会让人很烦恼；当冰粘在飞机机翼上时，飞行就会有危险。

水冰遍布宇宙。它是彗星的一种主要成分，彗星看上去就像一个肮脏的、松散的雪球。木星的卫星木卫二表面有一层厚厚的冰。其他包括土星的土卫六和木星的木卫三，它们的表面或表面以下有很厚一层水冰。水星和月球上的陨石坑里也有水冰，它们从来没有完全暴露在阳光下。

并非所有的冰都是水冰。科学家有时也把其他冰冻液体称为冰。甲烷和氨这两种化学物质冷冻时也称为冰。科学家认为大的气体行星——木星、海王星、土星和天王星——包含不同类型的冰。彗星和其他天体也可能含有不同种类的冰。

延伸阅读： 冰川；冰期；冰山；冰盖；雪；水。

溜冰者实际上是在一层薄薄的水上溜冰。溜冰者的重量对溜冰鞋上的冰刀施加的压力能使接触点的冰融化。水减少了冰刀和冰面之间的摩擦，使溜冰者能够在冰面上平稳滑行。

冰雹

Hail

冰雹是天上落下的小冰块。这些小冰块称为雹块。雹块可能比橘子还大，也可能比豌豆还小。曾经记录到的最大的雹块直径达 20 厘米，但大多数雹块直径小于 2.5 厘米。它们可能是球形的，也可能是不规则的块状。

雹块形成于雷雨云中。它们刚开始以雨滴或小雪球的形式出现。这些小雪球遇到冰冷的水滴时会变成雹块。雹块遇到的水越冷，它们就会长得越大。当它们重到气流托不住它们时，就会掉到地上。

雹块能砸碎窗户，砸坏汽车和屋顶。有时雹块会让人受伤，甚至砸死人。遇到冰雹天气时，人们应该尽快找地方躲避。

延伸阅读： 冰；雨；雪；雷暴；天气和气候。

雹块能严重伤害，甚至砸毁庄稼。

冰川

Glacier

冰川是在陆地上缓慢流动的大面积的冰。它们分布在世界上最寒冷的地区，这些地区包括南北两极和许多高山峡谷。低温使得大量的雪在这些地方堆积成冰。

冰川主要有两种，即大陆冰川和山谷冰川。大陆冰川是又宽又厚的冰原，在格陵兰岛和南极洲，它们覆盖了大片土地。这些冰川从中心形成，并向外倾斜。它们从四面八方流向大海。

在美国阿拉斯加中南部的基奈峡湾国家公园，古冰川雕刻出了这个狭长的入口。这些特征类似于在挪威发现的峡湾。

山谷冰川是又长又窄的冰河。他们沿着山谷从高处向下缓慢移动。它们主要分布在美国阿拉斯加、加拿大、欧洲阿尔卑斯山脉、新西兰南阿尔卑斯山脉，以及靠近南北两极的其他山脉。

冰川形成于寒冷的地区，那里冬天下的雪在夏天不会都融化。随着时间的推移，新的雪会层层堆积，不断增加的重量使得底层的雪变成了冰。冰变得非常厚，以至它在自身巨大的重力作用下向下伸展和移动。

当冰川经过一个区域时，它会刨蚀地面，并在后面留下小块的石头。它们创造了许多不同的地貌，包括湖泊和丘陵。在更新世期间，冰川覆盖了亚洲、欧洲和北美洲的广大地区，这是地球史上距今大约 260 万到 1.15 万年前的一个时期。许多冰期发生在那个时期。今天，世界上许多山谷冰川正在消退和变薄，这是由于全球变暖，即自 19 世纪中期以来地面平均气温的上升造成的。

延伸阅读：峡湾；冰；冰期；更新世；雪；谷地。

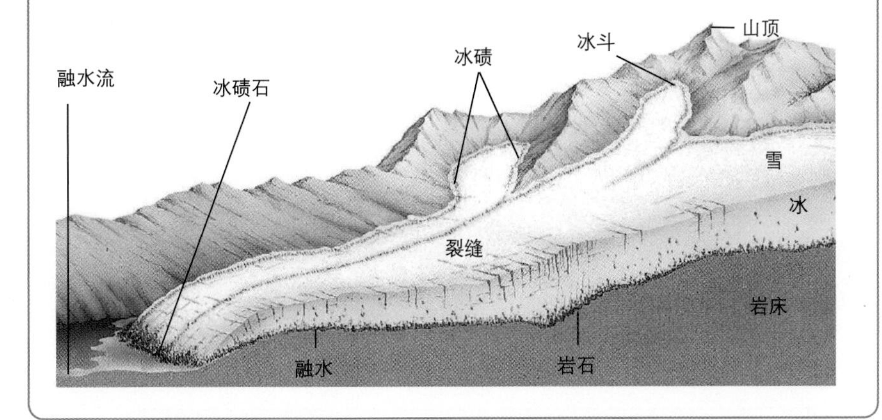

山谷冰川从靠近山顶的碗状凹陷处向下移动。当冰川穿越不平坦的地形或改变速度时，它的表面就会形成裂缝。冰川带走岩石和其他物质，并将它们堆积在冰碛的山脊中。

冰盖

Icecap

冰盖是一层比较厚的冰雪，它是一种冰川（一种会流动的大型冰团）。冰盖面积可达 5 万平方千米，而比冰盖还要大的叫大冰原。如今许多冰盖正受到威胁。科学家预计，全球变暖将使许多冰盖慢慢融化。

冰盖中央有一个冰穹，冰穹的外围则是向四周流动的冰川。这些冰川快速地从冰穹向外流动。

许多冰盖覆盖了山区，如挪威西南部约斯特谷冰原和冰岛东南部瓦特纳冰原。还有的冰盖则覆盖了北极的岛屿，如加拿大巴芬岛的巴恩斯冰盖和彭尼冰盖。南极洲和格陵兰岛均被巨大的冰原覆盖。

延伸阅读：南极洲；北极地区；冰川；全球变暖；冰。

加拿大努纳武特地区埃尔斯米尔岛上，冰盖覆盖了古丁尼柏国家公园的大部分地区。

冰期

Ice age

冰期是冰覆盖地球上大片陆地的历史时期。这些巨大的冰层称为冰川。地球经历了许多冰期。冰期通常能持续约 10 万年。一些科学家认为，在一个极端的冰期中，整个地球都被冰覆盖。科学家有时把这种完全被冰覆盖的地球称为“雪球地球”。

冰期与冰期之间的时期称为间冰期。在间冰期，大量的冰融化了。间冰期通常持续 1 万~ 2 万年。

已知最早的冰期发生在距今 23 亿年前。最近一次冰期结束于距今 1.15 万年前。

在冰期，冰川从北极向南扩张，从南极向北扩张。当冰川在陆地上运动时，它们推动并携带着泥土和岩石。当冰川融化后，它们就会留下沿途挟带的岩石和土壤。冰川的运动造成了山丘、山谷和湖泊等不同的地貌。例如，北美五大湖是

末次冰期结束于距今大约 1.15 万年前，在此期间，冰盖覆盖了现在斯堪的纳维亚半岛的国家和欧洲其他北部地区、加拿大大部分地区以及美国北部地区。冰盖也覆盖了南极洲，但范围较小。

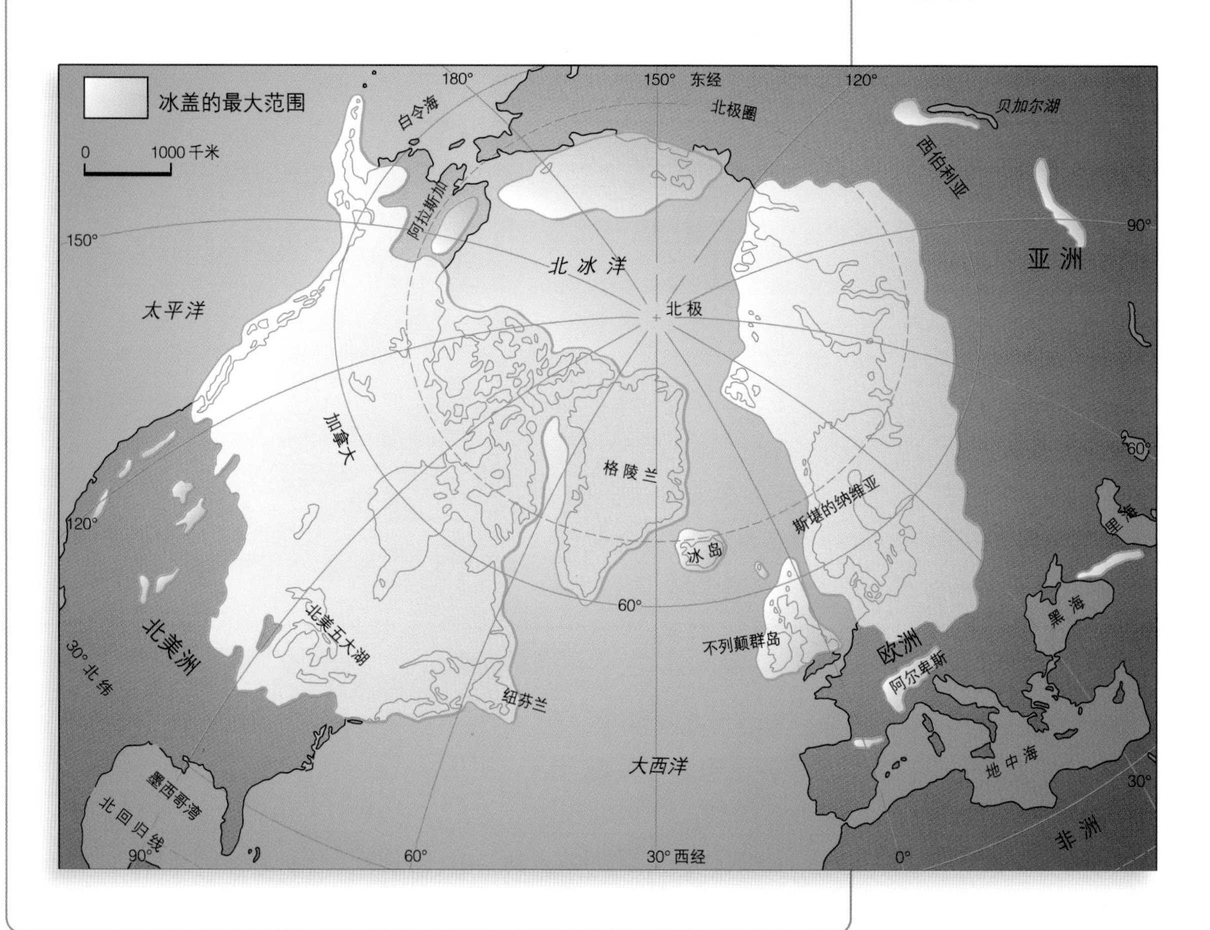

在末次冰期，冰川常把巨大的岩石带离它们的源地。距今1.15万年前冰期结束时，融化的冰把这些叫作“漂砾”的巨石留在了地上。

由冰川运动形成的，斯堪的纳维亚半岛上通往大西洋的峡湾也是这样形成的。

科学家通过研究格陵兰岛和南极洲现存的来自冰川的岩石、土壤和冰芯来了解冰期。例如，现已知道在一个地区形成的岩石和土壤可以被冰川运移到另一个地区。冰川携带的岩石和土壤可以为我们提供冰川来自哪里和要往哪运动的线索。冰芯可以扮演时间机器。来自不同层的冰芯代表了地球史上的不同时期。我们可以通过现存冰川的冰芯了解过去某些时期的大气状况。

科学家了解到，在末次冰期，冰川覆盖了现在的斯堪的纳维亚半岛上的国家和欧洲其他北部地区。它们还覆盖了现在的加拿大大部分地区和美国部分地区。科学家已经知道，在末次冰期，大气中某些化学成分的含量是不同的。例如，在那个寒冷时期，大气中二氧化碳气体所占比例要比今天少。

延伸阅读： 南极洲；北极地区；峡湾；冰川；冰；冰盖。

冰碛

Moraine

冰碛是冰川融化后沉积下来的土壤和岩石。冰川是大团缓慢滑下坡的冰。冰碛也指冰川内或冰川表面的土壤和岩石带，还可以指冰川融化时边缘留下的不平整的土壤和岩石脊。

冰碛有很多种。移动的冰川搬运并沉积下来的冰碛从砾石到巨石大小不等。底碛在冰川下形成，表面不规则。被称为侧碛的山脊沿着山谷冰川的两侧发展。终碛标志着冰川向前移动的最远点。后退冰碛形成于正在后退（融化）的冰川开始再次前进或暂时停止时。

延伸阅读： 冰川；岩石；土壤。

当冰川下坡时，它会带走岩石和其他物质。这种物质可能会在冰川底部和边缘形成冰碛带。当两个冰川结合时，中碛可能会形成。冰川也可以在其向前走的最远处形成终碛。

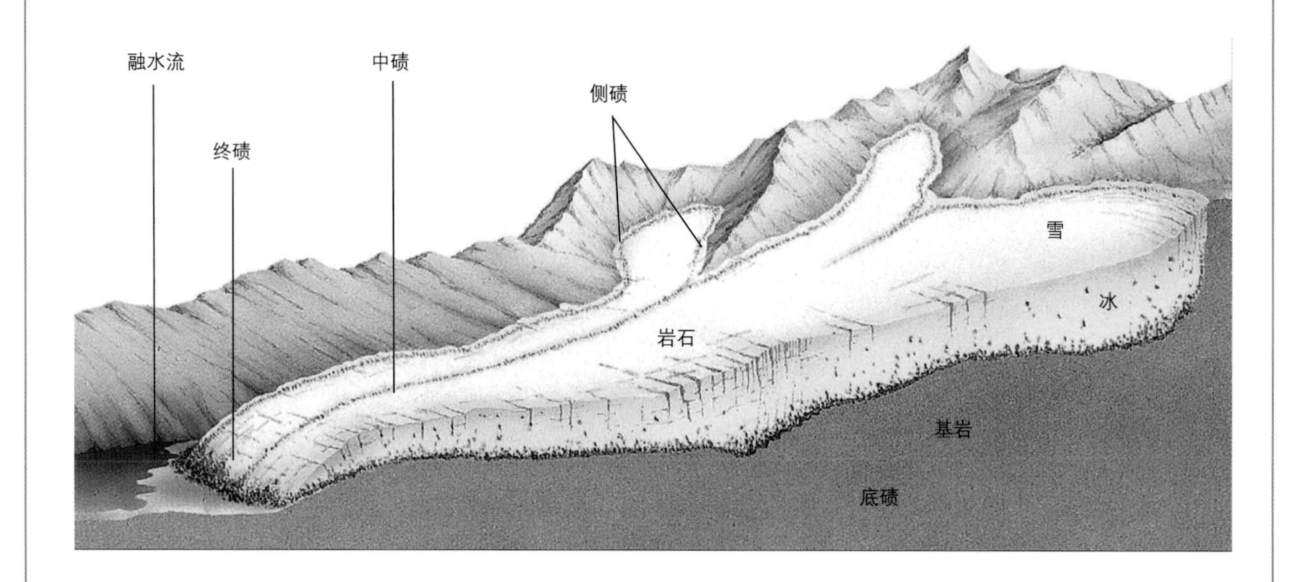

冰山

Iceberg

冰山是漂浮在海洋中的从冰川上脱落下来的巨大冰块，而冰川是覆盖在南北两极附近陆地上的冰层。冰山是由积雪挤压成冰形成的。最大的冰川覆盖了格陵兰岛北部和南极洲南部。冰山也可能是从北极冰盖上脱落下来的。

冰山有不同的大小。最大的冰山可能长达数千米，重达百万吨，高出海面约 120 米。在南极洲周围形成的冰山一般比在北方形成的冰山大得多。

冰山也有许多颜色。大多数冰山看起来是白色的，尽管冰是透明的。白色来自冰中数以百万计的小气泡，气泡使通过的光散射呈现出白色。有些冰山存在没有气泡的冰，这些冰呈深蓝色。甚至还有绿色的冰山，绿色的冰是含有绿藻的冷冻海水。

我们能看到的冰山部分实际上是很小的一部分。冰山的大部分位于水下，这对于航行的船只来说尤其危险，因为在有雾或暴风雨的天气里，船上的人可能看不到冰山。此外，冰山露出水面的部分并不能真正显示出整个冰山的形状。例如，一艘船可能会撞上冰山的水下部分，而它离水面上的冰山还有一段距离。世界上主要的航运国家在冰山进入航道时会跟踪它们的位置。

延伸阅读： 南极洲；北极地区；冰川；冰；冰盖；海洋。

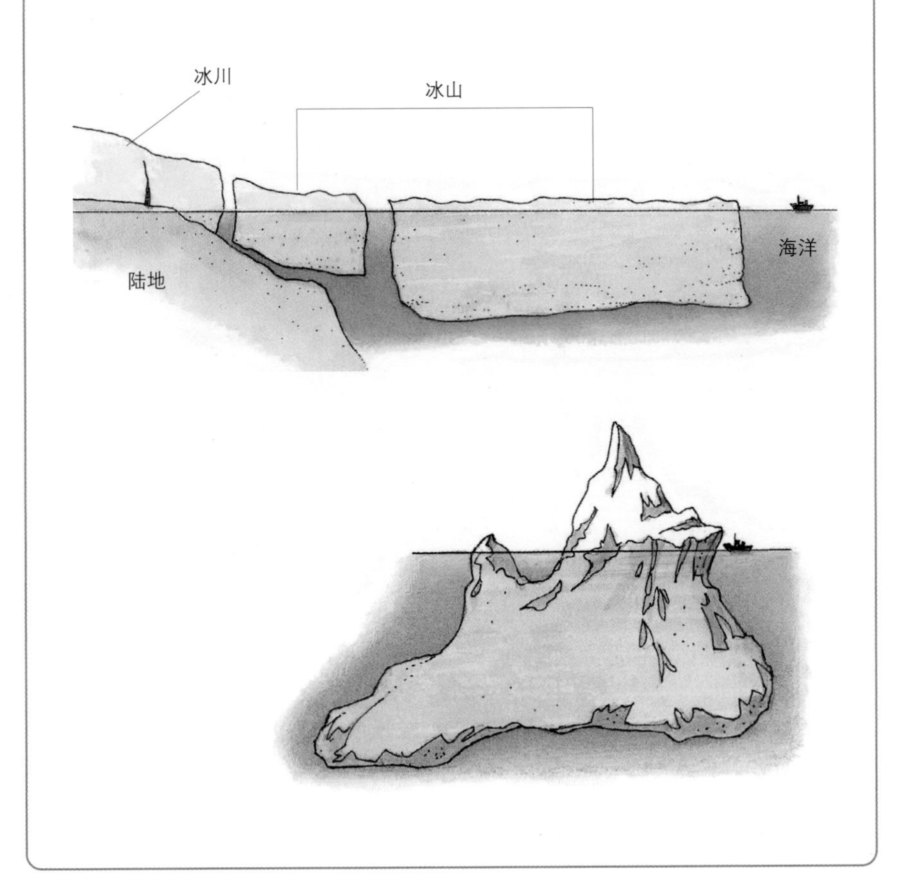

冰川流入大海时，大块的冰从冰川上断裂下来，从而形成冰山。太阳和风使冰山的顶部融化。冰山底部在水下，融化要慢得多。随着顶部融化，隐藏的底部对船只来说变得极其危险。

采石

Quarrying

采石是从地球表面把石头移走，是采矿的一种形式。采石场是一个大坑，在那里石块从地下被采出。采石场的侧壁可能高达 300 米。采石场的石头包括花岗岩、石灰石、大理石、砂岩和板岩。这些石头用于建筑物，包括地板和墙壁。

采石场的石头常大块大块地被搬走。工人们必须小心，以免把石头打碎。之后，大块的石料可分割成小块。“采石”这个词也可以指从坑里取碎石或砾石。这些石料要比大石块使用得更多。

延伸阅读： 花岗岩；石灰岩；大理石；矿物；砂岩；板岩。

在一个花岗岩采石场，工人们把石头切成大块。然后这些石块从地面被移到有建筑需要的地方。

彩虹

Rainbow

彩虹是出现在天空中的一道弯曲的彩色光带。当阳光照射在雨滴上时，彩虹就出现了。有时彩虹的两端似乎触到了地面。彩虹并不是一个物理实体，而是光的一种形式。

没有两个人能看到同样的彩虹。你看彩虹时位于彩虹的中央，而站在你旁边的人则位于另一道彩虹的中央。每一道彩虹都是由不同的雨滴形成的。

彩虹通常出现在暴风雨过后的下午时分。要想找到彩虹，要背对着太阳，面向影子方向，再抬头看。如果有一道彩虹，你会在你的影子和头顶上方一个点之间不到一半的地方看到它。彩虹不可能出现在没有雨的天空中。

彩虹有时会出现两道，甚至三道。当雨滴的内表面不止一次反射太阳光时，就会发生这种情况。

人们通常会看到一道主虹。它的彩带的外侧为红色，内侧为紫色。这两个颜色之间，从外到内分别为橙色、黄色、绿色和蓝色。

有时，它的上方更高的地方会出现一道较暗的彩虹。这道彩虹外侧是紫色的，内侧是红色的，它颜色的顺序与主虹正好是相反的，这道彩虹叫副虹。

彩虹之所以会出现是因为光的特性。所有颜色的光合在一起会产生白光。每种颜色的光的波长是不同的。当白光通过一种叫棱镜的玻璃时，光线会折射。由于不同颜色的光波的折射程度是不一样的，这使得白光被分解出一条彩带。穿过雨滴的光就是以同样的方式分解出不同的颜色。

延伸阅读： 雨。

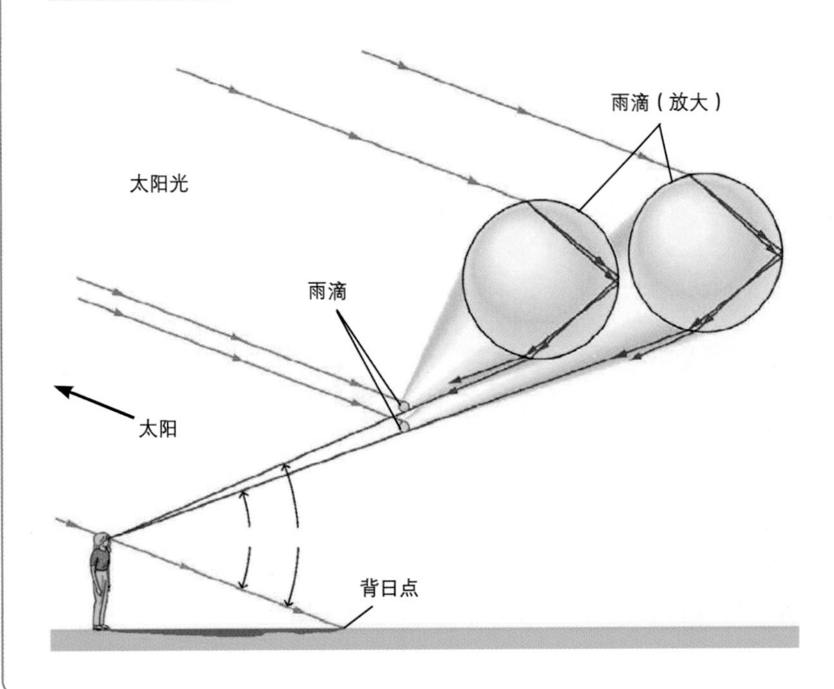

当雨滴折射和反射太阳光时，彩虹就形成了。当光线进入雨滴时发生折射，就会分解出不同颜色的光线。这些光线接着在雨滴的内表面被反射。当它们从雨滴中出来的时候，它们再次折射。因此，彩虹出现的位置与背日点约成42°角。这个位置在你头部阴影的上方。

草原

Grassland

草原是很大的开放区域，大部分植物都是草。在世界上许多地区，草原被用来种植庄稼。

有些草原的草矮，且土壤干燥，称为荒漠草原。美国和加拿大的北美大平原、南非的无树草原，以及哈萨克斯坦北部和俄罗斯南部的平原都属于这种草原。

有些草原的草更高大，土壤肥沃，称为高草草原。高草草原的雨水比荒漠草原多，有的还有小山和树丛，中间有河流和小溪穿过。这种草原在美国中西部、阿根廷东部以及欧洲和亚洲的部分地区很常见。

延伸阅读： 生物群落；北美大平原；阿根廷草原；高草草原；稀树草原；土壤；矮草草原。

转角牛羚（大型非洲羚羊）、瞪羚和黑斑羚在肯尼亚的热带稀树草原上吃草。东非热带稀树草原上的动物比任何其他草原地区都多。

高草草原上长满了高大的草。世界上几乎很少有天然的高草草原，因为它们中的大多数已经变成了农场或牧场。这个高草草原在美国伊利诺伊州。

草沼

Marsh

草沼是一种浅层湿地，一年中大部分或全部时间都被水淹没。淡水草沼通常形成于湖泊、池塘、河流和小溪周围。咸水沼泽，也叫盐沼，常出现在河口附近。盐沼的水位每天都随潮汐而变化。

美国威斯康星州霍里孔沼泽是美国最大的淡水香蒲草沼。它是200多种鸟类的家园。

灯心草、香蒲、楔叶类和芦苇等植物常生长在草沼中。在盐沼中可以找到像大米草和盐生草这样的草。草沼中还生活着蜻蜓、青蛙、麝鼠和乌龟等动物。

草沼有助于过滤水和固定土壤，还有助于保护海岸线免受飓风的侵袭。现在有许多草沼被毁，人们排干沼泽地的水来盖房子或种植庄稼。水污染也会破坏草沼。

延伸阅读：树沼；水；湿地。

大米草是美国北卡罗来纳州盐沼最常见的草类之一。

查帕拉尔群落

Chaparral

查帕拉尔群落是一个生长有灌木和小乔木的区域。在冬季温和潮湿、夏季炎热干燥的地区都可发现查帕拉尔群落。它们分布在地中海地区、美国加利福尼亚南部,以及墨西哥、智利、澳大利亚南部和南非的部分地区。它是一种生物群落。生物群落是动植物的自然群落。

北美洲查帕拉尔群落中的植物包括石兰科常绿灌木、蔷薇科灌木、冬青叶栎，尤其是蔷薇属灌木。大部分的攀缘植物都有坚韧而弯曲的枝条。它们厚厚的革质叶在冬天不会脱落，且很少有植物能长到超过 3 米。在一些地区，植物相互靠得很近，以至于人们无法穿过它们。北美洲查帕拉尔群落中的动物包括丛林狼、北美黑尾鹿和蜥蜴。

在漫长炎热的夏天，灌木丛中经常会发生火灾。许多灌木的叶子中有浓稠的汁液，叫精油。这些精油很容易着火，所以火成为这种灌木丛生活的一部分，它能帮助清理生长过密的区域，也能让地面接收更多的阳光，为新的植物生长开道。

延伸阅读：生物群落。

1. 卵叶盐肤木
2. 加利福尼亚荞麦
3. 白鼠尾草
4. 蔷薇属灌木
5. 黑鼠尾草
6. 常绿灌丛
7. 加利福尼亚丛栎
8. 尾荚豆

灌木和小乔木在炎热干燥的夏季和凉爽潮湿的冬季生长良好。火灾经常发生在夏季，有助于新的植物生长。

长石

Feldspar

长石是一组矿物的名称。矿物是构成岩石的物质。地壳中超过一半的物质是由长石构成的。

长石存在于许多不同种类的岩石中。它是地球上最坚硬的矿物之一。所有长石都含有氧化铝和二氧化硅。长石有不同的颜色，有些是白色或灰色，有些是蓝色、绿色或粉色。

人们用长石制作玻璃和陶瓷。长石晶体具有特别美丽的颜色和光泽，可用于制作宝石、装饰品和建筑装饰。这些晶体中最受欢迎的是月光石、亚马孙石和拉长石。

通过风化作用，有时长石能转变成其他矿物，如转变成黏土矿物或盐类。人们用长石黏土制作精美的瓷器。长石黏土在造纸中也用作涂料和填料。

延伸阅读： 地壳；矿物；岩石；风化。

长石是一种坚硬的矿物。它是地壳中最常见的矿物。

潮汐

Tide

潮汐是海洋中的水有规律地涨落的现象。潮汐主要是由于地球自转时月球和太阳对其引力在不同的地方不相同而引起的。

潮汐周而复始地循环。所谓循环是指某事件在一定时间内以相同的顺序重复发生。在一个典型的潮汐循环中，涨潮时，水位逐渐上升到一个高峰，即高潮位，然后水位开始下降。当水位达到低潮位后，水位又开始上升。每天有一两次涨潮和一两次退潮。

高潮和低潮水位差主要取决于其所处位置和月份中的时间，这种差异叫潮差。在公海上，潮差通常约为1米。最大的潮差出现在加拿大的芬迪湾和昂加瓦湾，那里的潮差曾超过15米。大多数地方在新月和满月前后潮差最大。

许多因素决定了世界各地潮汐的高度。这些因素包括海

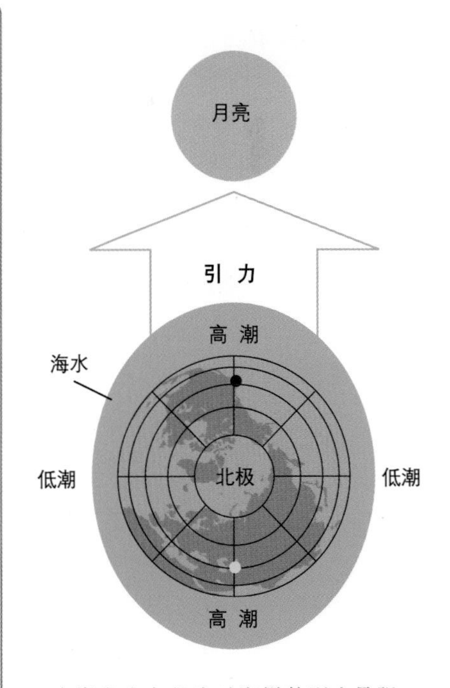

高潮发生在月球对海洋的引力最强的地方（红点）——地球正对着月球的地方。高潮也发生在地球背对月球的部分（黄点）。

岸线的形状、近岸水域的深度，以及海滨浅水到深水的距离。

太阳和月亮位置的变化是影响潮汐高度的另一个重要因素。例如，在新月期间，太阳和月亮在地球的同一侧。引力越强，水位就越高。

延伸阅读： 地球；海洋；海滨；水。

在加拿大芬迪湾，低潮（左图）和高潮（右图）之间的差别巨大。

尘暴

Dust storm

尘暴是强风卷起黏土、泥沙和其他细小颗粒物质而产生的天气现象。粒子悬浮在空气中。尘暴可以远距离携带物质，它形成于地面很少或没有植被保护的地方。少雨、过度放牧或不良的耕作习惯都会使土壤暴露在风下。尘暴在土壤侵蚀中起着重要作用。

尘暴能影响方圆数百千米。它的高度可超过300米。每立方千米的空气中能携带近900吨粉尘颗粒。尘暴的风速至少达40千米/时。

20世纪30年代，可怕的尘暴袭击了美国科罗拉多州、堪萨斯州、新墨西哥州、俄克拉荷马州和得克萨斯州的部分地区。它是严重的干旱以及不良的耕作方式引起的水土流失造成的。在美国，沙漠地区或干旱地区仍会发生尘暴。尘暴甚至还横扫了北非、亚洲和欧洲的部分地区。

延伸阅读： 浮尘；侵蚀；土壤；风。

1936年，在美国俄克拉荷马州的一个尘暴区，一场令人窒息的尘暴在向前推进，一个牧场笼罩在一片黑暗中。

沉积物

Sediment

沉积物是小块的岩石、泥土和其他东西。它沉积在河流和小溪、海底，以及陆地上的某些地方。通常，大河的河口会有大量的沉积物。

海洋沉积物大多是由河流带来的，主要由沙、泥、矿物和其他物质组成。人们有时从海底开采沙子和砾石作为建筑材料，也用沙子来修复受损的海滩。

地表沉积物多由小块岩石组成。风、水和冰把这些碎片从较大的岩石上剥蚀下来，这些沉积物一层层沉积下来，形成新的岩石，这些新岩石称为沉积岩。

延伸阅读：河流；岩石；沙；沉积岩；土壤。

沉积岩

Sedimentary rock

沉积岩是由一层一层松散的沉积物固结而成的，这些松散的物质曾经是老的岩石或死去的动植物的一部分。沉积岩

在希腊这个被侵蚀的岩壁上我们可以看到沉积岩的地层。这张照片中的沉积岩是石灰岩，地球内部的运动使地层发生倾斜和褶皱。

覆盖了地球陆地面积的四分之三和大部分海底。在一些地方，例如密西西比河河口，沉积岩的厚度超过1.2万米。地球科学家估计，沉积岩至少在35亿年前就形成了。沉积岩包括石灰岩、砂岩和页岩。

大多数沉积岩在黏土、淤泥或沙子沉积于河谷、湖泊和海洋底部之时开始形成。年复一年，这些沉积物被堆积起来，形成又宽又平的层，即地层。经过数千年时间，由细粉砂（矿物颗粒）和黏土组成的地层受其上部其他地层的重压而形成岩层。水缓缓地流过这些层，并把矿物沉积在砂砾周围，将地层粘在了一起。

沉积岩有许多用途。石灰岩和砂岩常用于建筑，而页岩可用来制砖。

大多数化石形成于沉积岩中。当沉积物将死去的动植物覆盖后，化石便可能形成。随着沉积物变成岩石，动植物的遗迹和轮廓便得以保存。

沉积岩是岩石的三大类型之一。其他两种是变质岩和火成岩。这三种岩石可以相互转化。例如，如果沉积岩埋得足够深，热量和压力的升高会使其变成变质岩。岩石从一种类型转变成另一种类型的过程称为岩石循环。

延伸阅读： 黏土；火成岩；石灰岩；变质岩；岩石；沙；砂岩；沉积物。

常见的沉积岩包括石灰岩（左上）和页岩（右上）。当方解石从水下生物的外壳硬化成岩石时，石灰岩就形成了。页岩是最常见的沉积岩，它形成于黏土被压缩成又薄又硬的地层时。

池塘

Pond

池塘是一种小而平静的水体。它通常很浅，阳光可以照到水底。阳光能使有根的植物在池塘底部从岸的一边长到另一边。

池塘中有许多不同种类的动植物。事实上，池塘对生物的重要性不亚于河流和湖泊。池塘动物包括鸟、小龙虾、鱼、青蛙、昆虫和乌龟。有根的植物可以完全在水下生长，或有部分生长在水面以上。多叶植物浮在水面上。大多数池塘里还生长着微小的细菌、藻类和蠕虫。

池塘因为太小而处于危险之中。向池塘中倾倒垃圾或其他废弃物会对它们造成很大的破坏。

延伸阅读： 湖泊。

赤道

Equator

赤道是一条环绕地球表面与南北两极距离相等的假想的圆周线。

赤道把地球分成两个半球。位于赤道以北的那一半叫北半球，以南的那一半叫南半球。赤道以北和以南的距离以纬度为单位来衡量。赤道的纬度是0°，两极点在赤道以北或以南的纬度为90°。

赤道附近的大部分地区气温高，雨水也很多。沿赤道但远离海洋的地区气候炎热，十分干燥。

延伸阅读： 地球；半球；经度和纬度；北极；南极。

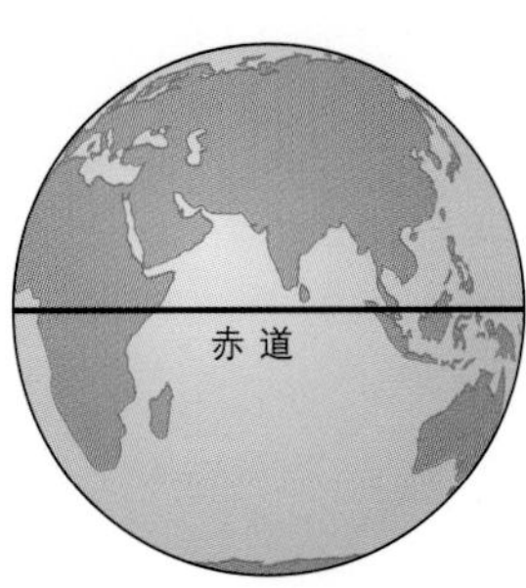

赤道是一条环绕地球表面的假想的线。

臭氧

Ozone

臭氧是氧的一种形式,它由三个氧原子结合在一起形成,是一种有特殊臭味的气体。

臭氧在地球大气层中的含量很少。大部分臭氧在平流层中。臭氧层能保护生物免受太阳紫外线的危害。紫外线能导致皮肤癌。

臭氧通过以下几种方式产生：一种是，来自太阳的紫外线照射到氧分子上，将一个氧分子分解成两个氧原子，氧原子与其他氧分子结合，形成臭氧；另一种是，通过像闪电和电动机火花这样的放电产生，这些放电可以分解氧分子。

人们在近地表也发现了臭氧。汽车和其他交通工具排放的气体可以与太阳光反应生成臭氧。臭氧污染空气，它能导致许多人头痛、眼睛灼烧和喉咙痛。它还可以损坏橡胶和塑料，伤害植物。

延伸阅读： 空气；空气污染；大气；臭氧洞。

臭氧可以通过太阳光与小汽车和卡车排放的废气相互作用而产生。近地表的臭氧是一种污染物，能危害人类健康。

臭氧层
太阳紫外线
地球

臭氧层是环绕地球的气体保护层，它能阻止大部分有害的太阳紫外线到达地球表面。

臭氧洞

Ozone hole

臭氧洞是南极地区上空每年春天大范围臭氧层厚度变薄、浓度降低的一个区域。臭氧是氧的一种形式。在高层大气中，存在一臭氧层，可阻挡太阳有害射线，保护地球上的生命。

臭氧层大约有 16 千米厚。在南北两极，臭氧层的下限位于离地 10 千米高处。寒冷的天气和化学过程会降低大气中的臭氧含量。臭氧层的规模保持不变，但是臭氧的浓度降低了。当这种情况发生时，科学家就会说臭氧层损耗了。臭氧层在每年的 8—10 月之间损耗，这个季节在南极洲属于晚春。

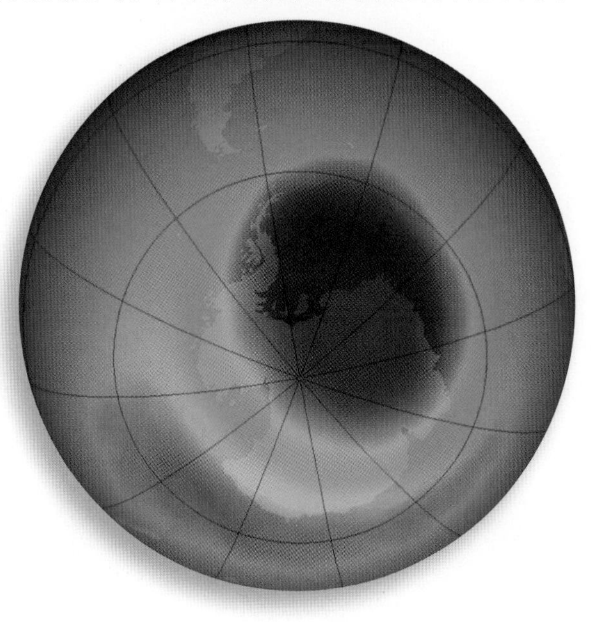

南极洲的卫星图像上，臭氧洞显示为一片蓝色和紫色的区域。臭氧洞中的臭氧分子数量在每年 8—10 月之间减少约三分之二。

科学家在 20 世纪 70 年代末开始观测臭氧洞。他们确定，是各种人造的化学物质造成了这个空洞。其中一些化学物质用于冰箱、空调，以及用于除臭剂等产品的喷雾罐。从 20 世纪 70 年代末开始，许多国家就在禁止使用这些化学品上达成一致。

到 2000 年初，科学家注意到臭氧洞开始恢复。但是每年仍然会出现一个空洞，因为一些被禁止的化学物质仍然存在于大气中。

臭氧损耗也发生在北极地区。但是，由于北极的空气不像南极那么冷，所以那里的臭氧损耗问题通常不那么严重。

延伸阅读： 南极洲；北极地区；大气；臭氧。

磁场

Magnetic field

磁场是磁体周围可以感受到磁力的区域。磁力是一种使磁铁和其他物体相互吸引或排斥的力。

磁场是看不见的。但是有一种方法可以“看到”棒状磁铁的磁场。在磁铁上放一张纸，在纸上撒上铁屑。轻轻地来回晃动纸，刚好够让铁屑动一下。这些铁屑会在磁铁的两极附近聚集在一起，并在磁铁周围形成一个图案。这个图案与磁场相匹配。所有磁铁都有两极。它们通常被称为北极和南极。

当物体磁化后，撤去外磁场而仍能长时期保持较强磁性时，这样的物体就叫作永磁体。磁化后撤去外磁场则磁性基本消失的物体称为临时磁体。临时磁体只有在靠近强磁场时才具有磁性。例如，与永磁体相连的回形针会吸引其他回形针，但是如果把它从磁铁上取下，它就失去了磁性。

磁场也可以用一组假想的线来表示，即磁感线。我们可以想象这些线从磁铁的北极出发，绕着磁铁转，然后回到南极。磁场在两极最强，因为两极的磁感线最密集。

地球、太阳和一些行星都有磁场。地球周围的磁场保护生物免受太阳辐射的伤害。没有磁场，生命就不会存在。地球不时地“翻转”它的磁场，磁北极变成磁南极，磁南极变成磁北极。

延伸阅读： 地球；磁石；北极；南极。

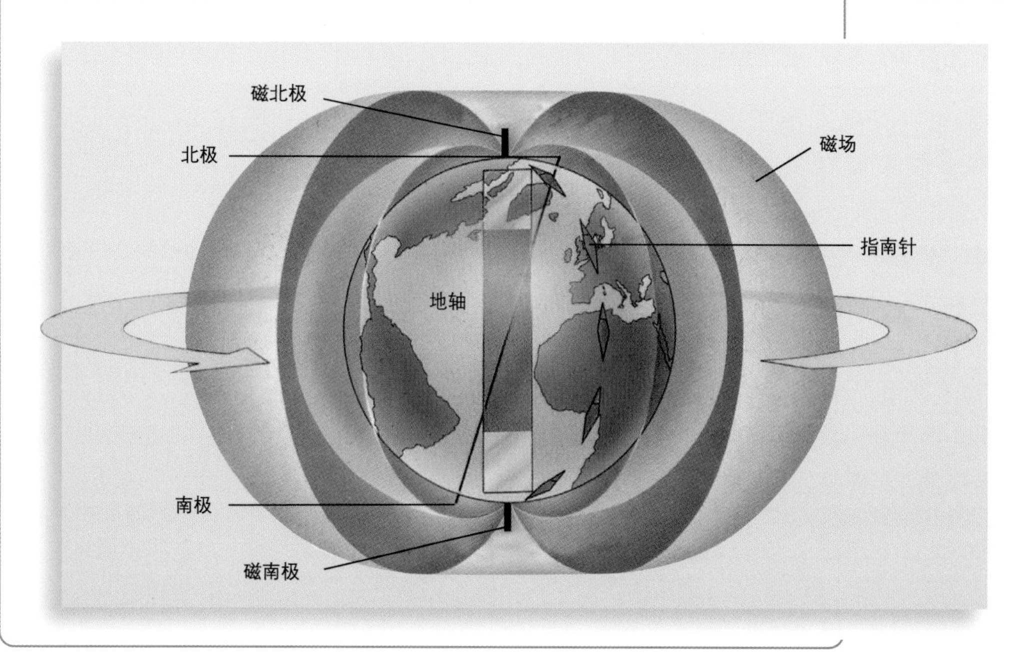

指南针的指针在南北方向上排成一行，因为地球就像一个巨大的磁铁棒。但是，地球的磁极并不完全与地理位置上的磁极相同，也不是真正的南北两极。

磁石

Lodestone

磁石是一种坚硬的黑色岩石。它是天然磁铁，由一种叫磁铁矿的矿物构成。里面有铁。

根据一个古希腊故事，磁石是一个牧羊人发现的。这个牧羊人的靴子上有铁钉，手杖上有铁头。他注意到这些铁制品能粘住他走过的一些地方的一种岩石。

用一根长绳把一小片磁石挂起来后，它会像指南针的指针一样指向南北。欧洲人在1200年前后发现了这个现象。于是他们把这种石头叫作磁石。磁石被广泛用于为水手和其他旅行者导航。

延伸阅读： 磁场；岩石。

磁石是一种天然磁铁，可以吸住铁丝和其他含铁物体。

丛林

Jungle

丛林是森林茂密的炎热地区，科学家则把丛林称为热带雨林。丛林遍布中美洲和南美洲的大部分地区，非洲和东南亚也有分布。

丛林中有各种各样的参天大树，也是无数灌木、藤蔓和野花的家园。在丛林的许多地方，树木很茂密，以至于阳光无法照射到地面。地上，丛林密到人们只能用长刀砍路才能穿过。

延伸阅读： 森林；雨林；热带地区。

在多米尼加共和国，丛林植物在温暖的热带气候中茁壮成长。

大堡礁

Great Barrier Reef

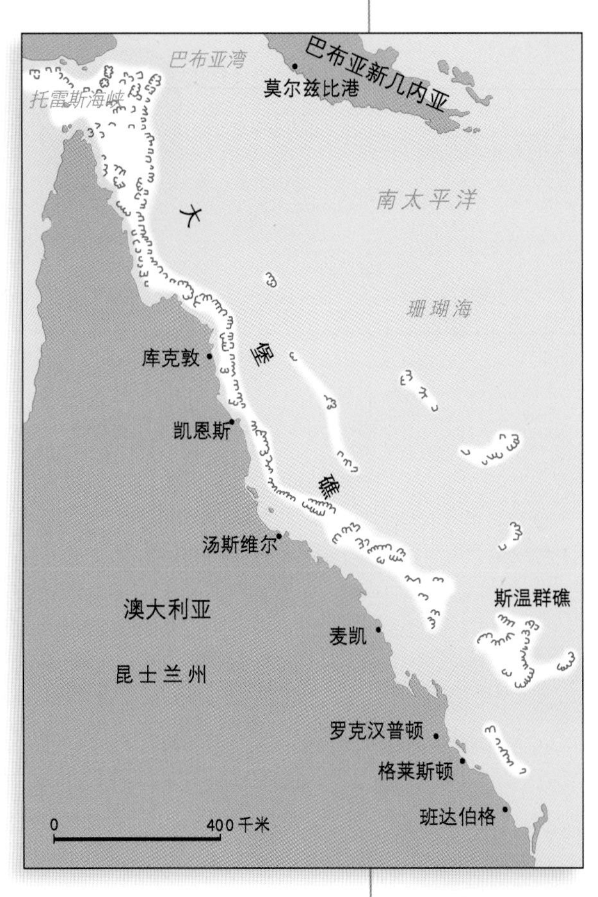

大堡礁位于澳大利亚昆士兰的东海岸。其中有一个潟湖，它被珊瑚礁和岛屿围起来。

大堡礁是世界上最长的珊瑚礁群。珊瑚礁是由一种叫石灰岩的岩石构成的水下环境。大堡礁由3000多个独立的珊瑚礁组成，这些珊瑚礁沿着澳大利亚东北海岸绵延约2300千米。

被称为珊瑚的海洋动物构成了珊瑚礁的石灰岩结构。它是一种由珊瑚的骨骼组成的石质物质。珊瑚的软组织中含有一种叫虫黄藻的单细胞藻类，这种藻类可以帮助珊瑚生长并形成石灰岩骨骼。当珊瑚死亡后，它们的骨骼就会堆积起来并聚合在一起形成珊瑚礁。

珊瑚礁看起来像一个五彩缤纷的海洋花园。大堡礁有大约400种不同形状和颜色的珊瑚虫。大堡礁养活了丰富多样的海洋生物，包括海鸟和色彩鲜艳的鱼等动物，它也是各种植物的家园。

大堡礁在数百万年前开始形成。冰期海平面多次下降打断了珊瑚礁的生长。

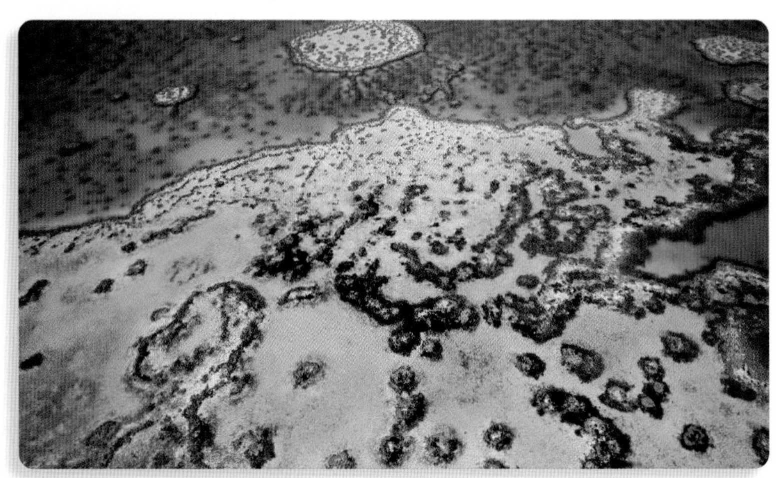

大堡礁是由成千上万个小珊瑚礁组成的。例如，这张航拍照片中水下可见的那些就是珊瑚礁。

今天，许多人去大堡礁欣赏它的美丽。然而，珊瑚礁正受到全球变暖的威胁（全球变暖是由人类活动引起的地面平均气温上升），海水变暖会伤害或杀死珊瑚，破坏珊瑚礁。

延伸阅读： 大堡礁；全球变暖；潟湖，石灰岩。

大堡礁支撑着各种各样的生命，包括鱼类和像平海扇（图中和右边）这样色彩斑斓的珊瑚。美丽的珊瑚礁吸引了许多潜水者。

大理石

Marble

大理石是一种很吸引人的岩石。它广泛应用于建筑、纪念碑和雕塑。大理石有多种颜色，包括白色、黄色、绿色和红色。当光线照射在最纯净的大理石上时，它会发出柔和的光芒。大理石是一种坚硬的岩石，耐火，而且不易磨损。

大理石是石灰岩在地壳压力和热量作用下形成的变质岩。它含有方解石或白云石等矿物。矿工们在地下找到大理石，然后把它切成块，再用大型机器将其抬出来。

大理石在欧洲、北美洲和南美洲的许多地方都有分布。在美国，佐治亚州生产的大理石最多。

延伸阅读： 石灰岩；岩石。

大理石有多种颜色，几千年来一直用于建筑。

大陆

Continent

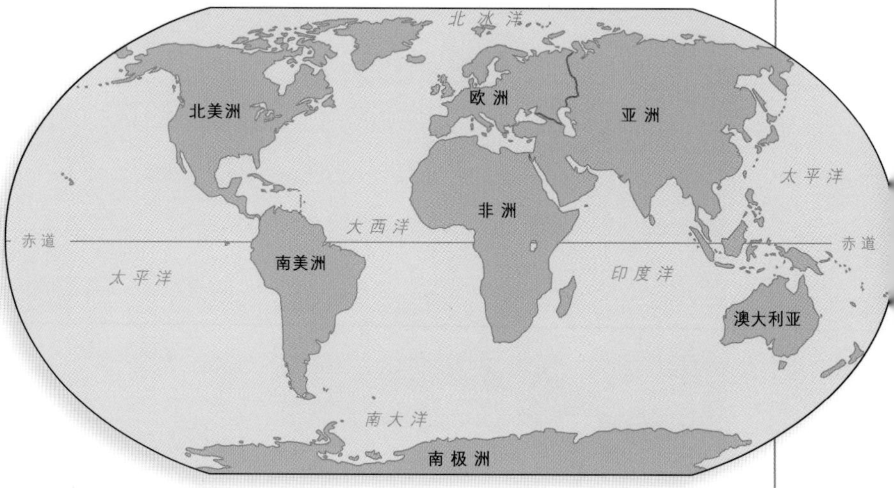

大陆是地球上一大片陆地。大陆有各种各样的地形，包括平原、山谷和山脉。大多数大陆被水或几乎被水包围。

地球上有七大块大陆。它们分别是亚洲、非洲、南极洲、澳大利亚、欧洲、北美洲和南美洲。亚洲是最大的大陆，其面积超过44103000平方千米。澳大利亚是最小的大陆，它的面积超过7741000平方千米。欧洲不是一块独立的大陆，因为它与亚洲相连，所以我们有时又将它们合称为欧亚大陆。

大陆

亚洲	44103000 平方千米
非洲	30190000 平方千米
北美洲	24198000 平方千米
南美洲	17866000 平方千米
南极洲	12100000 平方千米
欧洲	10459000 平方千米
澳大利亚	7741000 平方千米

亚洲也是人口最多的大陆，那里的人口超过30亿。非洲的人口仅次于亚洲，超过8亿。欧洲人口超过7亿，北美洲人口超过4.8亿，约有3.46亿人生活在南美洲，约有1900万人生活在澳大利亚。南极洲太冷，没有人一直住在那里，只有一些科学家每年在那里生活几个月，他们研究南极洲的动物、植物和天气。

大陆并不是静止在一个地方不动的，它们是地壳构造板块的一部分。当板块运动时，大陆也随着移动。板块之间的相对运动非常缓慢，以每年10厘米的速度在移动——大约跟人类毛发的生长速度一样快，但是它们已经移动了数亿年。

距今约5亿到2亿年前，地球上只有一块大陆，称为泛大陆。它被称为泛大洋的巨大海洋所包围。泛大陆的北部包括现在的北美洲、欧洲和亚洲，南部则包括现在的南美洲、非洲、印度、澳大利亚和南极洲。从地图上看南美洲和非洲，你就会发现，这两块大陆可以像拼图一样拼在一起。大约距今2亿年前，泛大陆开始分裂成两大块，然后又分裂成更多的碎片。最终，各大洲漂移到了现在的位置。

地质学家已经确定，在泛大陆之前，大约距今8亿年前，大陆曾组合成另一块超级古大陆，叫罗迪尼亚超大陆。现在的北美洲位于罗迪尼亚超大陆的中心。这块大陆最终也分裂成许多块。这些碎片后又聚集在一起形成泛大陆。

延伸阅读： 南极洲；大陆架；地壳；泛大陆。

大陆架

Continental shelf

大陆架是位于大陆边缘，陆地延伸到水下的部分。它实际上是大陆的一部分。

大陆架从海岸线开始，向水下缓慢倾斜，深度不足 200 米，通常从海岸向海延伸到 30～300 千米远处。在某些地区，比如北冰洋的部分地区，大陆架宽度超过 1000 千米。在其他地区，特别是在太平洋地区，其宽度不到 1.6 千米。流入海洋的河流所携带的泥沙大多沉积在大陆架上。

大陆坡始于大陆架的外边缘。其坡度比大陆架陡得多。大陆坡的底部是大陆隆，它是由来自大陆架和大陆坡的沉积物组成。

延伸阅读：大陆；海洋；沉积物。

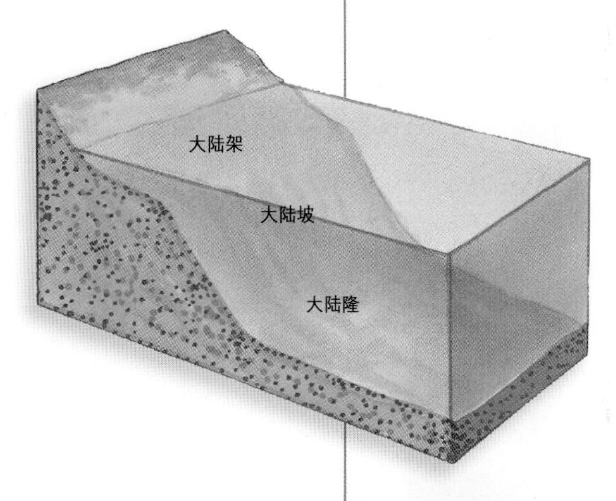

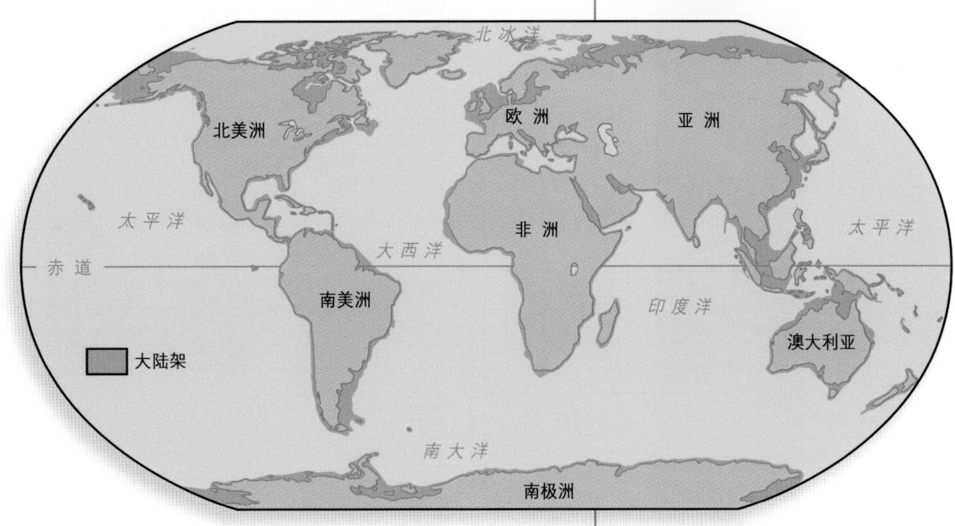

大陆架是被水覆盖的大陆边缘部分。

大气

Atmosphere

大气是围绕在行星或其他天体周围的气体混合物。地球大气中的气体构成空气。

地球大气主要由氮和氧组成。其次是氩，不过这种气体只占大气的约1%。地球大气中还含有少量的其他气体，如水汽和二氧化碳。有些气体对地球生命非常重要。人和动物需要氧来呼吸，植物需要二氧化碳才能生长，植物和动物也需要氮。水汽能形成云，云则能形成雨和雪。地表附近的空气中水汽含量比高层大气高很多。

根据气温的不同，科学家将地球大气分成五层。它们分别是对流层、平流层、中间层、热层和外逸层。电离层是由带电粒子组成的区域，穿过中间层和热层的部分区域。

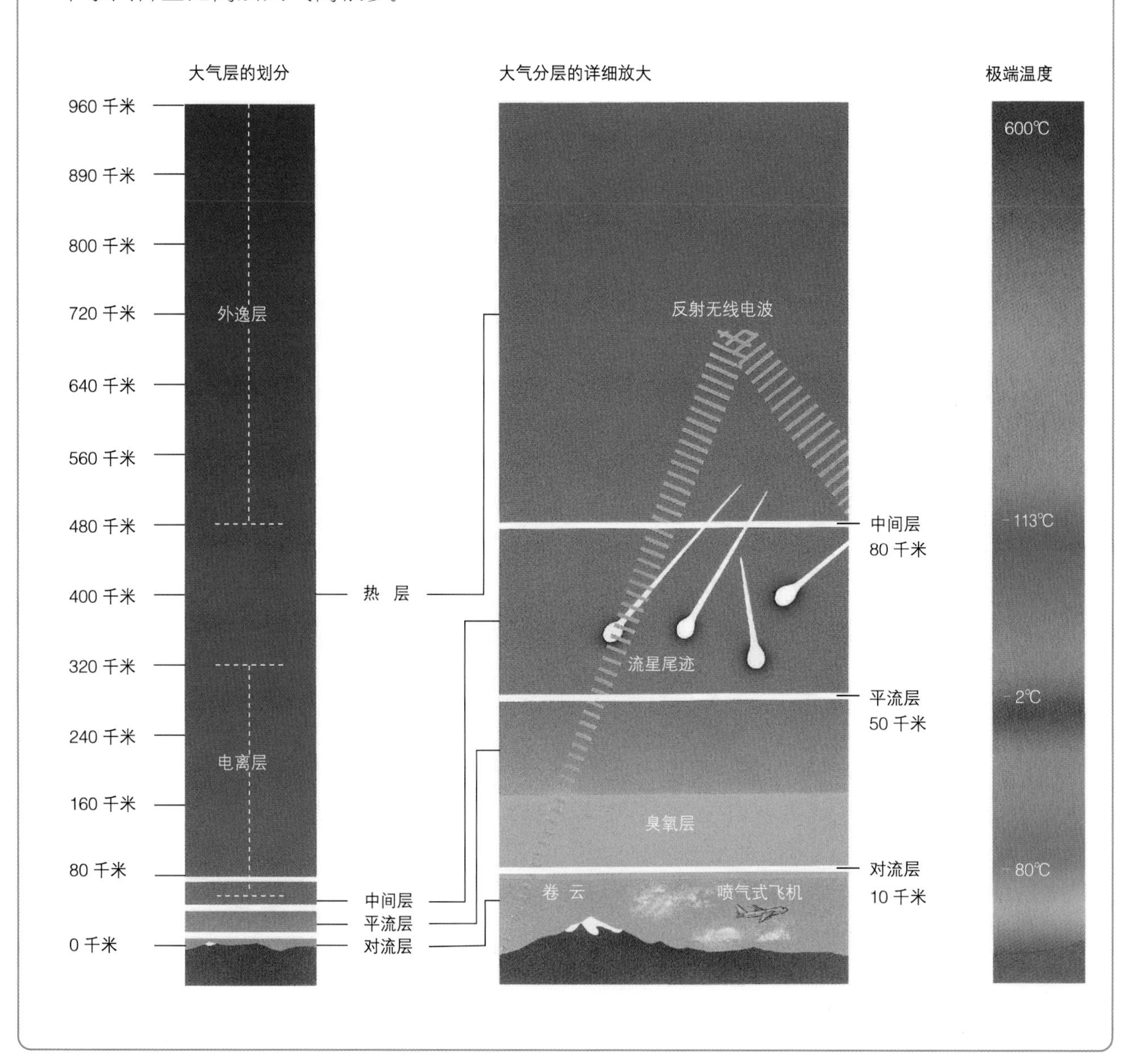

地球大气中也有一些尘埃和化学物质。其中有些来自火山和森林火灾，还有一些来自工厂、汽车等的尾气排放。这些化学物质中有许多对人类和其他生物有害。一些颗粒物能凝聚空气中的水分，水分聚集在颗粒物上，从而形成雨云。

科学家把地球大气主要分成五层：对流层、平流层、中间层、热层和外逸层。

对流层是离地表最近的大气层，我们呼吸的空气就在这层中。暖空气和冷空气在对流层中运动导致不同的天气。对流层能减缓地表热量向外扩散，从而保持地表温暖。如果没有这些额外的热量，地球可能会很冷，以至于生命无法在这里生存。科学家还发现了漂浮在对流层10千米上空的活的细菌和真菌。

平流层始自离地表约16千米高处，向上一直延伸到约48千米高处。平流层的下部很冷，云很少，空气很平静。平流层含有一种叫作臭氧的气体，它能阻挡太阳中最危险的一些射线，而这些射线会伤害地球上的生命。

平流层上面是中间层。它始自离地约48千米高处，向上延伸到大约80千米高处。大气中，中间层顶的空气最冷，可达−113℃。中间层中的风非常强烈。

热层位于中间层之上。它自地球上空80千米高处向上进入太空。热层中空气非常稀薄。由于受到太阳辐射的照射，热层非常热。热层上部的温度约达1500℃。但是人造地球卫星和其他飞行器在那里不会过热，因为空气太稀薄，无法传递太多热量给它们。

还有一层大气叫电离层，它自中间层的部分区域延伸到热层。电离层中有许多离子和自由电子。这些离子是由于宇宙射线和太阳辐射作用而产生的。

热层的最上层叫作外逸层。这层几乎没有空气。许多人造卫星和航天器就是在这一层中绕地球飞行。外逸层没有确切的上边缘，它向外消失在太空中。

延伸阅读： 空气；二氧化碳；云；中间层；氧；臭氧；平流层；热层；对流层；水汽。

大西洋

Atlantic Ocean

大西洋是仅次于太平洋的世界第二大洋，几乎占地球表面的六分之一。几百年来，这里一直是欧洲和美洲之间的主要贸易航线。大西洋有丰富的海产品和其他有价值的资源。大西洋上的岛屿和沿海地区还是海洋休闲和旅游的宝地。

大西洋西接南北美洲，东接欧洲和非洲，其边缘是一些较小的海洋。

大西洋最宽的部分位于欧洲的西班牙和北美的墨西哥之间，约有 8800 千米宽；最窄的部分位于南美洲的巴西和西非之间，大约有 2900 千米宽。南北长约 14500 千米。面积约为 8800 万平方千米。

离大陆最近的大西洋水域水深不到 150 米，较浅的水域位于大陆架上。所有的大陆都有大陆架，它像一条裙子一样围绕着大陆。大陆架被认为是大陆的一部分，但它位于海面以下。大陆架通常从陆地向海延伸几十千米，大陆架往外，海底开始向下倾斜，进入开阔的海洋。在公海，大西洋的平均深度约为 3.2 千米，已知最深的地方位于波多黎各的北部，深约 8.6 千米。

大西洋海底最引人注目的是中央海底山脉（大西洋中脊）。它从冰岛北部延伸到大洋南部，是地壳板块之间的边界，板块在这里扩张分离，新的海底地壳在板块之间的裂隙中形成。大西洋中脊有几处高出海面，形成了包括冰岛在内的岛屿。

大西洋最北端和最南端，冬季长而寒冷，夏季短而凉爽。在这些地区，冬季空气可能比海水冷得多。海面和气温的变化引起低雾，有时称为海烟。在赤道附近，全年天气都很

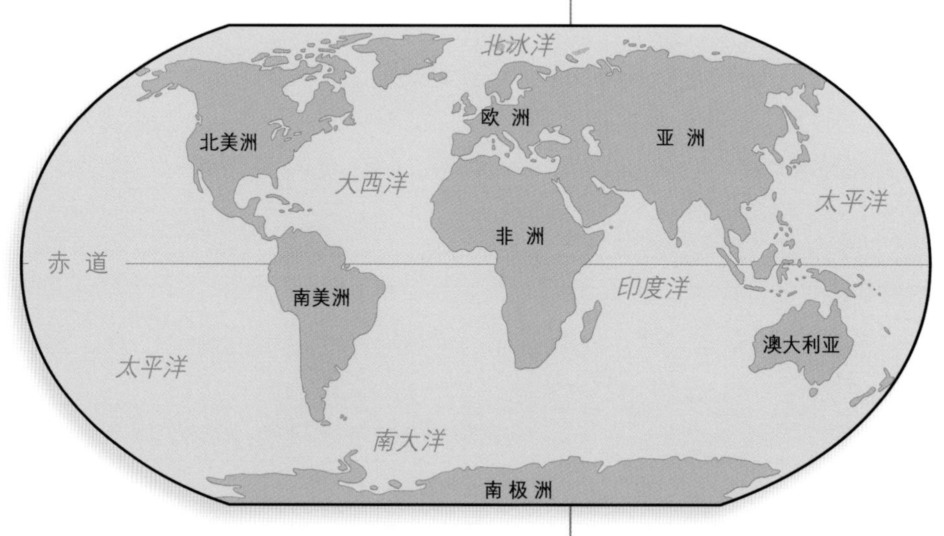

南北美洲、欧洲和非洲构成大西洋的边界。

热。大西洋表面海水温度从夏季赤道附近的约30℃到冬季大洋南部边界附近的2℃这一范围内变化。

沿大西洋表面的海流以巨大的环流形式在运动。墨西哥湾流是其中一个环流的西北边缘，这股强大的海流横扫北美东海岸。

座头鲸跃出水面，它是大西洋中发现的众多鲸类之一。

大西洋的某些地区，如北海和加勒比海，有丰富的海底油田。大部分石油钻探分布在大陆架较浅的水域。

大西洋中生活着成千上万种鱼类。这里也是鲸、海豹和海豚等海洋哺乳动物的家园，它们在水面呼吸空气，然后潜水觅食。海底动物包括珊瑚、章鱼和贝类。海藻生长在海床和海水中。海洋生物中数量最多的是浮游生物。

古罗马人以阿特拉斯山脉命名大西洋。那些山位于地中海的西端。在古代，它们标志着已知世界的一个极限。大西洋（Atlantic）这一名称可能指的是大西洋在阿特拉斯范围之外。

延伸阅读： 大陆架；海洋；大西洋中脊；板块构造。

大西洋中脊

Mid-Atlantic Ridge

大西洋中脊是位于大西洋海底的山脉。它从冰岛北部一直延伸到南大洋。大西洋中脊是环绕地球的大洋中脊系统的一部分。大西洋中脊大约覆盖了大西洋海底的一半。

大西洋中脊形成于两个构造板块之间的边界上。山脊两侧的板块以每年2.5厘米的速度相互远离。熔化的岩石从地球深处不断上升，来填补这个裂谷的缺口。熔岩冷却凝固后则形成新的海底。

在某些地方，大西洋中脊高出海洋形成岛屿。这些岛屿包括阿森松岛、亚速尔群岛、冰岛和圣赫勒拿岛。沿着山脊，板块运动导致频繁的地震和火山爆发。

延伸阅读： 大西洋；地震；海洋；板块构造；南大洋；火山。

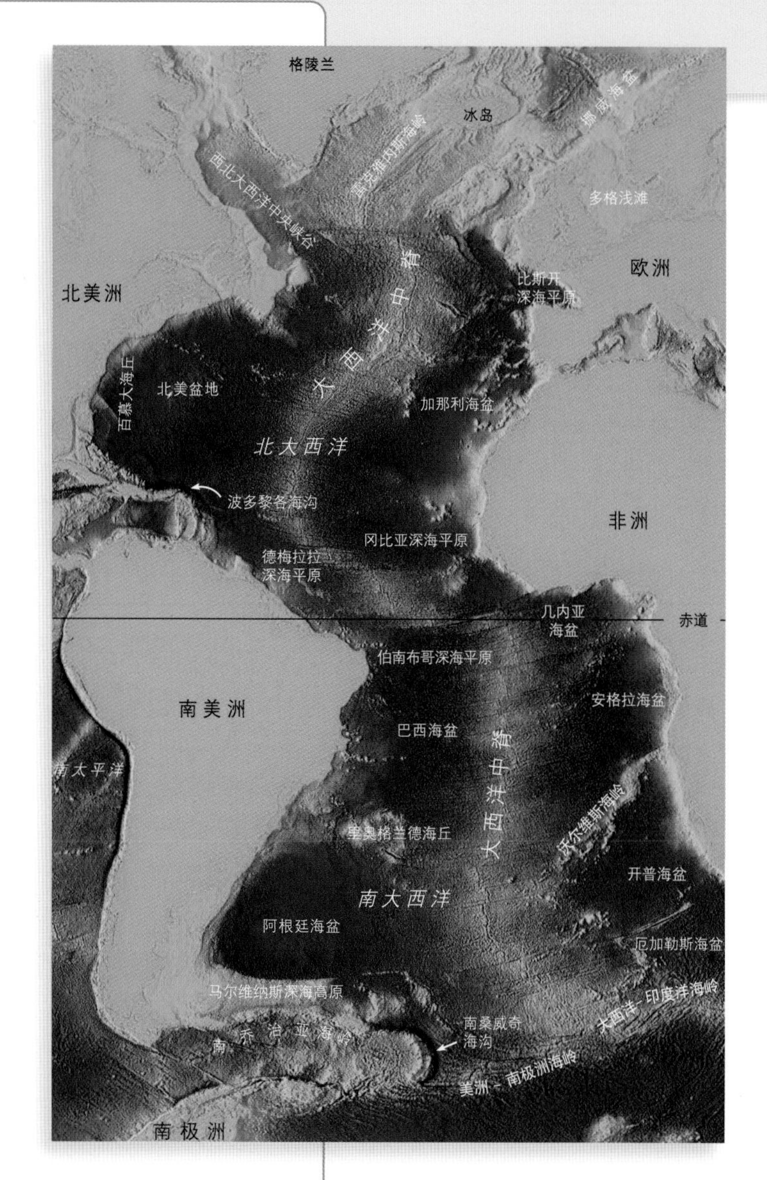

大西洋中脊是位于大西洋深处的山脉。它从冰岛一直延伸到南极洲。

大盐湖

Great Salt Lake

大盐湖是美国犹他州西北部的一个咸水湖，也是美国西部最大的湖。这个湖的湖水含盐量很高，是海水的 3 ～ 8 倍，以至在湖里游泳的人很容易浮起来。

大盐湖主要是由雨雪及附近山上的溪流流入而形成的。这些溪流将一些矿物带入湖中，矿物中大多是氯化钠（盐）。

当水蒸发时，盐不会蒸发，并且这个湖没有流出的河流。

这个湖通常长约120千米，宽约48千米。最深的地方，也只有10米。

因为这个湖太浅，它的大小很容易随着环境变化而改变。在温暖干燥的天气里，它会变小，但当附近山上融雪使流入湖中的溪流流量增大时，湖就会变大。一条由泥土筑成的铁路大堤把湖分成南北两部分。北半部的湖水比南半部的咸，这是因为流入北半部的淡水比较少。

许多去大盐湖的游客都会去羚羊岛，它是湖中最大的岛屿，也是美国国家公园。那里栖息着一大群野牛。

对于候鸟来说，湖周围的湿地非常重要。这些鸟以湖中的小虾和小苍蝇为食。这些小苍蝇耐盐，在幼虫时期生活在湖中。在北半部的咸水里，只有喜盐的细菌才能生存。在一年中的某些时候，这些生物使湖水呈现粉红色和紫色。

科学家相信，大盐湖所在地以前作为一个湖泊已存在了几百万年，而且这里曾经是古淡水湖邦纳维尔湖的一部分。这个湖在几千年前的一次大洪水中排空了，只留下几个孤立的湖泊。大盐湖就是这些现存的湖泊中最大的一个。

延伸阅读： 湖泊；湿地。

俄勒冈州 爱达荷州 怀俄明州 大盐湖 内华达州 犹他州 科罗拉多州 加利福尼亚州 亚利桑那州 新墨西哥州

大盐湖是美国犹他州西北部的一个咸水湖。

大盐湖的水太咸了，以致人们可以很容易地浮在湖面上。

蛋白石

Opal

蛋白石是一种具有彩虹色的宝石。不同的蛋白石有不同的基本色，如黑色、蓝色、棕色、灰色或白色。有些蛋白石，其背景色上会发出一道亮丽的闪光，称为“变彩”。蛋白石内部微小的矿物颗粒使光线弯曲，形成了各种颜色。具有变彩的蛋白石称为贵蛋白石。蛋白石相对较软，能被刀划出痕迹，也容易切割。

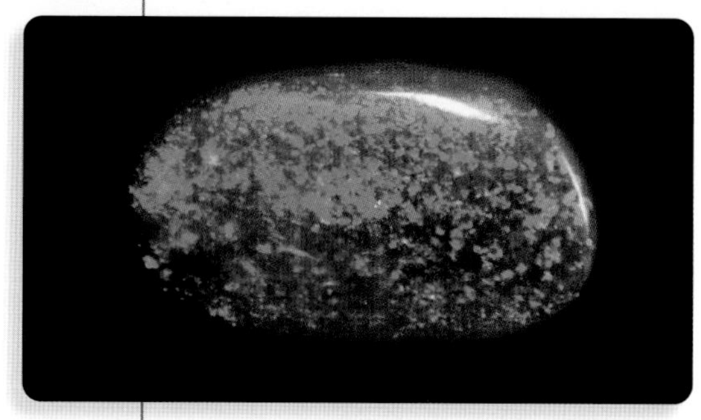

蛋白石的彩虹色使它成为一种流行的珠宝和装饰品。

蛋白石有很多种。最有价值的是黑蛋白石，它有黑色、蓝色或灰色的背景，能发出红色、金色、绿色和蓝色的闪光。大多数黑蛋白石产自澳大利亚新南威尔士。

蛋白石是十月的生辰石之一。

延伸阅读： 宝石；矿物。

氮循环

Nitrogen cycle

氮循环描述了氮在地球上经历的一系列循环转化过程。氮从空气进入土壤和水中，并进入植物和动物体内，最终，氮又返回到空气中。氮是自然界中最重要的化学元素之一。所有的生物都需要氮，但大多数生物不能直接利用空气中的氮气。

空气中的氮随雨水落到地表。土壤中有一种叫作固氮菌的微生物，它们把氮转化成植物可以利用的形式。植物吸收土壤中的这些氮。当动物吃植物时，动物便得到了它们所需要的氮。当植物和动物死亡时，它们体内的氮又回到了土壤中。土壤中的其他细菌可能会再次改变氮的形式，使氮返回到空气中。

在生物体内，氮和其他化学物质结合成生物赖以生存的蛋白质。

人类活动影响了氮循环。工厂用大量的氮为农作物生产肥料。农田中的这些氮大部分被水冲走，流入河道。过量的氮污染了水体。此外，汽车和发电厂燃烧燃料造成氮污染，这种污染可能是引起全球变暖的一个原因。

延伸阅读： 空气；地球；土壤；供水。

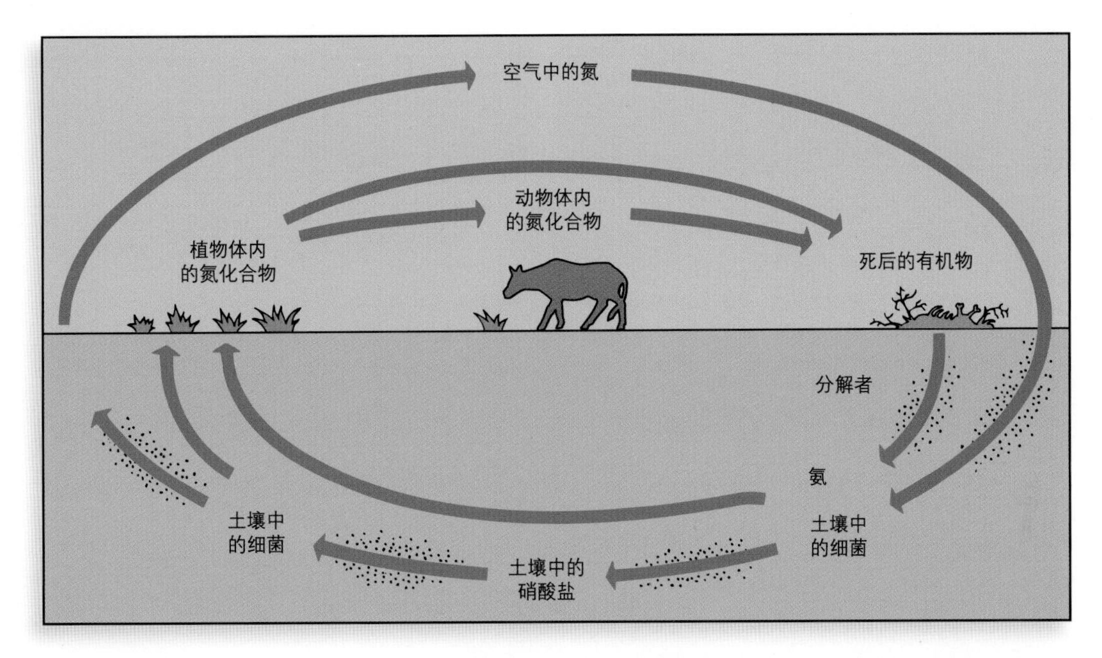

大多数生物不能直接利用氮。土壤中的细菌把大气中的氮和分解的有机物中的氮转化成植物可以利用的形式。这些物质分别为氨、硝酸盐和亚硝酸盐。植物利用这些氮化合物来生长。当动物吃植物或其他以植物为食的动物时，就会得到这种化合物。

岛屿

Island

岛屿是四面被水包围的陆地，比大陆小。世界各地的河流、湖泊和海洋中都有岛屿。

岛屿形成的方式多种多样。有些岛屿称为大陆岛，它是由于水把它们与大陆分开而形成的，如大不列颠群岛和爱尔兰群岛，它们曾经与欧洲大陆相连。海洋中的火山喷发时，也可能形成岛屿，夏威夷群岛就是这样形成的。其他的，如沙坝岛，它是土壤、沙子和岩石被水一起冲到离岸不远的地方形成的。珊瑚礁能形成珊瑚岛，这些石灰岩质地层是

大陆岛是曾经与大陆相连的陆地。有些是在海平面上升后与大陆分离的。这些岛屿位于与大陆相连的被称为大陆架的水下陆地上。

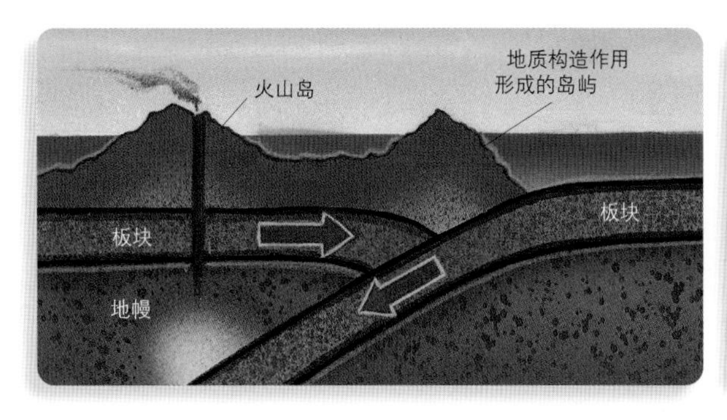

因地质构造作用而形成的岛屿是由板块运动而产生的。当一个板块滑到另一个板块下面时，从底部板块刮下来的岩石碎片可能会堆积起来形成一个岛屿。

沙坝岛是由沿着海岸线堆积起来的沙子和土壤组成的。风和海浪把沙子堆积成又长又窄的岛屿。美国大西洋沿岸和墨西哥湾沿岸有许多沙坝岛。

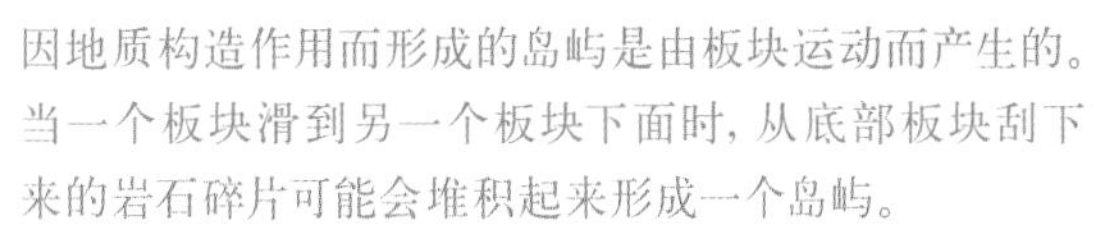

由微小的海洋生物及其遗骸组成的。

岛屿的大小也不同。有些岛屿只有城市一个街区那么大。世界上最大的岛屿是格陵兰岛，它比墨西哥稍大一点。澳大利亚实际上是一个岛屿，但是因为它的面积大，所以被认为

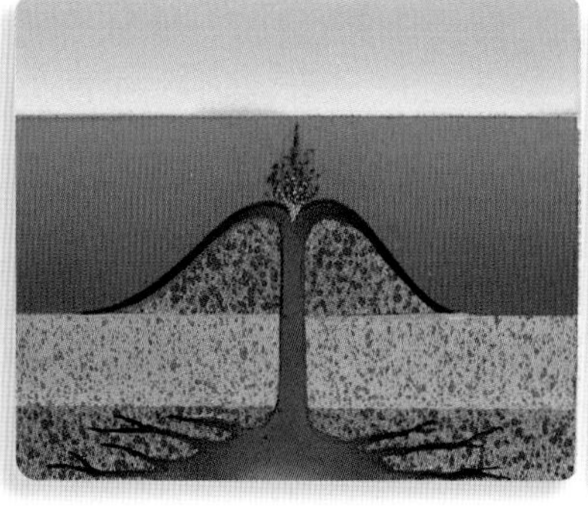

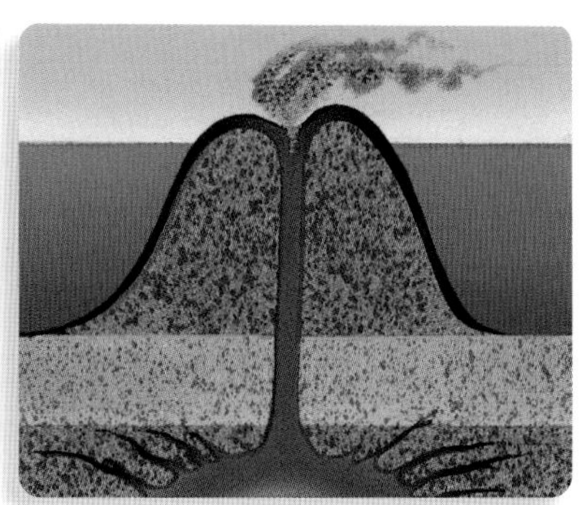

火山岛是由海底火山喷发形成的。来自地球深处的岩浆可能会从地下喷出来(左)。火山喷发在海底堆积了大量的熔岩(中)。熔岩出露海面时形成岛屿(右)。夏威夷群岛和日本群岛是由海底火山喷发形成的。

珊瑚岛是由珊瑚礁，即微小生物及其遗骸组成的石灰岩构成的。珊瑚礁可能生长在下沉的火山岛周围(左)。当岛屿下沉或海平面上升时，珊瑚礁向上生长，形成环状的大堡礁(中)。当岛屿沉没后，只剩下叫环礁的环形礁石(右)。

是一块大陆。

有些岛屿上居住着数百万人，这些岛屿构成了整个国家，如日本和菲律宾。有些岛屿上根本没有人居住。

火山岛、沙坝岛和珊瑚岛上原本没有动植物。飞越海洋的鸟类和游到岛上的其他动物使这些岛屿成为栖息地。还有一些动物和昆虫可能是被原木或其他碎片带到岛上的。植物种子可能是从海上漂到这里，也可能被鸟或风带到这里。

延伸阅读： 环礁；沙坝岛；大陆；大陆架；岩浆；地幔；板块构造；火山。

马尔代夫的一个小珊瑚岛。马尔代夫是亚洲一个独立的小国家，它是由大约1200个珊瑚岛组成的。

底栖生物

Benthos

底栖生物是指生活在海底或海底附近的所有生物。一些底栖动物在海底打洞并栖于其中，有一些则依附在底层。还有一些在水底爬行或游动。一些常见的底栖动物是藤壶、蛤、珊瑚、螃蟹、龙虾、牡蛎、海星及一些蜗牛和蠕虫。在阳光可以直达海底的地方，一些底栖生物如海草和海藻等植物，固定在海底生长。

有些鱼特别适合在水底生活。例如，大比目鱼和比目鱼的两只眼睛长在头部一侧。它们脸朝上侧卧在水底。

大多数底栖生物都以浮游生物为食。浮游生物是漂浮在水上或水面附近的微小生物。这些生物幼小时随波逐流，长大后便沉入海底。

延伸阅读： 深海；海洋。

一些底栖生物

地核

Core

地核是地球最中心的部分。它远离地表，是一个温度炽热和压力超高的区域。地核由铁、镍和少量氧或硫混合而成。

地核直径约 7100 千米，大约跟火星一样大，略大于地球直径的一半。地核由内核和外核两部分组成。

内核是地球中心的球形区域。它始于地表以下约 6400 千米的地方。内核大约有 1300 千米厚，大约是月球的五分之四那么大。内核是地球最热的部分。地质学家认为，地核的温度可能比太阳表面的温度还要高。但是那里的岩石因为承受着来自上方岩层的巨大压力而呈固态。科学家认为，地核中的电流产生了地磁场。地磁场是围绕地球的磁场，它能保护生物免受太阳的辐射。

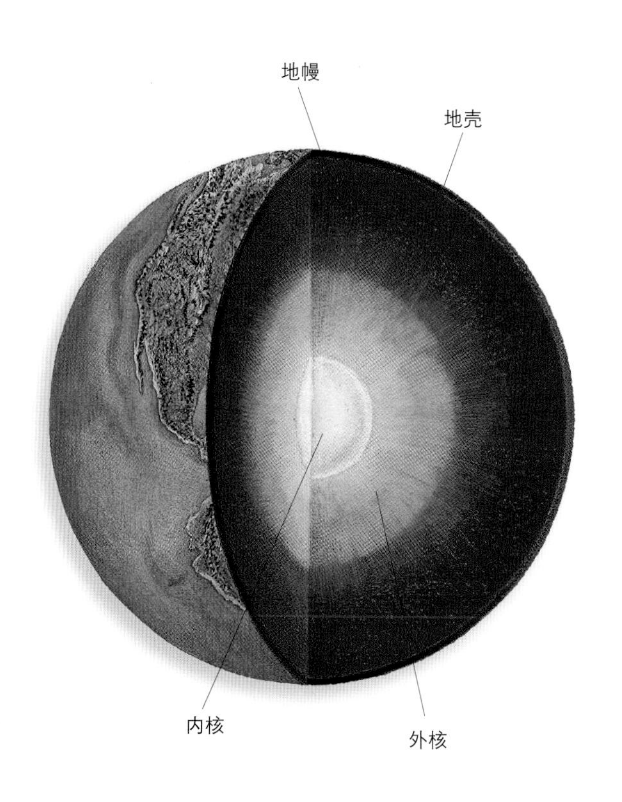

地核由铁、镍，以及少量氧和硫混合而成。

外核包着内核。外核始于地表以下 2900 千米处，厚 2250 千米，主要由炽热的液态金属组成，温度达 3700 ~ 4300℃。

通过研究地震，科学家对地核有了很多了解。地震引起的震动以波的形式向地球各处传送能量，其传播过程非常像声波。当波穿过地球时，它们会发生变化，如波速会下降。但它们可以传播得很远。科学家通过在地球各处设置地震仪来记录这些波。通过波在穿过地球时的变化方式，科学家可分析出这些波在被观测之前穿过了什么类型的物质。

延伸阅读： 地壳；地球；地震；地幔；岩石。

地壳

Crust

地壳是地球的最外层。如果把地球看作一个苹果，地壳就是苹果皮。地壳薄而且是岩质的。地球上所有的陆地和海底都是地壳的一部分。

海底地壳主要由玄武岩构成。海洋地壳大约有8千米厚。没有被海洋覆盖的地壳大部分是由花岗岩构成的，包括大陆和岛屿。大陆地壳通常有32千米厚，在一些有高山的地方，厚度可能超过40千米。

地壳中最丰富的化学元素是氧。地壳中的氧元素通常只是在不同岩石和矿物中发现的多种元素成分之一。

地壳不是一整块，它像拼图游戏中的拼板一样分成好多块，这些板块称为构造板块。大约有30个不同大小和形状的板块。太平洋位于一个巨大的板块之上，但中美洲周围的区域有6个板块，彼此相距约1600千米。板块不会待在原地不动，它们或挤在一起，或分开，或互相错开。这个运动并不平稳，彼此之间会积聚很大的能量，当这些能量释放时，板块之间会产生滑动从而引发地震。

在地壳下面，地球由三层炽热的岩石和金属组成，它们是地幔、外核和内核。

延伸阅读： 玄武岩；大陆；地核；地球；地震；岛屿；地幔；板块构造。

地球是一个巨大的球体，其薄薄的岩性外表称为地壳。

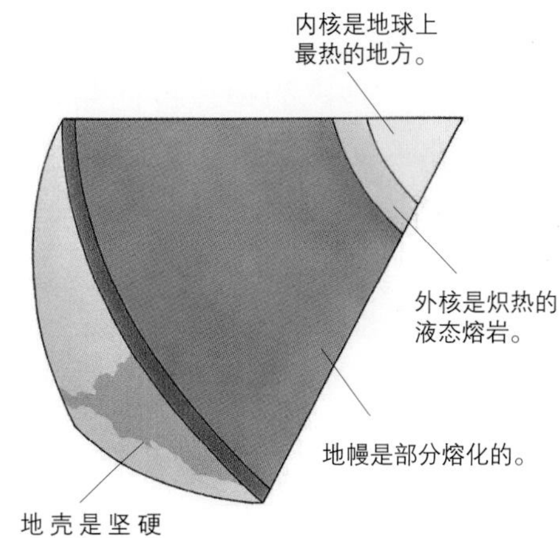

地理

Geography

地理学家使用经纬仪（一种测量角度计算距离的仪器）来研究地表特征。

地理学是研究地球上的地貌及其特征的科学，它也研究人类和其他生物如何影响地球。

地理学家有很多种。区域地理学家研究世界的特定区域，他们观察那里的气候、土地、矿物、动物和人。物理地理学家研究诸如水、土地和气候等地理特征，他们探讨这些特征是如何影响人类活动，以及人类活动又是如何改变这些特征的，气候学家和海洋学家就是物理地理学家。气候学家研究一个地区的气候，以及它们如何年复一年地变化。海洋学家研究海洋生物、海水污染、海流和海底地形。人类地理学家研究人类群体之间如何相互影响，以及他们如何影响所居住的环境。

地理学家使用地图收集信息并进行整理，他们还使用一些科学仪器来帮助他们测量和发现各种地理特征。

古希腊人是欧洲首次有组织地学习地理的人，他们试图解释一个地区的地理特征如何影响居住在那里的人。古希腊人和古罗马人记载的很多地理知识在中世纪早期就在欧洲消失了，这段时间从公元400年一直延续到公元900年。然而，中东和北非的穆斯林没有中断，他们继续学习地理知识，并做出了自己的发现。

延伸阅读：地球；地质学；海洋学。

地理研究有助于解释为什么一个城市在一个特定的地方发展。例如，芝加哥在不到一个世纪里就从一个小村庄成长为一个大都市，就是因为它紧靠着河，水路交通方便，农田充足，并且森林茂密，树木可供开采。这些因素反过来又体现出这座城市铁路和空中交通枢纽的重要性。

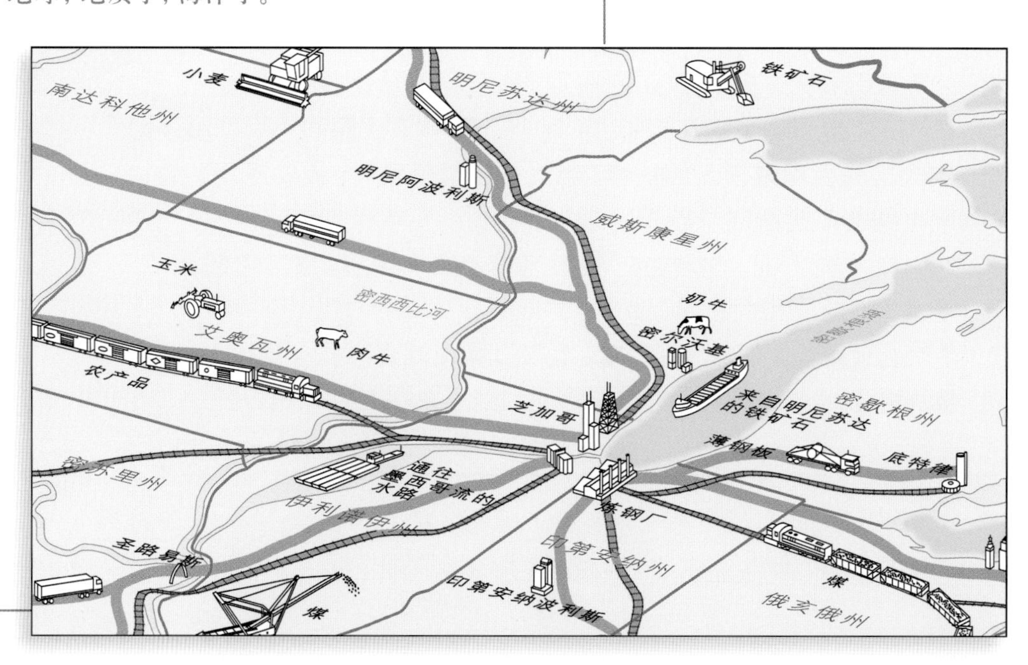

地幔

Mantle

地幔是构成地球的三大圈层之一。它位于地壳（最外层）之下，地核（最内层）之上。地幔是这些地层中最大的一层。它约占地球体积的83%，质量的67%。地幔内的岩浆活动导致火山爆发、大多数地震和大陆漂移。

地幔大约有2900千米厚。在海底，地幔顶部距地表约7千米。在大陆上，地幔的平均深度约为32千米。在地球的大部分地区，地幔在大约100～240千米深处部分熔化。

在大陆地壳下，地幔顶部的温度小于700℃。地幔的底部（地核附近）温度大约有4000℃。

延伸阅读：地核；地壳；地球；地震；火山。

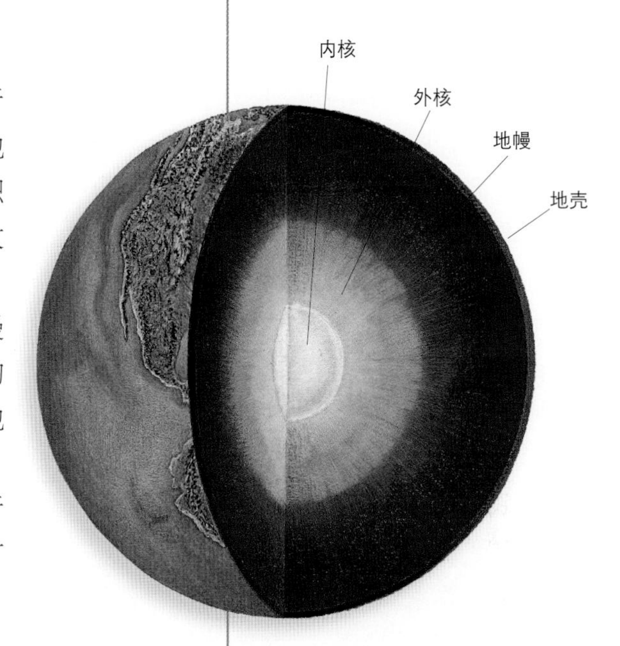

地幔位于地壳和地核之间。

地平线

Horizon

地平线是离我们很远的一条曲线，它是大地和天空的交汇处。陆地上，大多数人看不到地平线，因为建筑物、树木或山脉挡住了视线。但是当一个人在大海上时，向四周看，都可以看到地平线。

从飞机上或山顶上看，地平线似乎更远了。这是因为站在高处的人能看到圆形地球的更远处。在海面上，地平线大约离我们4千米远。但是在海拔1.6千米的山上，地平线离我们有158千米远。

延伸阅读：天空。

地球

Earth

地球是人类生活的星球。它是围绕着太阳运行的八大行星之一，并作为太阳系的一部分穿越太空。地球是太阳系中第五大行星，它的直径约为13000千米，它的周长约为40000千米。

地球是人类和其他许多生物的家园，是宇宙中唯一已知有生命的行星。动物、植物和其他生物几乎生活在地球上的任何地方。地球上之所以存在生命可能是因为地球与太阳之间的距离——约1.5亿千米，这是地球获得来自太阳的光和热的恰当距离，在这个距离上地球不会变得太热。地球上还有很多水，我们知道，没有水就没有生命。

地球表面大约有70%被水覆盖，其中多数是咸的。北极和南极的冰盖保存着地球上大部分淡水。

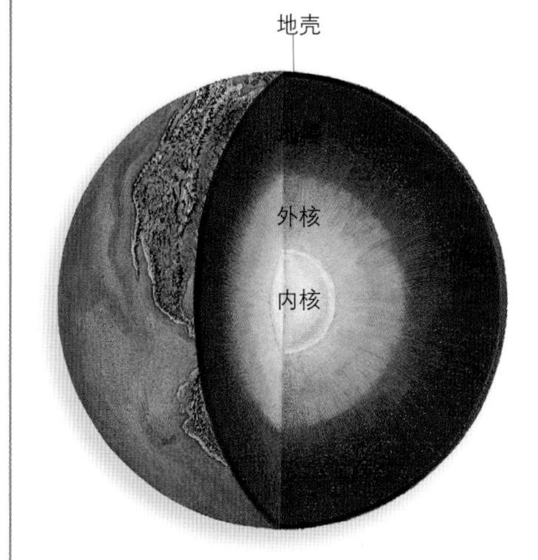

地球是由地壳、地幔和地核组成的。地核分固体的内核和液体的外核。

大气圈是围绕地球的一层气体。大气的加热、冷却、蒸发和运动形成了天气。

生物圈是包含生命的区域。地球上几乎到处都有生命。

水圈包括了地球上所有的水，如海洋、湖泊、河流，以及所有的地下水和冻结的冰和雪。

岩石圈是地球固体的外壳和下层地幔的上部。海底的岩石圈要比大陆的薄。

地球有四个主要的圈层——大气圈、生物圈、水汽圈和岩石圈，它们作为一个整体形成一个系统。物质和能量在圈层之间循环往复地流动。一个变化会导致另一个变化。

前寒武纪开始于距今约45亿年前，结束于距今5.41亿年前。地壳、大气和海洋都是在这一时期形成的，最简单的生命形式也在这一时期出现了。

古生代——从距今5.41亿前到距今2.52亿年前——见证了海洋和陆地上多种动植物的发展。

中生代——从距今2.52亿年前到距今6600万年前——这是恐龙时代。食草恐龙，如剑龙，以苏铁和针叶树为食，这些早期的树木在现代显花树木出现之前很繁盛。

新生代——始于距今6600万年前并延续至今——包括更新世。在这一时期的许多冰期中，巨大的冰层覆盖了地球的大部分。

地球被大气层包围着，地球的大气叫空气。大气的主要部分是氧气和氮气。地球上几乎所有的生物都需要氧气才能生存。纵观地球史，气候发生了多次变化。在某些时期，巨大的冰覆盖了地球的大部分地方。但大多数时候，地球的大部分地方是没有冰的。

地球总是处在运动之中。它绕着它的轴自转，这根轴是一条假想的直线，从北极到南极，穿过地球的中心。地球每 24 小时绕地轴自转一周，这种自转创造了白天和黑夜。

地球还围绕太阳公转，因此产生了四季。这是因为地轴是倾斜的，地轴倾斜导致地球的顶部和底部在一年的不同时间接收到不同数量的阳光。接收阳光上的差异带来了天气的变化。例如，当地球的北部向远离太阳的方向倾斜时，那里就是冬季。地球还有另一种运动，它与太阳和其他行星一起在太空中运动。

地球上有液态水构成的海洋和高于海平面的陆地

地球内部是分层的。外层叫地壳，它是由岩石构成的，厚度各不相同，有些地方厚 8 千米，有些地方厚 40 千米。地壳大部分被海洋覆盖。

地壳上最高的地方是珠穆朗玛峰，它的海拔约 8850 米高。最低点位于太平洋的马里亚纳海沟，约 11033 米深。

地壳下面有两层，是由炽热的岩石和金属组成的。紧靠着地壳一层叫地幔，大约有 2900 千米厚，是由温度非常高的岩石构成的。地幔的下面是地核，分内核与外核。外核由金属组成，科学家认为这种金属主要是液态铁。地球的中心部分称为内核，它主要是由固态的铁组成的。地球越往深处，温度就变得越高，科学家认为内核的温度大约为 4300 ~ 7000℃。

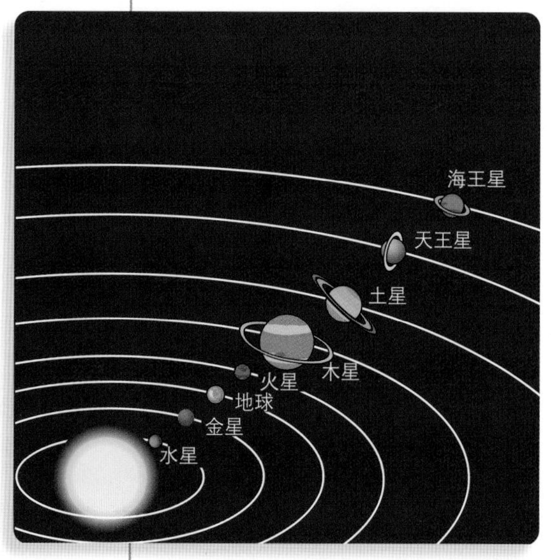

地球是太阳系的第三颗行星。

研究地球的科学叫地球科学。地质学是地球科学中最重要的学科。这一领域的科学家称为地质学家，他们研究地球有多古老，它是如何形成的，以及它是如何变化的。为此，他们研究岩石和地球的物理特征。地质学家还研究其他行星和来自外太空的线索，以了解地球是如何形成的。

另一个分支学科叫古生物学，它研究地球上生命的历史。古生物学家研究被称为化石的古生物残骸。化石可以是动物的骨头或牙齿，它们经过数百万年的变化已变成岩石。它们也可以是植物或动物在岩石中的印迹。

地质学家认为，大约距今45亿年前，地球是从由气体和尘埃组成的云中产生的。这些云的大部分聚集在一起形成了太阳，剩下的形成了地球和其他行星。起初，地球只是一个没有水的岩石球，周围环绕着气体。它有一个岩石外壳，熔化和硬化了很多次。慢慢地，大陆和海洋形成了。

古生物学家认为，地球上第一次出现生命大约在距今35亿年前。那些早期的生物是微小的单细胞细菌。在接下来的近30亿年里，所有生物只有一个细胞。大约距今6亿年前，更大的动物出现了，这些动物都生活在海里，它们包括蠕虫和水母等生物。

陆地上最早的生物是植物，大约出现在距今4.4亿年前。昆虫和两栖动物（既能生活在陆地上又能生活在水中的动物）大约在距今4.1亿年前开始在陆地上繁衍。恐龙和哺乳动物（以母乳喂养幼崽的动物）大约出现在距今2.5亿年前。现代人的第一个类人祖先大约是在距今200万年前出现的。

延伸阅读： 空气；大气；生物圈；大陆；地核；地壳；半球；地理；地质学；经度和纬度；地幔；北极；海洋；极点；古生物学；板块构造；岩石；南极；天气和气候。

地球科学

Earth science

地球科学是研究地球如何形成和发展的，以及它是如何变化的科学。这门科学研究地球的组成、结构以及大气和水。地球科学包括了地质学、气象学、海洋学和自然地理学等相关领域。自然地理学关注的是诸如土地、水和气候等自然特征的位置，以及产生和改变它们的因素，此外，自然地理学家也研究这些特征相互之间以及与人类活动之间的关系。

延伸阅读： 地球；地理；地质学；气象学；海洋学。

地热能

Geothermal energy

地热能就是地球内部的能源。地下深处，有一种叫岩浆的液体，它们是炽热、熔化的岩石。在某些地方，岩浆升到地表附近，并加热周围的岩石和地下水，这些热量可以使地下水沸腾从而产生蒸汽。

电力公司会在这些地方建造发电站，他们用管道收集热水或蒸汽，热水或蒸汽推动涡轮机使其旋转。涡轮机是一种外观类似于轮子的大型机器，里面的涡轮旋转从而产生电力。热水或蒸汽也可以用来为家庭供暖。

只有岩浆接近地表时，地热能才可能被加以利用，像玻利维亚、冰岛、意大利、日本、菲律宾、新西兰和美国就有这样的地方。地热发电厂并不需要人为供水，因为雨水会渗透到地下，补充水源。

冰岛的一个地热发电站从地下收集热水和蒸汽来发电。

延伸阅读： 间歇泉；热点；温泉；岩浆。

地峡

Isthmus

地峡是连接两大块陆地的狭长地带。有些地峡连接两大洲。巴拿马地峡连接北美洲和南美洲，苏伊士地峡连接非洲和亚洲。还有一些地峡连接一块大陆和一个叫半岛的小块陆地。

在一些地方，人们在地峡上开挖运河，把两个水体连接起来。巴拿马运河是在巴拿马地峡上开凿的，它连接了大西洋和太平洋。从大西洋到太平洋，船只可以走运河，而不必绕过整个南美洲。苏伊士运河位于苏伊士地峡上，它连接地中海和红海，船只从大西洋航行到印度洋时，不必绕过非洲。

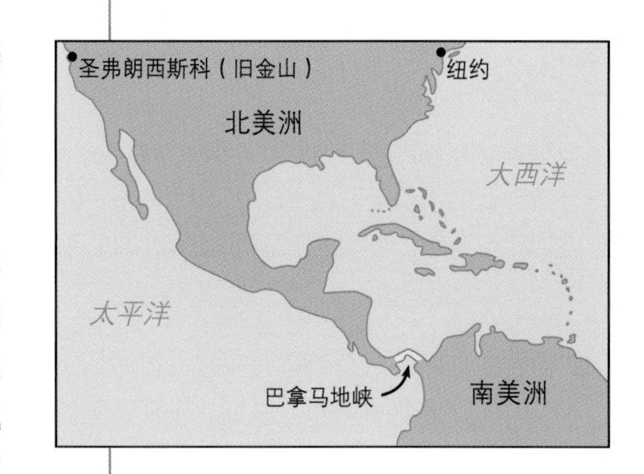

延伸阅读： 大陆；半岛。

地下水

Ground water

地下水是指地表以下的水，井水和泉水就来自那里。有些城市居民和许多生活在农村地区的人主要从地下水中汲取所需的水。

地下水主要来自雨水和融雪水，也可能来自湖泊和池塘。水通过沙子、碎石和岩石间的孔隙渗入地下。含有大量地下水的地方称为含水层。人们在地上挖井，要挖到地下含水层才能取到水，通过水井把地下水引到地表。一个地区地下水的水位称为地下水位。当抽取的水多于自然补充的水时，地下水位会下降。世界上许多地区的地下水消耗速度已快于雨雪对含水层的补给速度。地下水污染也是一个严重的问题，尤其是在城市和工业区附近。

延伸阅读： 泉水；水；供水。

坦桑尼亚农村地区的人们在从水井里取水。通过这口井，他们可以取到沙漠下面的地下水。

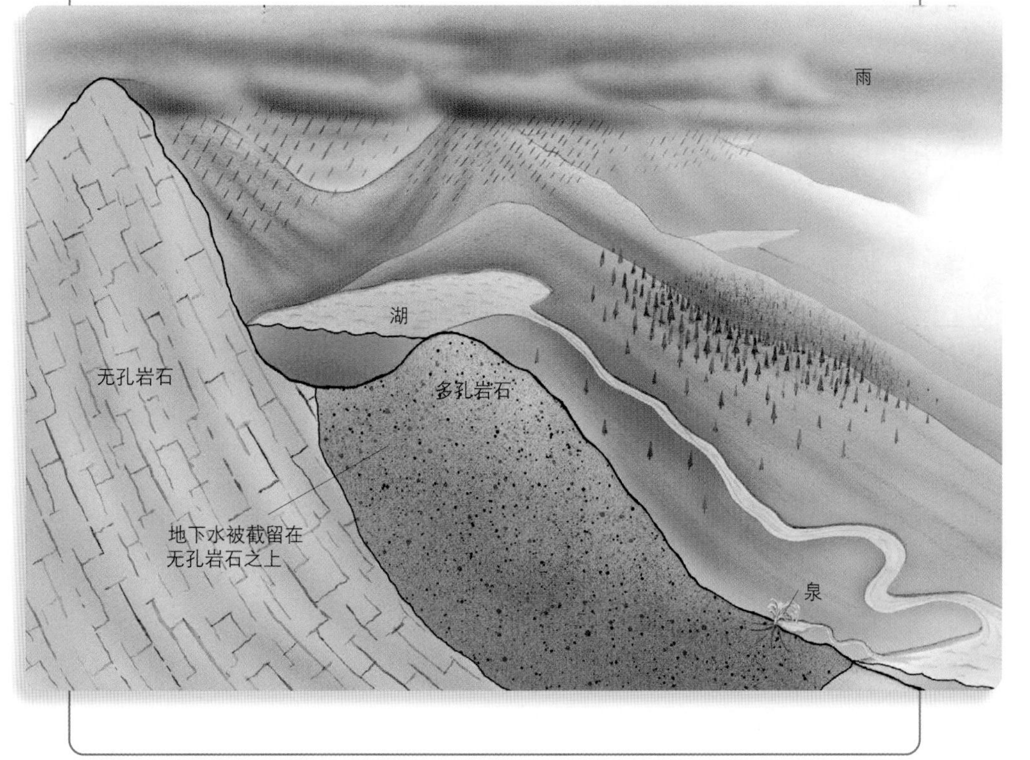

地下水最初来自雨、雪和湖泊。水穿过土壤，渗入多孔岩石、砂砾之间的裂缝或孔隙中。通过泉，水又可以回到地面上来。

地震

Earthquake

地震是地面的震动。地震能在海洋中引发巨浪，引发山体滑坡，导致建筑物倒塌。

地球的表面是一个坚硬的外壳，称作地壳。海洋和大陆都在地壳上。这个坚硬的外壳并不是一整块的，而是由大约30个板块组成的，就像拼图一样拼在一起。

这些板块，也就是所谓的构造板块，会相互挤压、分离或错开。这个运动通常并不均匀。很多时候，这些板块并不移动，但相互之间会产生压力。如果压力太大，板块会在短

倾斜的地板和倒塌的墙壁上的碎石揭示了2011年袭击土耳其东部的大地震的破坏力。这次里氏7.1级地震造成600多人死亡、5000多座建筑被毁。

时间内剧烈运动。这种突然的运动就是地震。

地震产生的力取决于地面移动的程度。强烈的地震可以使坚实的地面移动很远距离。在轻微的地震中，这种震动可能感觉像一辆经过的卡车引起的。地震可能发生在地表以下或地下700千米深处。

科学家认为，每年发生地震几百万次。平均而言，它们中大约只有15万次足够强大，从而人类可以感觉到。在这些地震中，约有1.5万次地震足以强到造成重大财产损失，约有150次地震足以强到造成重大生命损失。

地震能引起建筑墙体开裂，桥梁倒塌。它们可以切断电线、煤气和水管。强烈地震中，会有许多人死亡或受伤。几乎

所有的地震受害者受到的伤害都是由于建筑物或其他结构体的倒塌而造成的。

地震会发生在陆地和海底。海底地震能在海洋表面形成破坏性的巨浪，即海啸，它们会在海岸线上造成巨大的洪水。有些海啸威力强大到足以传播数百千米，当它们袭击海岸时仍能造成破坏。

人们已经采取了一系列措施来保护自己免受地震的伤害。工程师设计出不太可能倒塌的建筑物和桥梁。科学家还在努力预测最严重的地震将袭击哪里。但是，要预测地震发生的时间和地点仍是非常困难的。

延伸阅读：地壳；断层；滑坡；板块构造；圣安德烈亚斯断层；地震学；海啸。

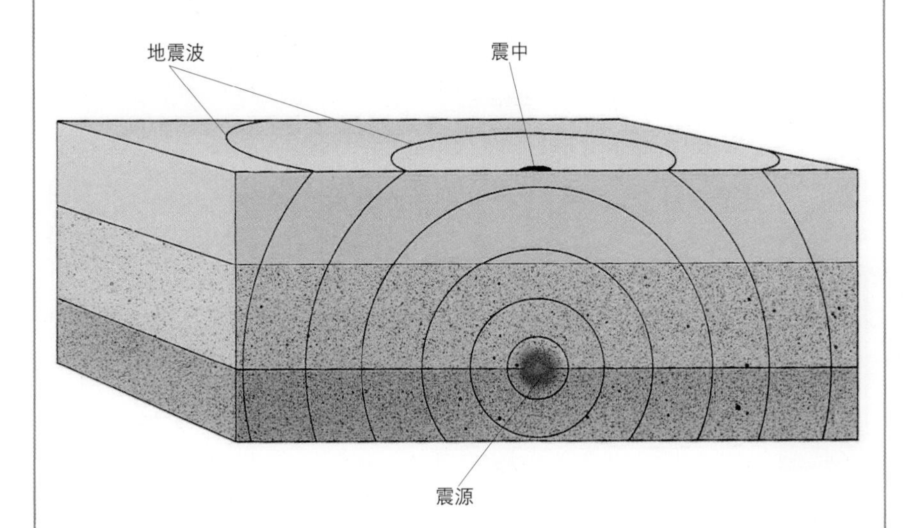

地震发生时，地球的岩石突然断裂和移动，以震动的形式释放的能量称为地震波。岩石第一次断裂的点称为震源。震源上方地球表面的点称为震中。

正断层

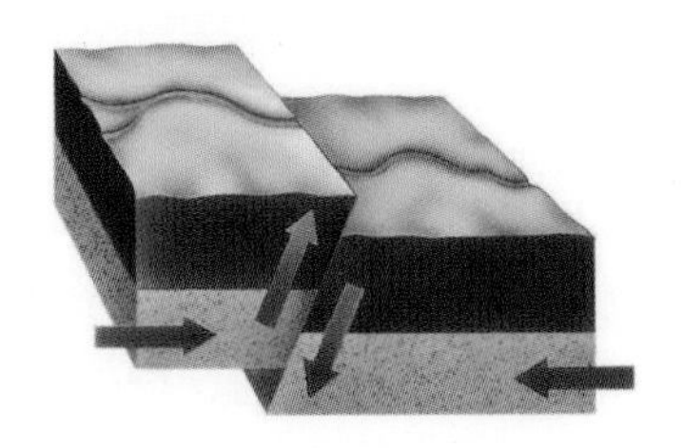

逆断层

平移断层

运动的地壳，也即断层，造成了大多数地震。在正断层中，两个板块会分开，其中一块会下落。在逆断层中，两个板块发生碰撞，一个板块会挤压下面的另一个板块。在平移断层中，岩体相互滑动错开。

地震学

Seismology

地震学是研究天然地震或爆炸产生的地震的学科。地震震源向外传播的振动称为地震波。地震学家通过研究地震波来了解地震和地球的结构。地震学是地球物理学的一部分，是地质学和物理学的交叉学科。

地震学家使用地震计来探测地震波。地震计还记录地震波发生的时间。另一种叫地震仪的仪器将地震计测得的信息记录在一张移动的纸上。这些记录使地震学家能够找出地震的源地和强度。地震学家也通过研究地震仪上的信息来寻找预测未来地震的方法。这些记录还有助于科学家寻找地下有价值的物质，如矿藏和石油。

一些地震学家利用地震波来了解地球的内部结构。地震产生的某些地震波可以穿过地球。地震学家探测这些波在地球内部传播时是如何变化的。例如，地震波穿过冷岩石的速度比穿过热岩石的速度快，这些信息可以帮助科学家绘制地球深处岩层图。

延伸阅读： 地震；里氏震级。

一位地震学家正在用地震仪进行探测。

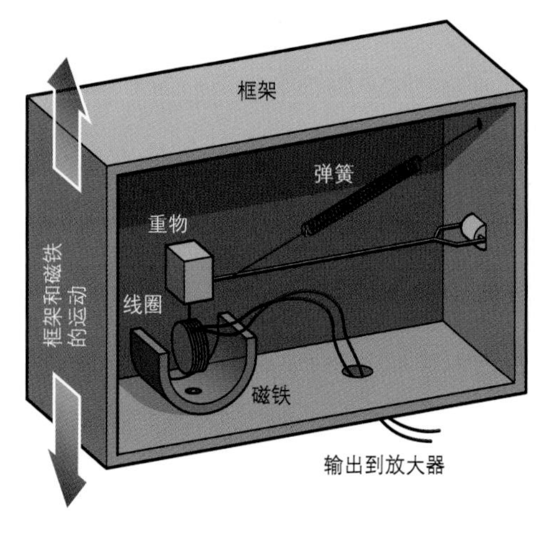

许多地震计使用一个框架和一块上下移动的磁铁来探测运动。在框架内部，一个重物和一个线圈被弹簧悬挂着不动。磁体的运动会在线圈中产生一个电压（电磁力），以此来表示磁体的运动状况。外接的一个放大器会增强这个电压。

地质学

Geology

地质学是研究地球如何形成及如何变化的科学。其中很多变化发生得很慢，但也有一些变化是在一瞬间剧烈地发生的。“地质学”这个词来源于希腊语，意思是研究地球。

地质学的两个主要分支是物理地质学和历史地质学。物

在北极研究的地质学家。

理地质学家研究地球上的岩石、山脉和地球的其他特征，以及组成地球的物质。他们研究地震和其他影响地球的作用力，以及构成地壳的刚性板块。他们还研究水如何改变地球，例如，河流侵蚀山脉，将泥沙带到大海，浪沿着海岸和湖岸冲走了一些地方的土壤，然后又顺势把它们堆在另外一些地方；海水在海床上的流动，使泥沙分层并逐渐硬化成岩石。

历史地质学家试图了解地球是如何随着时间变化的，以及动植物过去是如何在地球上生活的。他们经常研究化石，化石是生活在几千年或几百万年前的动物和植物的石化残

两位地质学家检测土壤中是否存在一种叫二噁英的有害化学物质，在土壤修复计划中检测土壤是消除土壤中有毒环境污染物的第一步。

骸，化石既可以是骨头和牙齿，也可以是树叶和贝壳，还可以是泥土上留下的脚印和皮肤痕迹。地质学家研究的许多问题都是这两个分支的一部分。

天体地质学家是另一种地质学家，他们研究太阳系中除地球之外的物体，他们还研究落在地球上的陨石，并利用太空探测器如“漫游者”号探测器和太空望远镜研究其他行星。他们利用这些信息来了解地球和太阳系中的其他天体是如何形成的。

古希腊人首次以科学的方式研究并记录了地球构造和演变，但他们的许多记录都是事实、迷信、传说和猜测的混合体。

延伸阅读：地球；地震；古生物学；板块构造；火山。

一位地质学家在加勒比海海底勘测巨石。

地轴

Axis

地轴是一条地球围绕其自转的假想的直线。地轴穿过地球与地表的两个交点分别为南极和北极。地球每 24 小时绕着地轴自转一周。

地球在自转的同时，还绕着太阳公转。地轴相对于其公转轨道是倾斜的。这种倾斜导致了地球上季节的变化。当北极对着太阳时，北半球处于夏季，而南半球处于冬季。当北极远离太阳时，季节正好相反。

其他行星也绕着它们的自转轴旋转。天王星的自转轴相对于它的轨道几乎是躺着的。

延伸阅读：地球；北极；南极。

冻原

Tundra

冻原是有长达半年多的时间被冰雪覆盖的寒冷、干燥的地区。因为冬天又长又冷，所以冻原中树木无法生长。冻原夏天短而凉爽，但仍有一些植物能够生长，它们包括苔藓、草、低矮灌木和一种叫莎草的草类植物。

地球上有两种冻原——北极冻原和高山冻原。北极冻原位于格陵兰岛和亚洲、欧洲、北美洲北部靠近北冰洋的地区。大多数北极冻原地形平坦，湖泊众多。但也有一些山脉。

冻原下的土地通常全年都是冰冻的，

美国阿拉斯加的北极冻原是诸如红熊果和苔藓这样的生长在地表附近的许多小型植物的家园。

这张照片显示了加拿大育空地区的高山冻原。

这种冻土称为多年冻土，通常有好几百米厚。在较为温暖的区域，冻原表面的土地在夏季融冻，植物便在那里生长。

北极的冻原上很少有人生活，因纽特人是例外，他们生活在冻原上的许多地方。

北极冰原上栖息着各种各样的野生动物。鹅、燕鸥和其他鸟类在春天和夏天在那里生活，北美驯鹿、灰熊、麝牛、驯鹿和狼在这片土地上漫步，较小的动物则有北极狐和野兔等，北极熊、海豹和海象则出没在海岸附近。

北极冻原蕴含大量的矿藏。这些矿藏包括煤、天然气、石油以及铁矿石、铅和锌等。

柳树松鸡是全年生活在北极的少数鸟类之一。这是一种耐寒的，像鸡一样的鸟，在漫长的北极冬季吃嫩枝和叶芽。

世界各地的高山冻原都分布在海拔很高、温度过低、树木不宜生长的山区。夏季的几个月里，会有各种各样的野花和动物生活在高山冻原上。

延伸阅读： 北极；生物群落；多年冻土；雪；土壤。

麝牛有一层厚厚的皮毛，可以保护它不受北极冻原恶劣天气的影响。宽阔的分趾蹄使麝牛能在雪地里刨草和其他植物。

洞穴

Cave

洞穴是地球上自然产生的大到可以让人进入的洞。有些洞穴只有一个空间，但有些洞穴有许多空间和通道。人们探索过的最长的洞穴是美国肯塔基州猛犸－燧石山脊洞穴系统，它的通道长达 550 千米。有些洞穴可能深入地下，例如，法国的一个洞穴深达 1.6 千米。

大多数洞穴是在水的作用下形成的，由水对岩石经过数千年的冲刷溶蚀而成。洞穴内部阴暗潮湿，有时很危险。但是洞穴也很美，当用手电筒或火把照亮它们时，你可以看到形状奇特、五颜六色的岩石。有些洞穴看起来就像地下艺术博物馆。由岩石形成的美丽“雕塑”，叫石钟乳、石笋和石柱。有些洞穴有湖泊、河流或瀑布。石钟乳从洞穴顶和岩壁垂下来。石笋则从洞穴地面向上生长。石钟乳和石笋连在一起则形成石柱。

其他类型的洞穴包括熔岩管道和海底洞穴。熔岩管道是由熔岩（从火山口喷出的熔融的岩浆）形成的。当熔岩沿着斜坡向下流动时，它的表层会变冷变硬。而表层下面的熔岩仍熔化着。熔岩继续沿着山坡往下流。最终，它流出来，并留下一个空洞。熔岩洞位于地表附近，薄薄的顶上通常有许多开口。随着海浪冲刷岩石，岩石海岸能形成海底洞穴。在内陆，流动的水可以带走岩石，形成洞穴。

科学家和其他探索洞穴的人进洞前通常要穿特殊的衣服和戴头灯，因为洞穴是黑暗的，可能会有锯齿状的岩石。探险者

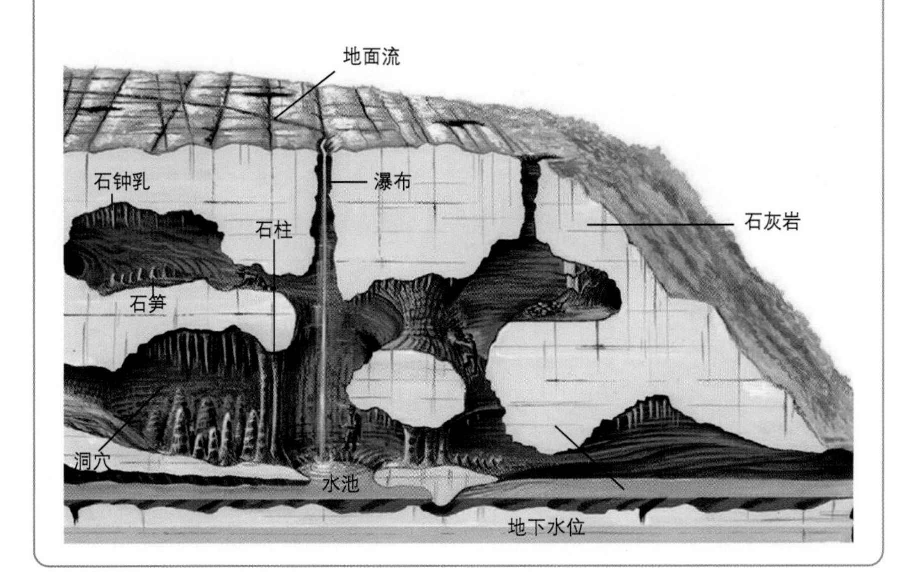

石灰岩洞穴的形成时间约为数千年。在石灰岩中，当水侵蚀掉大块岩石时，洞穴就会形成。

可能会携带绳索，用于攀登悬崖。科学家通过研究洞穴来探寻它们是如何形成的，以及随着时间的推移它们是如何变化的。他们经常画洞穴地图。有些人把探索洞穴作为一种业余爱好，但这种运动可能很危险。为了安全起见，探险者总是以团队形式进入洞穴，他们还携带手电筒和其他工具。

生活在洞穴里的动物包括鸟类、蟋蟀、蜥蜴、浣熊、老鼠、蝾螈、蜘蛛和蝙蝠。有些生长在洞穴深处的甲虫和鱼没有视力，因为它们生活在黑暗中，不需要视力。

洞穴探险者是把探索洞穴当作业余爱好的人。这群洞穴探险者正在冰岛的一个洞穴探险。

延伸阅读： 侵蚀；熔岩；岩石；石钟乳和石笋。

断层

Fault

断层是地球岩石外壳上的裂缝，是岩石与岩石在那里相互作用产生的，这个外壳叫地壳。断层裂缝有小也有大而深的，宽度从几十厘米或几米不等。大多数断层位于地下，我们看不见。但有些断层一直延伸到地表，很容易被发现。例如，美国加利福尼州著名的圣安德烈亚斯断层。

圣安德烈亚斯断层是地壳上的一条裂缝，它延伸到美国加利福尼亚的大部分地区。地壳沿断层的突然运动会引起地震。

断层经常发生在两个构造板块的交界处。断层的两侧可能会向不同的方向移动，这种运动的结果便是地震。在某些情况下，断层的一边可以相对于另一边移动好多米。任何跨越裂缝区域的建筑物——如桥梁、管道、电线、房屋或篱笆——都可能被撕裂。地面裂缝可能发生在断层附近或较远的软沉积物区域。沉积物是沉淀在水中或空气中的物质。

延伸阅读： 地壳；地震；板块构造；圣安德烈亚斯断层。

对流层

Troposphere

对流层是地球大气层的最低层。大气层是环绕着地球的一层空气，对流层是大气层中有人居住的一层大气，也是云层形成和大多数天气发生的地方，包括降水（雨、雪和冰雹）。大气中 99% 的水分布在对流层中。

对流层的上边界称为对流层顶，它将对流层与平流层分开。

对流层中气温的差异在地球产生天气现象方面起着重要作用，对流层还有助于地球维持温和的表面温度。大部分阳光能穿过它，并加热地表。地面和大气向外辐射热量，其中有一些进入太空，但是也有一些热量被二氧化碳和其他大气气体吸收，这样热量又被辐射回地球表面，这种形式的变暖称为温室效应。如果没有温室效应，地球将无法为我们所知道的生命提供保障。

延伸阅读： 空气；大气；温室效应；平流层。

对流层（深蓝色区域）是地球大气层的最低层。它从地球表面向上，一直延伸到大约 16 千米的高度。

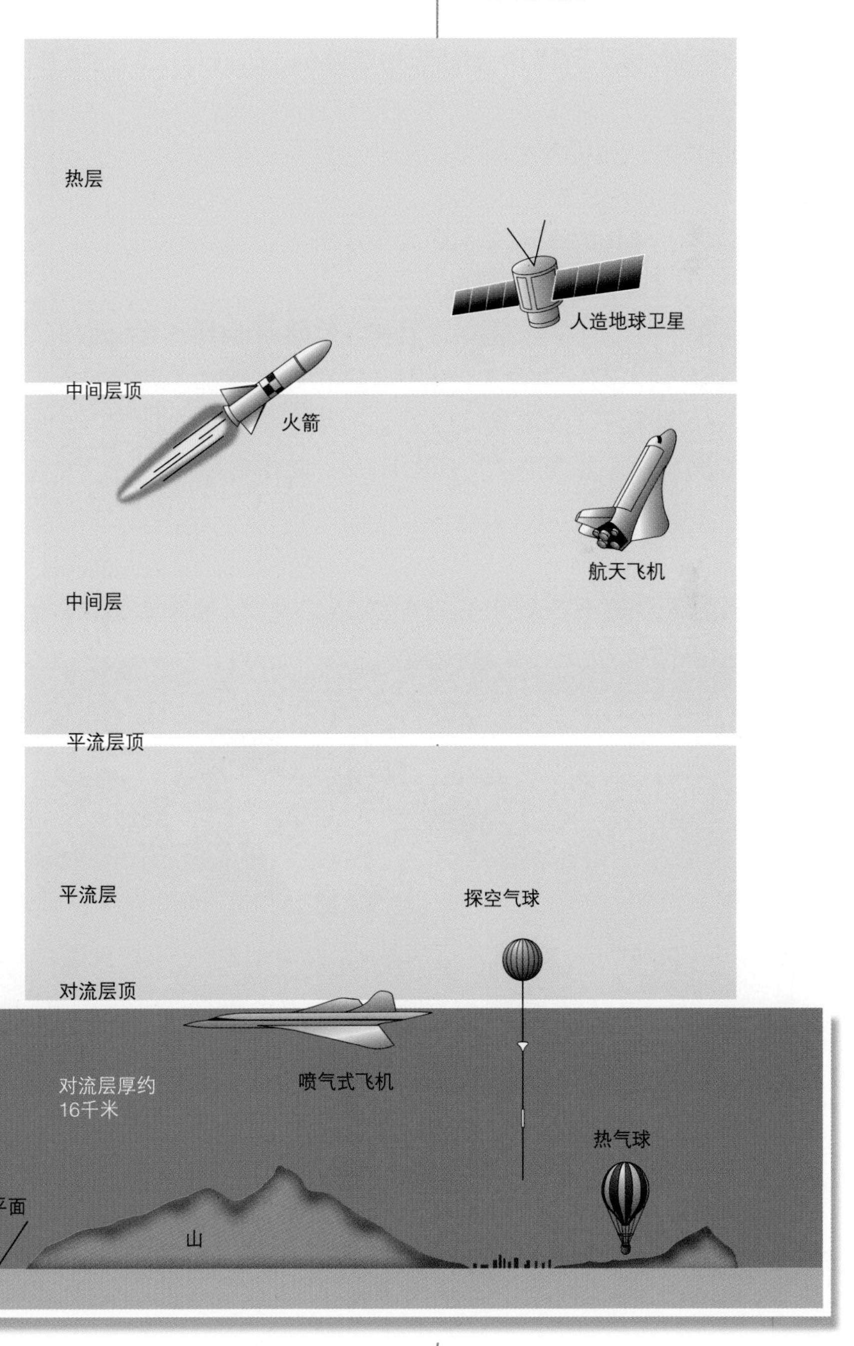

多年冻土

Permafrost

多年冻土是指至少冻结两年的土地。多年冻土常由岩石、沙子或土壤构成，它们被冰冻结起来，形成坚硬的物质。有少量冰的多年冻土称为少冰冻土。

多年冻土覆盖了世界四分之一的陆地。加拿大大约一半面积的陆地是多年冻土。在加拿大和俄罗斯的北部，地表以下 1500 米处都是冻结的。

夏天，多年冻土表层土壤会融化。这一层的深度范围从 20 ～ 280 厘米不等，取决于它下面的物质。随着全球变暖导致整体气温上升，多年冻土的面积将会减少。融化的多年冻土向大气中释放二氧化碳，这种气体是造成全球变暖的原因之一。

来自楼房、公路、铁路、管道和其他建筑物的热量可能会融化大量多年冻土中的冰。建在多年冻土上的建筑物可能会下沉到松软的土中，并因此受到破坏。

延伸阅读： 北极圈；二氧化碳；霜；全球变暖；冰；冻原。

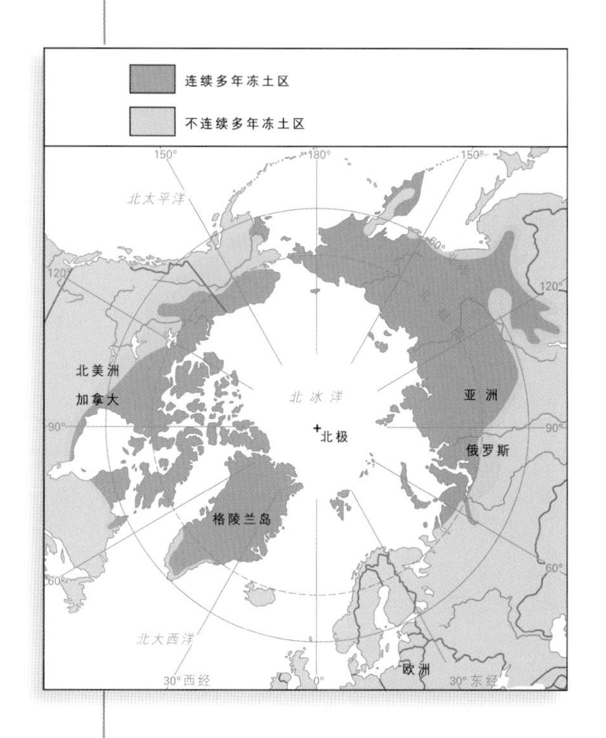

在北极圈周围的寒冷地区，多年冻土是连续的。而在北极圈以南，多年冻土可能是不连续的。那里的多年冻土包括较大的永久冻结区内的未冻结区域。

海岸侵蚀揭示了北极沿岸平原活跃层下面的多年冻土的范围。

厄尔尼诺

厄尔尼诺是太平洋表面异常温暖的海流。它每 2～7 年发生一次，能影响世界各地的气候。它发生时，美国南部的气候比正常情况下更湿润，而太平洋西北部的气候比正常情况下更干燥。自 20 世纪 80 年代初以来，厄尔尼诺现象变得越来越频繁且严重。典型的厄尔尼诺现象持续 18 个月左右，它是地球大气和太平洋热带水域相互作用的结果。

"厄尔尼诺"一词最初仅指每年冬季沿厄瓜多尔和秘鲁海岸向南流动的暖流。这股暖流之所以取"厄尔尼诺"这个名字是因为它通常发生在圣诞节前后。"厄尔尼诺"在西班牙语中意为"圣婴"。

延伸阅读： 海洋；太平洋；雨；天气和气候；风。

没有厄尔尼诺的气候

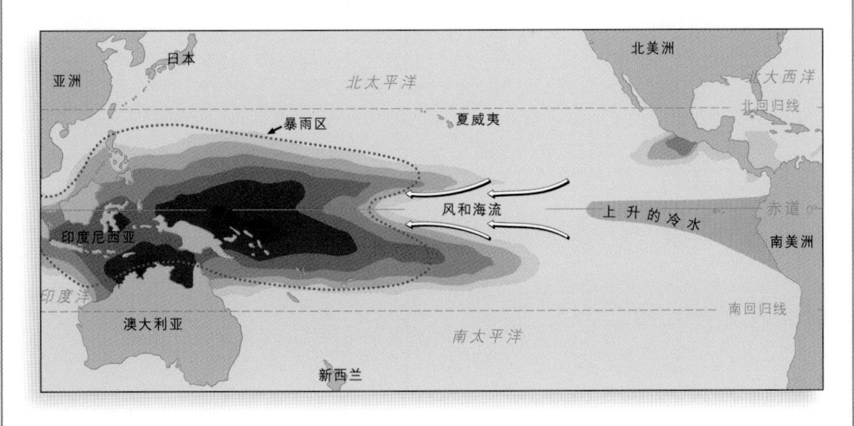

当没有出现厄尔尼诺时，太平洋最温暖的水域在西部，那里的降水量很大。在赤道附近，风和海流的方向从东向西。在东海岸，为了补充流向西边的海水，底下寒冷、营养丰富的海水便上升到了水面，供养了大量的鱼。

有厄尔尼诺的气候

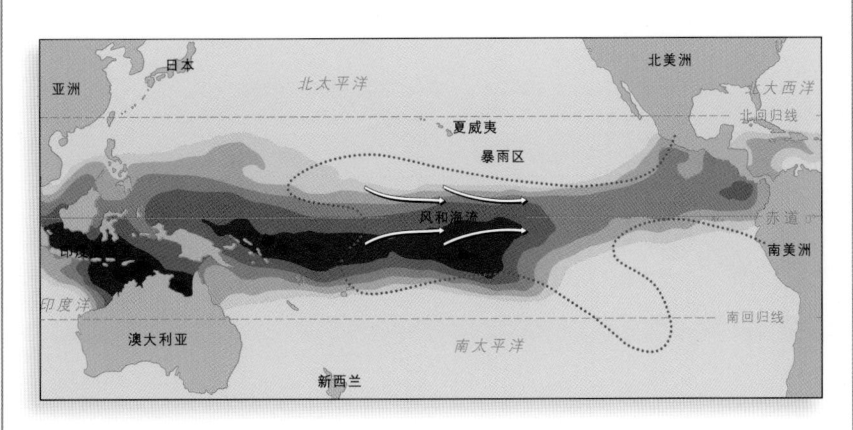

当厄尔尼诺出现时，从东向西的海流减弱了，甚至出现逆转。因此，暴雨区向东移动。因为海水不再向西流动，东海岸冷水不再上翻，结果那里的鱼大幅减少了。

二氧化碳

Carbon dioxide

二氧化碳是一种无色无味的气体。它就在你周围的空气中。它是地球大气的组成成分。

动物，包括人类在内，通过呼吸排出二氧化碳。我们吸入氧气，呼出二氧化碳。所有的绿色植物都需要二氧化碳才能生长，它们从周围的空气中吸收二氧化碳。

二氧化碳还有其他用途。用于烘焙的酵母会释放出二氧化碳气泡，这些气泡可使蛋糕和面包在烘烤时膨胀起来。二氧化碳气泡还能用来使一些软饮料起泡。消防员有时用二氧化碳来灭火。固态的二氧化碳称为干冰。它不同于一般的冰，一般的冰是凝固的水。当普通的冰融化时，它又会变成液体。而干冰会直接变成气体，看起来像烟。

空气中的二氧化碳有助于为地球大气层保留一部分来自太阳的热量，如果没有二氧化碳，对于生命来说，地球就太冷了。然而，空气中过多的二氧化碳则会吸收过多的热量。现今，大气中二氧化碳含量比几百年前高很多。科学家找到了强有力的证据，证明大气中二氧化碳含量增加是由于人们使用化石燃料（煤、石油和天然气）造成的。这些燃料燃烧时排放出大量的二氧化碳气体。大气中多余的二氧化碳导致全球变暖。

延伸阅读： 空气；大气；化石燃料；全球变暖。

植物在通过光合作用制造养料的过程中吸收二氧化碳并释放氧气。人类和其他动物吸入氧气，呼出二氧化碳，它是通过消耗体内的养分而产生的。

二至点

Solstice

二至点是夏天或冬天开始的时间。在赤道以北的地区，夏天从 6 月开始，冬天从 12 月开始。在赤道以南，季节正好相反，夏天从 12 月开始，冬天从 6 月开始。

位于夏至点时，太阳出现在天空中的位置，比一年中其他任何时候都要高，夏至日也是一年中白天最长的一天；位于冬至点时，太阳看起来比任何时候都要低，冬至日是一年中白天最短的一天。

二至点之所以出现是因为地轴的倾斜。地轴是一条从北极到南极贯穿地球的假想的线。地球绕地轴自转，由于地轴的倾斜，太阳似乎每个月都在天空中变换位置。

延伸阅读：地轴；地球；季节。

英国的巨石阵在古代可能是用来庆祝与二至点有关的节日的。

二至点是每年太阳在天空中最北或最南的位置。

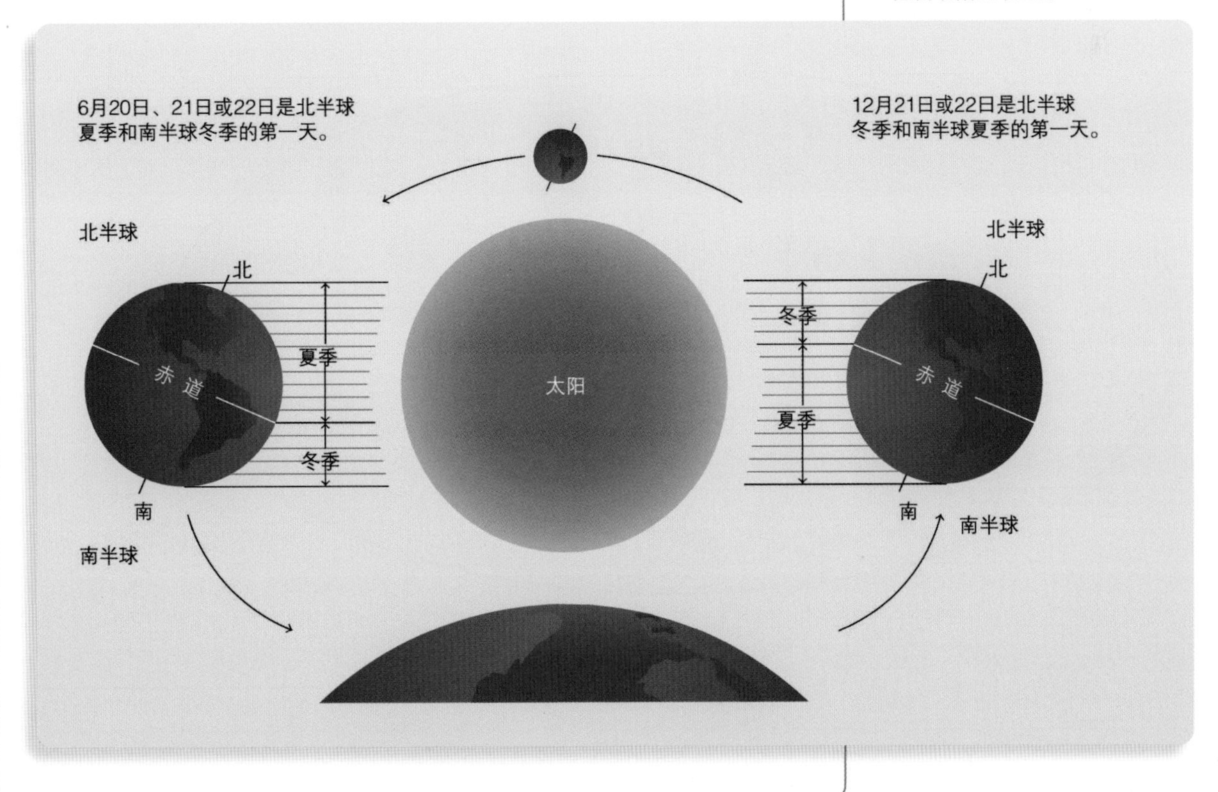

泛大陆

Pangaea

泛大陆是一块巨大的陆地，大多数学者认为它存在于2亿年前。地质学家经常把泛大陆称为超级大陆，因为它包含了地球上的大部分陆地。Pangaea这个名字来自希腊语，意思是“所有陆地”。

泛大陆由两块相连的大陆组成。南边的称为冈瓦纳古陆，包括现在的南美洲、非洲、印度、澳大利亚和南极洲。北边的称为劳亚古陆，包括今天的北美洲、欧洲和亚洲。劳亚古陆和冈瓦纳古陆之间有一个叫特提斯海的楔形海湾。一个叫泛大洋的巨大海洋包围着泛大陆。

泛大陆形成于距今5亿年至2亿年前，它是由较小的大陆经一系列碰撞形成的。大约2亿年前，劳亚古陆开始与冈瓦纳古陆分裂开来。

1912年，德国气象学家魏格纳在他的大陆漂移理论中首次提出泛大陆的存在。根据他的理论，所有的大陆曾经靠得很近，但后来又相互远离了。

延伸阅读： 大陆；板块构造；魏格纳。

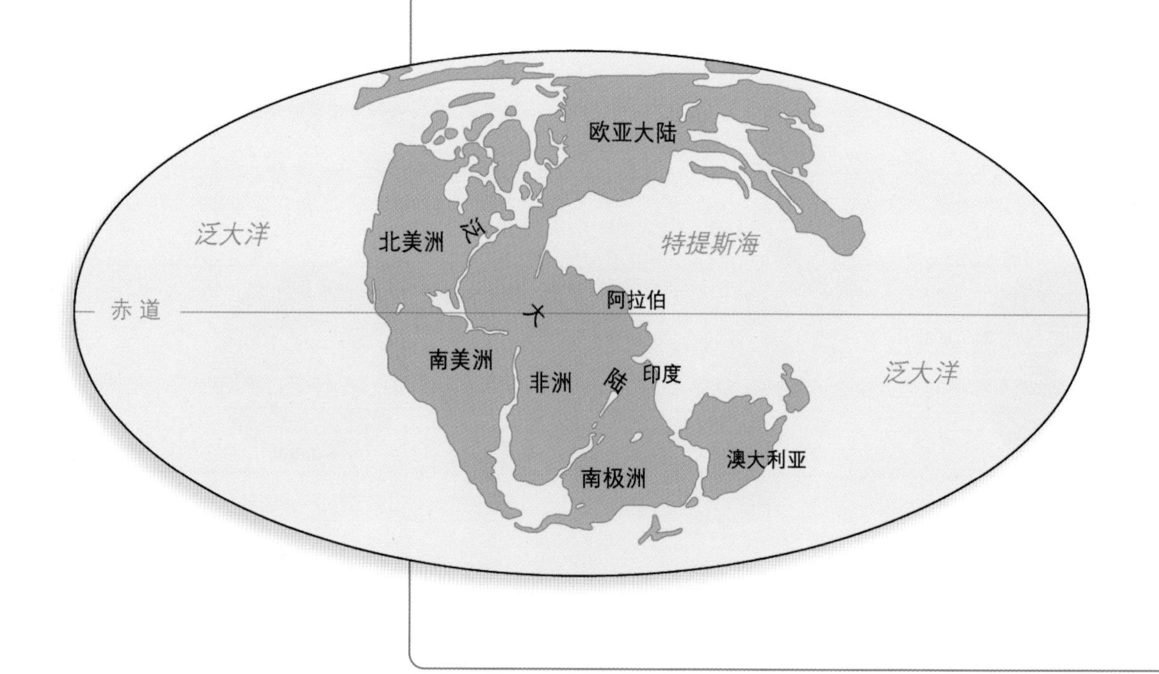

方铅矿

Galena

方铅矿是一种含有铅的矿物。它又重又脆，呈灰色，带有金属光泽，是一种铅的硫化物。硫化物是指含有硫元素的化合物。

人们在石灰岩中发现了大块的方铅矿，在一些沉积物中也发现了小块的方铅矿。有时在岩中发现的方铅矿还含有银。经过开采后，方铅矿被提炼以获得铅和银。澳大利亚、加拿大、中国、墨西哥、秘鲁和美国都发现了大量方铅矿。

延伸阅读： 石灰岩；矿物；矿石。

方铅矿是一种含铅的矿石。它呈立方体，明亮，有金属光泽，铅灰色。

费尔德草原

Veld

费尔德草原通常指一种南非草原，有点像北美大平原。“veld”是南非荷兰语，意思是田野或平原。南非荷兰语是南非使用的一种荷兰语。“veld”这个词有时被用来指非洲南部的任何自然植被区。它也拼作“veldt”。

费尔德草原地区是很多种食草动物的家园。这些动物包括黑犀牛和各种各样的羚羊。

最初生活在费尔德草原地区的人们以生长在那里的植物“费尔德科斯”为食。后来，其他许多种类的植物已经蔓延到草原。其他影响草原的问题包括水土流失、过度放牧、干旱和农业扩张。

延伸阅读： 草原；平原；北美大平原。

这条路蜿蜒经过南非草原上的一片野花。

风

Wind

风是在地球表面运动的空气。风可能很小，几乎感觉不到。或者，也可能很猛，以至于吹倒大树和建筑物。强风能激起巨浪，破坏船只和淹没陆地。风还能把农田里的土壤吹走，侵蚀岩石。

风是天气的一部分。它有两个特征，即风速和风向，可用来描述和预报天气。风是根据它吹来的方向来命名的。例如，东风从东吹到西，北风从北向南吹。

太阳加热陆地和空气时产生风。但是太阳对大气层的加热并不均匀。暖空气比冷空气轻，所以它会上升。这样，附近地区较冷的空气就会迅速流过来，以弥补加热上升的空气所留下的空缺。空气的这种流动叫循环。

地球上重要的风包括急流和信风。急流是发生在海拔较高处的快速移动的气流带，信风是一种从东北或东南方向吹向赤道的强风。

有些风只在地球的特定区域出现。例如，季风发生在东南亚、中非、北美洲西南部和南美洲的亚马孙地区。有些地区几乎没有风，这种区域称为平静区，包括赤道无风带、副热带无风带，以及赤道附近的微风地带和突发性风暴区。

延伸阅读： 雪暴；气旋；沙丘；尘暴；飓风；急流；季风；雷暴；龙卷；台风；旋风。

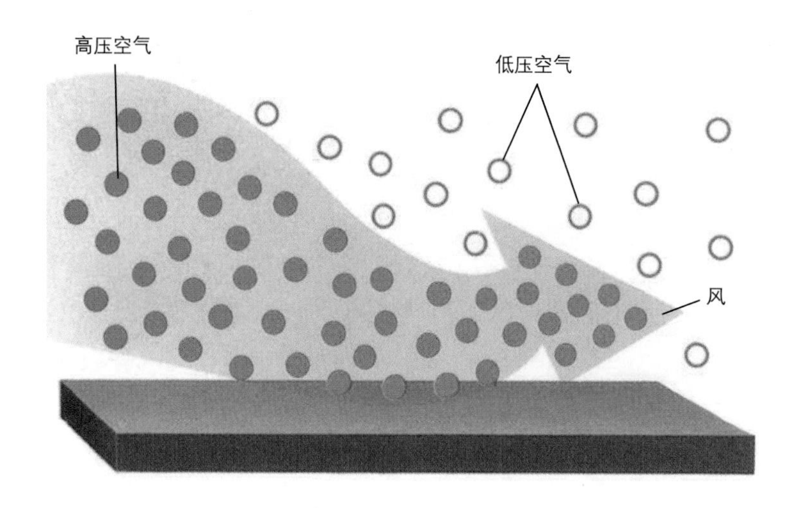

空气在地球表面从高压区移动到低压区。气压的差异主要是由于太阳对地球的不均匀加热造成的。

风寒温度

Wind chill

风寒温度是衡量人体在冷风中失热的程度。有风时，身体冷却的速度比在静止的空气中快。风寒温度的科学术语是风寒相当温度，也称为风寒指数。

在寒冷地区，风寒温度报告有助于人们计划外出时估计寒冷程度。例如，当气温为 −12℃、风速为 16 千米 / 时，风寒温度为 −20℃。这意味着裸露的皮肤失去热量的速度与在空气静止条件下气温为 −20℃时是一样的。

风寒温度无法准确测量人体的失热量。它没有考虑某些重要因素，譬如身材，一个较瘦的人会比一个矮胖的人因失去更多的热量而感觉更冷。

最初的风寒温度测量是基于 20 世纪 40 年代美国探险家保罗·西普尔和查尔斯·帕塞尔在南极洲进行的实验。西普尔和帕塞尔测量了 250 克的水在不同风速和气温下结冰所需的时间。科学家利用这些实验制作了风寒温度图。

2001—2002 年的冬季，美国国家气象局和加拿大气象局开始使用新的风寒温度图。这些图表提供了一种更精确的测量人体脸部失去热量的方法。在寒冷的天气里，脸是身体暴露在户外空气中最多的部位。

延伸阅读：天气和气候；风。

风化

Weathering

风化是由于环境因素使岩石和土壤破碎成小块并从地表松动的过程。冰是造成地表风化的一个主要原因。当水结冰时，它以巨大的力量膨胀开来。当它在岩石内部结冰时，就能把岩石胀裂。其他重要的风化作用包括化学过程，生物作用，空气、冰和水的运动，以及太阳的加热作用。

在这些因素的作用下，岩石开始被侵蚀。侵蚀是岩石和土壤从地球表面的一处破碎、脱离，并移到另一处的一种自然过程。美国亚利桑那州科罗拉多大峡谷和澳大利亚乌鲁鲁巨石（也叫艾尔斯岩）是风化和侵蚀的极典型例子。

延伸阅读： 侵蚀；科罗拉多大峡谷；冰；岩石；土壤；乌鲁鲁。

风蚀形式的风化在美国犹他州的古砂岩上雕刻出一道精致的拱门。风沙侵蚀了岩石的柔软部分，形成了这种不同寻常的形状。

锋

Front

锋是两个气团之间温度变化的狭窄区域。气团是指巨大的空气团，其各处温度都差不多。当两个温度不同的气团相遇，它们之间会形成锋。锋可能是冷的（冷锋），也可能是暖的（暖锋）。

冷锋是冷气团向暖气团推进时在前缘形成的锋。冷气团的密度比暖气团大，当它向暖气团方向推进时，它就会处于暖气团的下面。暖气团被抬升，产生云，这时就可能会下雨或下雪。当两个气团之间存在较大温差时，就有可能会产生恶劣天气，如龙卷。

暖锋是暖气团向冷气团推进时在前缘形成的锋。暖气团密度较低，就会骑在冷气团上面。当暖气团抬升时，气温下降，会产生云和小雨（或小雪）天气。

延伸阅读： 空气；雨；雪；雷暴；天气和气候。

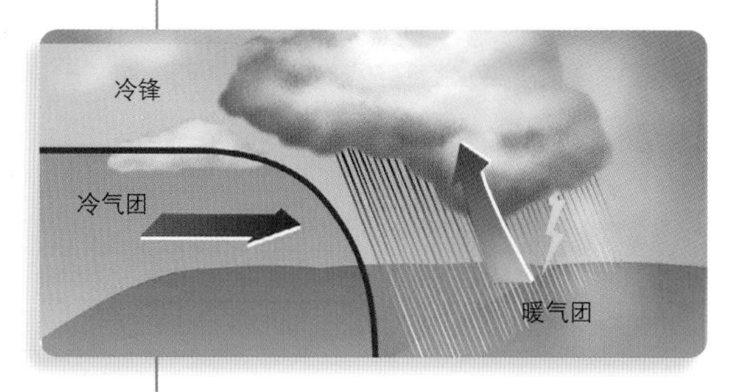

冷气团向暖气团方向推进时，就会出现冷锋（上）。暖气团向冷气团方向推进时，就会出现暖锋（下）。

浮尘

Dust

浮尘是非常微小的、干燥的尘土和其他物质。浮尘的粒径小于 0.0625 毫米，比一粒沙子还小。

浮尘有很多种。有些浮尘来自地面上的尘土或沙子，有些来自海洋撒到空气中的盐粒。家里产生的浮尘多是死皮角质细胞。花粉和霉菌孢子也会在空气中产生浮尘。火灾、火山爆发和发电厂产生的烟尘是另一种浮尘来源。太空中也有浮尘。

地球上的风能吹起浮尘颗粒，将它们带到很远的地方。大气高层的风可以带着细小的火山灰绕地球好几圈。但大多数浮尘很重，很快就会落到地上。

浮尘在云的形成过程中起着重要的作用。浮尘颗粒能吸附空气中的水汽，这些颗粒成为水滴凝结的核，许多水滴聚到一起便形成云。

吸入浮尘会损害人体健康。在矿井或有些工厂，吸入了粉尘的工人可能会患上黑色肺、棕色肺和硅肺等肺病。浮尘也会携带致病菌，家居中的粉尘物质也会引起过敏。

延伸阅读： 云；火山；风。

浮石

Pumice

浮石是一种有许多小孔的岩石。它是一种天然玻璃，呈灰白色。

浮石表面粗糙。人们用浮石进行洗涤、擦洗和抛光，把它当作石头或磨成粉末。

浮石由熔岩形成。熔岩是从火山喷发出来的非常热的岩石，里面充满了气泡。当熔岩冷却变硬时，气泡在岩石上留下了洞。

浮石上的洞能截留空气。这使得浮石很轻，可以浮在水面上。

延伸阅读： 熔岩；岩石；火山。

浮石是一种天然的玻璃，它是由火山喷发或流动的熔岩形成的。

橄榄石

Peridot

橄榄石是一种透明的宝石，它几乎总是带一些绿色。绿色来自宝石中的铁。橄榄石是一类常见的矿物。

珠宝商通过切割和抛光高质量的橄榄石，使每块宝石有许多刻面。有刻面的橄榄石被用于各种精致的珠宝。珠宝商将质量稍差的橄榄石切割成凸圆形，或用磨具打磨，这个过程叫研磨。那些质量较差的橄榄石则用于服装珠宝和装饰用品。橄榄石是八月的生辰石之一。

橄榄石自公元前 13 世纪起就为人所知。橄榄石最早起源于红海埃及海岸附近的宰拜尔杰德岛(圣约翰岛)。在美国，亚利桑那和新墨西哥两州是橄榄石的重要商业源地。

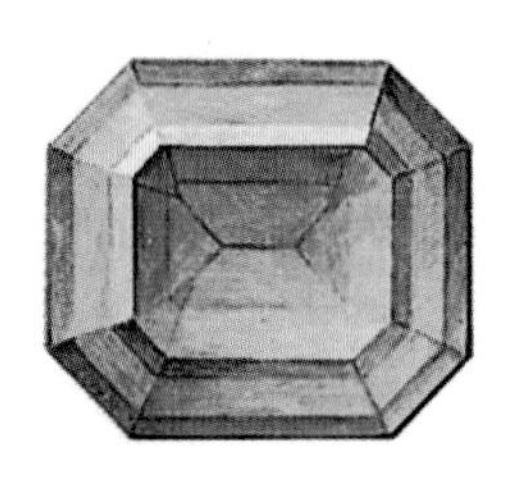
切割成型的橄榄石

延伸阅读： 宝石；矿物。

干旱

Drought

干旱是降水长时间低于正常的气候状况。有时，干旱会指长时间完全没有雨水。在没有灌溉的地区，干旱会导致农作物枯萎死亡。灌溉是向农田中引水而不是通过降水来湿润土地。

在干旱时期，气温通常高于正常水平，这些高温使农作物遭受损害，森林和草地火灾也频繁发生，蔓延得快。许多用于种树和放牧的宝贵土地在大旱期间因火灾而毁坏。

干燥和破碎的表层土经常会被干热的风吹走。在干旱期间，溪流、池塘和水井常常干涸，动物们受困于缺水甚至渴死。人们则可能因为农作物缺水死亡而受灾甚至饿死。目前，天气预报员无法准确预测何时会发生干旱。

在长时间少雨或无雨的情况下，玉米植株枯萎了。

延伸阅读： 沙漠；雨；表土；天气和气候。

高草草原

Prairie

高草草原主要是指由高草覆盖的平坦或多山的地区。一片广阔的高草草原从美国得克萨斯州一直延伸到加拿大萨斯喀彻温省,包括俄克拉荷马州、堪萨斯州、内布拉斯加州、艾奥瓦州、伊利诺伊州、南达科他州和北达科他州的大部分地区,以及附近的一些州和省的一部分。加拿大艾伯塔省、萨斯喀彻温省和马尼托巴省被称为加拿大的“草原省”。其他具有这种特征的高草草原有阿根廷潘帕斯草原、南非费尔德草原和新西兰坎特伯雷草原。匈牙利、罗马尼亚、俄罗斯和乌克兰的部分地区也分布有这种草原。

高草草原夏季炎热,冬季寒冷。大部分雨水降落在春末和初夏。

高草草原土壤深厚,富含营养物质,有助于植物生长。多年腐烂的植被提供丰富的营养物质,使得植物生长繁茂。这种肥沃的土壤适合种植庄稼,因此,许多地方被开垦为农田。

高草草原上生长着各种各样的草。野花给草海增添了色彩。香蒲生长在潮湿的地区,一些灌木生长在草丛中。高草草原的河谷里还零星散布着一些树木。

许多动物以高草草原植物的叶子、根和种子为食。其中一些动物,如杰克兔、鹿和叉角羚,它们靠奔跑速度逃离敌人。包括老鼠和土拨鼠在内的其他动物则躲在地洞里。黑鸟、松鸡、草地云雀、鹌鹑和麻雀等鸟类在厚厚的植物覆盖层上筑巢。直

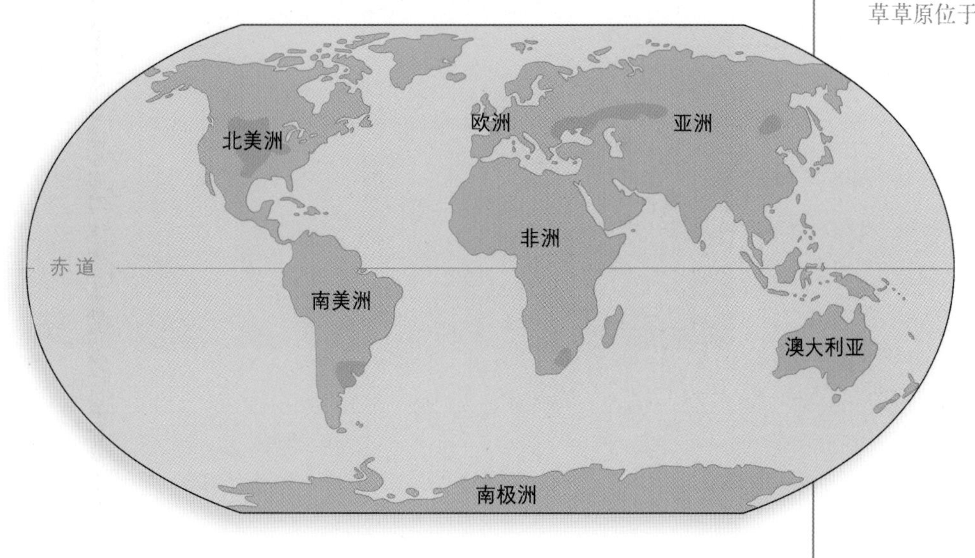

高草草原生长在世界的几个地方(绿色部分)。世界上最大的高草草原位于北美洲。

到19世纪末期，仍有大群的野牛——通常被称为水牛——在美国这个大草原上游荡。

土狼、狐狸和臭鼬以比它们小的高草草原动物和某些植物为食。其他常见的高草草原动物包括獾、鹰、猫头鹰、蛇，还有蝗虫、叶蝉等昆虫，以及蜘蛛。

延伸阅读： 草原；阿根廷草原；费尔德草原。

高草草原就像草的海洋。加拿大的高草草原保存着罕见的不同种类的草。

高原

Plateau

高原是一片高地。一些高原曾为平原，地球内部的力量把平原抬升。其他的高原则位于平坦的岩石上，这些高原是由火山喷发的熔岩形成的。溪水和河流常在高原上切割出深谷。有陡峭山坡的山谷叫作峡谷，美国亚利桑那州的大峡谷就是在科罗拉多高原上形成的。

有时河流切割高原太多，只留下少数高地。河流进入阿巴拉契亚高原后，形成了美国纽约州的卡茨基尔山脉。高原可以出现在各个海拔高度上。世界上最大的高原位于南极洲东部，亚洲的西藏高原是世界上最高的高原。许多湿润地区的高原为牛羊提供了优良的牧场。

美国科罗拉多国家保护区位于科罗拉多高原，以其独特的砂岩结构而闻名。

延伸阅读： 峡谷；科罗拉多大峡谷；平原；谷地。

高沼地

Moor

高沼地是一种开阔的沼泽地。其上植物低矮，树木稀少，土壤可能全年大部分时间都是湿的。这种沼泽分布在苏格兰和英国的其他部分地区。苏格兰的高沼地上生长着一种叫石南的灌木，它也叫石南花。欧洲西北部和北美洲也有这种沼泽。

高沼地通常有贫瘠的酸性土壤，因此，它们不能用于农业生产。一些高沼地覆盖着一层叫泥炭的湿土。泥炭是由死亡并腐烂的植物，尤其是泥炭苔藓组成的。泥炭苔藓也称为水藓。

延伸阅读： 泥炭；土壤。

苏格兰的兰诺克高沼地

格林尼治子午线

Greenwich meridian

格林尼治子午线是地图上的一条线，它从北极到南极，穿过伦敦的一个行政区——格林尼治。子午线也叫经线，是画在地图上的从北极到南极的线。人们用经度来度量地球上东西方向的距离。自 1884 年以来，格林尼治子午线一直作为本初子午线，是地球上计算经度的起始经线，格林尼治子午线的经度为 0°。

格林尼治子午线也是世界24个时区的起点。格林尼治以东，每进入一个时区，时间依次会晚一小时。格林尼治以西，每进入一个时区，时间依次会提前一小时。格林尼治子午线是以曾位于该处的格林尼治天文台的名字命名的。这个天文台在帮助人们用天上的星星导航方面发挥了关键作用。

延伸阅读：地球；经度和纬度；北极；南极。

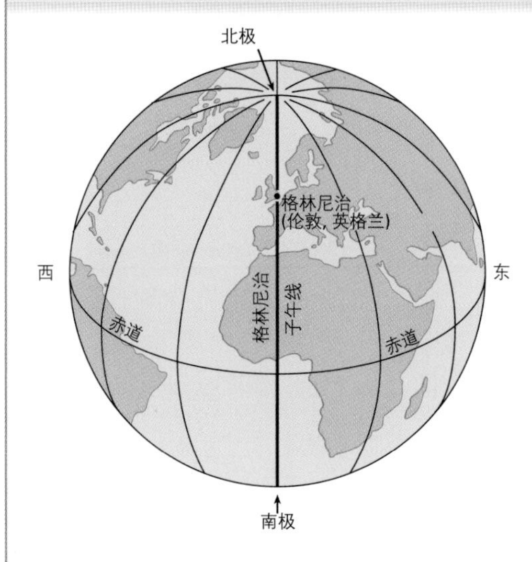

格林尼治子午线是地图上的一条线，它是计算经度的起始经线(画在地图上的南北方向的线)。

格林尼治子午线是以曾位于该处的格林尼治天文台的名字命名的。这个天文台是出于为海上船只导航的目的而建立的。

更新世

Pleistocene Epoch

更新世是地球上从距今约260万年前到约1.15万年前的一段地质历史时期。在更新世期间，称为冰原的巨大冰川覆盖了北部大陆的大部分地区。冰原扩张和后退了许多次。它们形成了一系列地貌。

早期人类是在更新世时期在非洲发展起来的，他们很快传播到亚洲和欧洲。在更新世末期，

在更新世时期，巨大的冰原缓慢地席卷了北美洲、欧洲和亚洲的大片地区。

长相现代的人类已遍布世界各地，包括北美洲和南美洲。

许多大型动物生活在这个时期，如猛犸象、地獭和剑齿虎。这些动物中有许多在更新世末期就灭绝了。

延伸阅读： 地球；地质学；古生物学。

猛犸象的长毛帮助它抵御更新世的严寒，更新世以冰期为标志。

供水

Water supply

供水即为城市、城镇和农村地区的人们提供水资源。人们主要从河流、湖泊或地面获取所需的淡水。大多数大城市从附近的河流或湖泊取水。较小的城市通常从地下水中取水。这些淡水来自雨水和其他形式的降水。落在陆地上的水可能流入河流和湖泊，也可能渗入土壤中，在地下岩石之间聚集。

一般来说，世界上人口最稠密的地区的人们能得到足够的雨水来满足他们的需求。但是地球上大约有一半的地区得不到足够的雨水。这些干旱地区包括亚洲大部分地区、澳大利亚中部、北非大部分地区和中东。

美国曾因为水很丰富，且很容易得到，所以反而出现了许多水问题；人们污染水源和浪费水；有些地区，农民为了灌溉打很多井，致使地下水的水位已经下降了很多。

为了节约用水，许多人在日常生活中想方设法谨慎用水。有些行业开始循环利用水，城市把污水（也叫废水）经过处理变成可用的水，一些靠近海岸的城市通过去除海水中的盐分来获得水，城市和农场也可以通过种植树木和其他植物来增加供水，这种植物有助于防止雨雪从土地上流失，而且，水渗入地下，增加了地下水水源。

延伸阅读： 地下水；湖泊；雨；河流；雪；水。

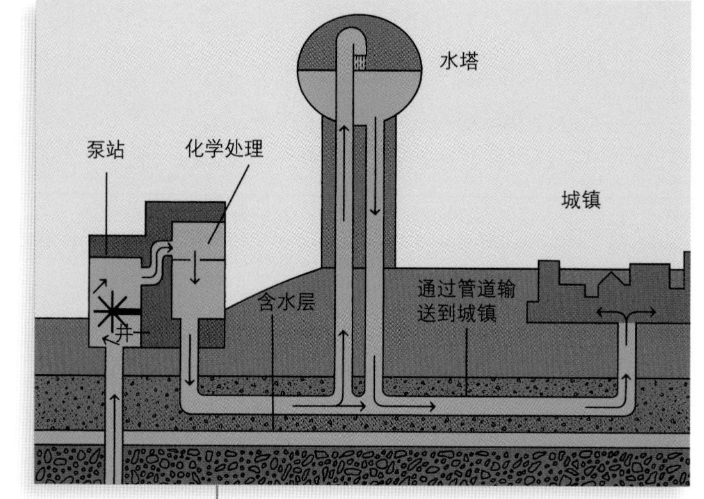

许多小城镇通过打井和从含水层抽水来取水。这些水经过化学处理以杀死细菌，并通过管道输送到城镇上的各家各户。水塔可以把水储存起来，供需要的时候取用。

古近纪

Paleogene Period

古近纪是地球上从距今 6600 万年至 2300 万年前的一段地质历史时期。它开始于恐龙和其他许多生物突然灭绝（这一事件被称为大灭绝）之后。

在古近纪，哺乳动物成为陆地上最大的脊椎动物。鸟类也变得很常见。最原始的蝙蝠、骆驼、猫、马、犀牛和鲸鱼出现在古近纪。这时，大陆已开始向现在的位置移动。印度板块开始与欧亚板块发生碰撞，形成了喜马拉雅山脉。澳大利亚与南极洲分离，南极洲开始形成永久性的冰盖。

延伸阅读： 地球；地质学；古生物学

"苏"是一具 13 米长的雷克斯霸王龙骨架，它俯视着芝加哥菲尔德博物馆的入口大厅。"苏"是迄今为止发现的最大、最完整、保存最完好的雷克斯霸王龙。它以发现者苏·亨德里克森的名字命名。

古生物学

Paleontology

古生物学是研究生活在数千年、数百万年甚至数十亿年前地质历史时期的植物、动物和其他生物的学科。研究古生物学的科学家称为古生物学家。

古生物学家经常研究化石，即保存在岩石中的史前生物的遗骸。化石包括植物死后保存下来的叶子或动物死后保存下来的贝壳、骨骼等，还包括动物移动时留下的痕迹或洞穴。

古生物学有三个主要分支：古植物学是研究化石植物的学科；古无脊椎动物学是研究没有脊骨的动物（如软体动物和珊瑚）的学科；古脊椎动物学是研究已灭绝的两栖动物、鸟类、鱼类、哺乳动物和爬行动物的学科。

化石经常出现在沉积岩层中。这种岩石是由尘土、岩石碎片、沙子和其他沉积物堆积而成的。化石中保存的生物在岩石形成时被活埋在岩层中。化石也出现在沥青坑、琥珀和冰中。

古生物学家研究化石以确定不同生物生活的地质历史时期。他们还研究曾经存在的生物体之间如何相互联系，以及它们与今天现存的动植物之间的关系。通过对化石的研究，古生物学家能够拼凑出地球上许多生命的漫长故事。化石记录显示，生物是随着时间逐渐形成和发展的。

古生物学家通过将植物或动物化石与现存的有机体进行比较来了解它们。现存生物和已

古生物学家仔细地把发现的化石挖掘出来。

始祖鸟的化石显示了羽毛和翅膀的遗骸。古生物学家发现这种生活在距今1.5亿年前的生物是最原始的鸟类之一。

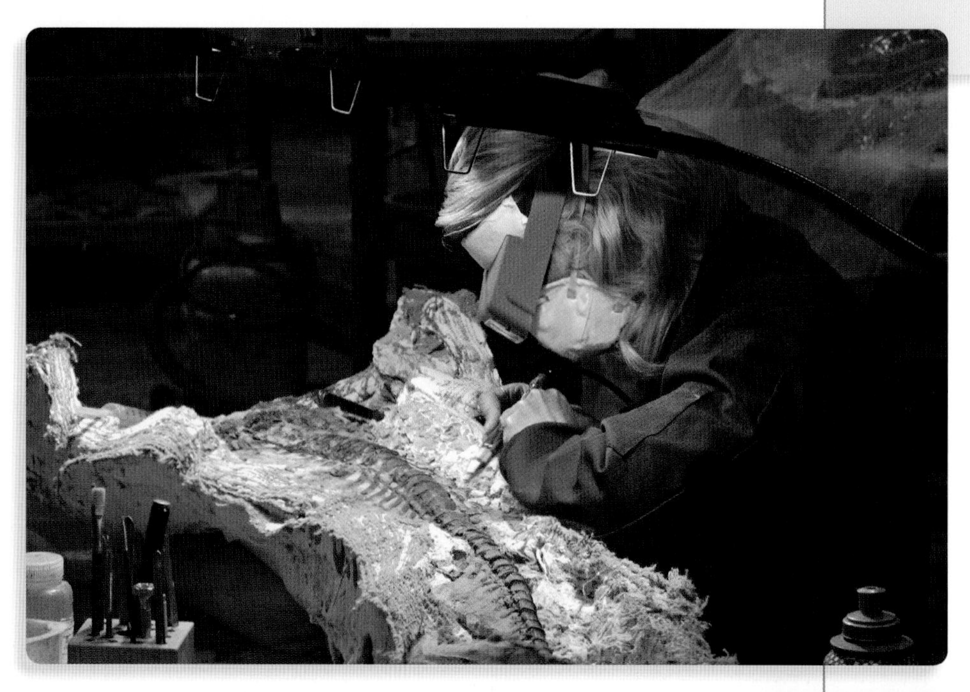
一位古生物学家正在研究在岩石中发现的化石。

灭绝生物之间的相似性和差异性提供了生物如何随时间变化的信息。研究这些变化可以帮助古生物学家了解不同族群之间的关系。生物经过许多代后发生的变化称为进化。

古生物学家用不同的方法来确定化石是何时形成的，这叫作化石地质年代测定法。对化石进行地质年代测定不仅可以使古生物学家能够对生活在同一时期的不同植物和动物进行比较，还有助于科学家了解生物是如何随着时间变化的。

古生物学家有时会发现不同于任何现存生物的化石。例如，化石显示大型飞行类爬行动物翼龙生活在距今约 2.4 亿年至 6500 万年前。这些现已灭绝的动物的骨骼结构表明它们与现存的爬行动物没有密切关系。

化石还可以帮助古生物学家了解生物的生活方式。保存下来的牙齿为我们提供了动物吃什么的线索。古生物学家还发现了小恐龙巢穴的化石——很像今天的鸟类巢穴。这一证据表明，一些种类的恐龙在巢中喂养和照顾它们的幼崽。此外，恐龙脚印化石的发现表明，有些恐龙是成群结队地行走的。

这种类似植物的化石实际上是海百合的化石，海百合是一种简单的海洋动物。化石保存在距今约 1.45 亿年前侏罗纪时期形成的石灰岩中。

古生物学揭示了地球本身的许多历史。科学家能辨别出化石是在海洋中形成的还是在陆地上形成的。例如，有贝壳化石的岩石在海洋中形成。这些化石现在经常在陆地上被发现。这些化石表明，大片陆地曾经被水淹没过。古地理学家根据有关岩石形成的地理位置绘制出了数百万年前的世界地图。

化石还可作为气候变化的证据。例如，科学家在寒冷地区发现了只能在炎热的森林里生长的植物化石，这表明气候已经变了。

化石记录的许多信息表明大陆是运动的。古生物学家发现了无可辩驳的证据，证明大陆的位置在数百万年的时间里发生了改变。例如，在今天被海洋广泛隔开的大陆上发现了同种动物的化石，这些化石表明大陆曾经是相连的。

除了科学研究，古生物学还可以用于其他目的。例如，石油经常在含有某些化石的岩石中被发现，石油公司利用这些化石寻找新的石油矿藏。

延伸阅读： 地球；地球科学；大陆；地质学；板块构造；沉积岩。

楔叶类是与恐龙生活在同一时期的植物。有些种类至今还存在着。通过将楔叶类化石与现代的楔叶类植物相比较，古生物学家可以看到这些植物是如何变化或保持不变的。

谷地

Valley

谷地是指低于周围地区的地区。谷地穿过山丘、山脉和平原。河流和小溪常流经谷地。许多谷地的底部都有肥沃的土壤，可开发为优良的农田。

有些谷地谷底宽达数千米，但有些则窄得多。谷地的两侧称为谷地斜坡。一个两侧几乎是垂直的深谷，叫峡谷。美国亚利桑那州科罗拉多大峡谷是最著名的峡谷之一。

当河水冲刷河岸上的泥土时，大多数谷地就这样形成了。有些谷地是由缓慢移动的冰川形成的。裂谷也可能形成于长而窄的地壳下沉时。一条裂谷从加利利海向南，穿过红海，进入非洲东南部。

并非所有的谷地都在陆地上。人们在从海底一直延伸到大陆边缘的斜坡上发现了许多海底深谷。哈德孙峡谷就是海底峡谷，它从纽约市附近的一个点向东南延伸到大西洋。沿着海岸线，被海水淹没的谷地被称为溺谷，切萨皮克湾和特拉华湾都是溺谷。

延伸阅读： 峡谷；冰川；科罗拉多大峡谷；山地；平原。

瑞士罗讷河谷

国际日期变更线

International date line

国际日期变更线是地表上的一条假想线。它标志着每个日历日开始的地方。这条日期变更线从北极到南极，沿着夏威夷群岛以西，新西兰以东，穿过太平洋。

新的日期从国际日期变更线的西边开始。当地球绕地轴自转时，这个新的日期从这里向西扫过地球，它在 24 小时内覆盖了整个地球。

国际日期变更线大部分在 180° 子午线上。子午线是地球上从北向南画的 360 条假想线，人们用子午线测量经度，即横跨地球东西向的距离。然而，国际日期变更线并不是完全笔直的。为了不穿过一个国家的中部，以避免一个国家同一天中有两个不同的日期，它有部分在180°线左右偏移。例如，这条线曲折地穿过白令海峡，以确保俄罗斯在一边，而阿拉斯加在另一边。

延伸阅读： 地轴；地球；经度和纬度；北极；南极。

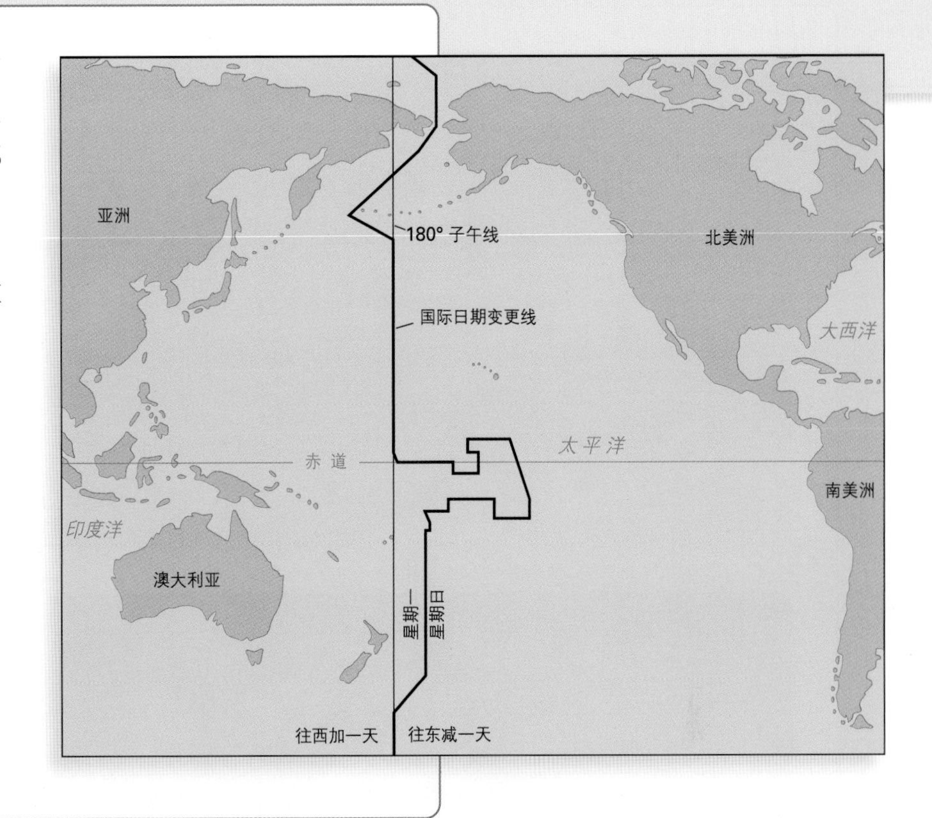

国际日期变更线位于太平洋中部。它大部分与180°子午线重合，但在一些地方很曲折。

国家公园

National park

国家公园是为保护自然美景和野生动物而设立的区域。政府经常建立国家公园来保护森林、河流和其他自然资源，以免受破坏。如果这些资源得不到保护，它们就可能因为农耕、狩猎、伐木、采矿或其他活动而遭到破坏。许多生物只能在特定的区域生存。通过建立国家公园来保护这些环境，有助于保护地球上各种各样的生物。

国家公园使人们能够享受大自然，游客可以看到雄伟的高山、波光粼粼的湖泊、美丽的瀑布和其他奇观。国家公园也给人们提供了一个划船、野营和徒步旅行的

大沼泽地国家公园位于美国佛罗里达半岛西南端。该公园位于佛罗里达大沼泽地，是美国为数不多的亚热带地区之一。

火山口湖国家公园位于美国俄勒冈州西南部，旨在保护火山口湖及其周围的森林。火山口湖是美国最深的湖。

日本猕猴在地狱谷野生猴园的温泉里栖息。

克鲁格国家公园位于南非东部，是著名的野生动物保护区。许多野生动物，如长颈鹿、黑斑羚、大象、狮子和斑马，在这个公园里漫步。

地方。许多国家公园能让人们看到自然环境中的野生动物。国家公园有助于保护动物，使之免受人们的伤害，也可使动物栖息地免遭破坏。

一些国家公园对那些对历史或科学研究很重要的区域也加以保护。在这些国家公园里，游客可以参观古老的建筑、战场、桥梁和雕像，这些都是一个国家历史和文化的一部分。

国家公园面临许多挑战。许多公园管理者必须应对公园资源开发所面临的压力。他们也担心偷猎、稀有植物被采集、污染和过度拥挤。另外，还有国家公园中原住民的权利，以及对火灾和其他自然力量智慧的管理等其他问题。

世界上第一个国家公园——黄石国家公园，于1872年在美国建立。自此，国家公园逐渐遍布世界各地。其他拥有重要国家公园的国家有阿根廷、澳大利亚、加拿大、中国、日本、肯尼亚、新西兰和南非。美国最著名的国家公园之一是亚利桑那州大峡谷国家公园。其他还有美国缅因州阿卡迪亚国家公园、加利福尼亚州死亡谷国家公园和科罗拉多州梅萨维德国家公园。

延伸阅读： 森林；自然资源。

猛犸洞穴国家公园环绕着猛犸洞穴，该洞穴是世界上已知的最长洞穴系统的一部分。公园位于美国肯塔基州中部。

澳大利亚大堡礁海洋公园是南太平洋的一大群珊瑚礁，它是世界上最大的海洋保护区。它沿着澳大利亚东北海岸延伸，长达2000千米。这个公园是大约400种珊瑚的家园。

哈雷

Halley, Edmond

埃德蒙·哈雷(1656—1742)是研究彗星的英国天文学家。天文学家是研究太空中恒星、行星和其他天体的科学家。彗星是一种冰质天体。

哈雷因发现彗星以固定的轨道绕太阳运行而闻名。他证明了他在1682年看到的一颗彗星，与之前的天文学家在1531年和1607年看到的是同一颗。他还预见了这颗彗星将在1758年再次出现，并且得到了应验。这颗彗星现在被称为哈雷彗星，每隔76年人们都可以从地球上看到它。

1687年，哈雷成功说服才华横溢的英国科学家牛顿发表万有引力定律。牛顿的这一发现被认为是科学史上最伟大的成就之一。

哈雷还发明了一种测量地球到太阳距离的方法。因为金星很少移动到太阳和地球之间(金星凌日)，所以哈雷建议从地球上两个不同的位置测量金星经过太阳表面所需要的时间。哈雷认为，通过比较这些时间，科学家可以计算出地球到太阳的距离。哈雷在下一次金星凌日之前去世了，但是其他科学家用他的方法进行了一次相当精确的测量。

哈雷生于伦敦，求学于英国牛津大学。

哈雷

延伸阅读： 地球。

海滨

Seashore

海滨是陆地与海洋交汇的地方。涨潮时，海滨的部分区域变成了海洋的一部分。退潮时，海水退去，这些区域再次成为陆地的一部分。海滨总是在变化。尽管环境在不断变化，海岸带仍是各种各样生物的栖息地。许多生物只生活在海边。

海岸可分为基岩的、泥质的或沙质的。基岩海岸通常比其他类型的海岸有更多的生物种类。许多动物，包括藤壶、

海滨对人们很有吸引力。这片太平洋海滨位于美国加利福尼亚州的圣地亚哥。

贻贝、牡蛎、海鞘和海绵，一生都把自己牢牢地拴在岸边。其他动物，如石鳖、帽贝、海葵、海胆和海星，也会把自己固定在岸边，不过，这些动物可以移动很短的距离。大型海藻，如海带和石藻，附着在岸边。许多蠕虫和其他生物在岩石和珊瑚礁中挖洞。还有些则把自己挤进裂缝中。

大多数泥质海岸位于海湾，在那里它们可以免受巨浪的侵袭。草和红树林生长在泥质海岸。螃蟹和乌龟则生活在这些植物中，蛤和蠕虫则在泥土中挖洞。

沙滩上的生物较少。大多数植物和动物很难在松软的沙

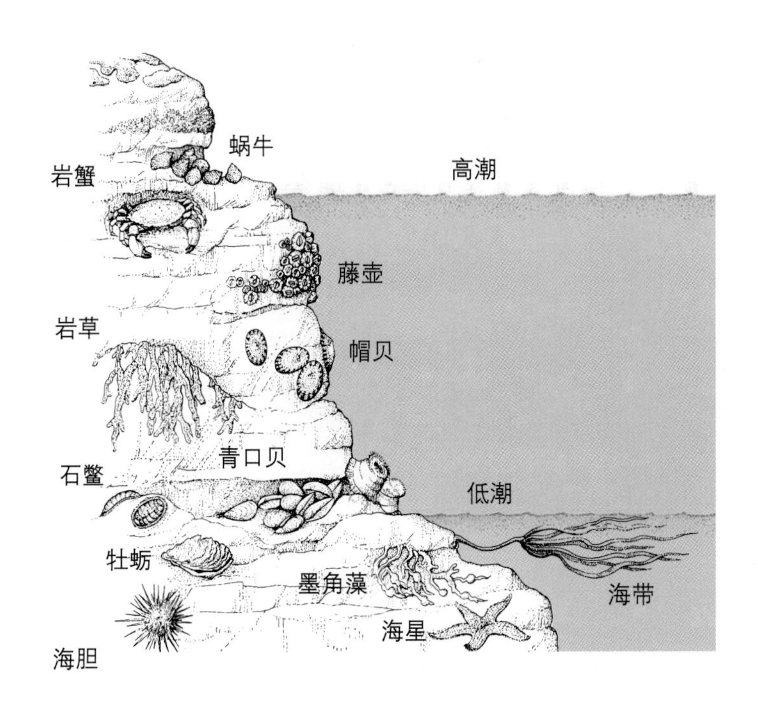

基岩海岸通常比其他类型的海岸有更多的生物种类。

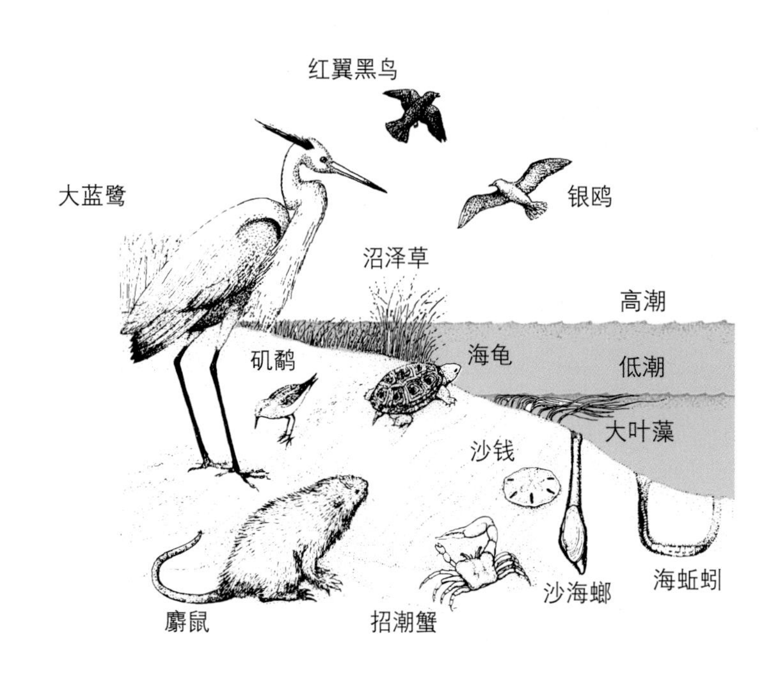

鸟类和哺乳动物在泥质海岸以那里的各种生物为食。

子里把自己牢牢固定住。生活在沙滩上的生物包括蛤蜊、螃蟹和沙钱(海胆)。这些动物大多在沙下挖洞。

延伸阅读：海湾；沙滩；海洋；潮汐。

当潮水退去，岩岸上会留下一小滩一小滩的水。这些潮汐池为需要在海水中生存的海滨生物提供了生存空间。这些动物生活在潮汐池中，直到潮水再次覆盖海滨。海葵(绿色)和海星在这个潮汐池的浅水区。

海蓝宝石

Aquamarine

海蓝宝石是一类呈现淡蓝色或蓝绿色的绿柱石。最流行的颜色是蔚蓝色。人们通常通过加热来改变它的颜色。这种石头可用于多种珠宝。它是三月的生辰石。

海蓝宝石自古以来就为人所知。古罗马人相信这种宝石可以治愈懒惰,并产生勇气。其最重要的产地是巴西,阿根廷、中国、印度、马达加斯加、缅甸、纳米比亚、北爱尔兰和挪威,俄罗斯和美国也有发现。

延伸阅读: 宝石;矿物。

海蓝宝石是一种绿柱石。

海山

Seamount

海山是一种水下火山,是在岩浆从海底喷出的地方形成的。岩浆是地球内部深处熔化的岩石。海底到处都有海山,仅太平洋海底就有多达 100 万座海山。这个数字大约是陆地上的 750 倍。

海山通常为圆锥形,它可能有尖峰或平顶。这两种海山的顶部都可能有火山口。如果顶部下面的熔岩流失掉,下面没有支撑,顶部就会塌陷,从而形成火山口。

海山的大小不一。但大多数都不到 500 米高。有时海山长得足够高,可以露出水面,这时它被称为火山岛。夏威夷群岛就是火山岛。在夏威夷岛的东南方,洛伊希海山仍在喷发并不断升高。它可能在 5 万年后露出水面。

有些岛屿随着时间的流逝会沉入海中。下沉时,其顶部可能会被波浪冲刷掉,这些平顶的海底火山称为平顶海山。

延伸阅读: 岩浆;太平洋;火山。

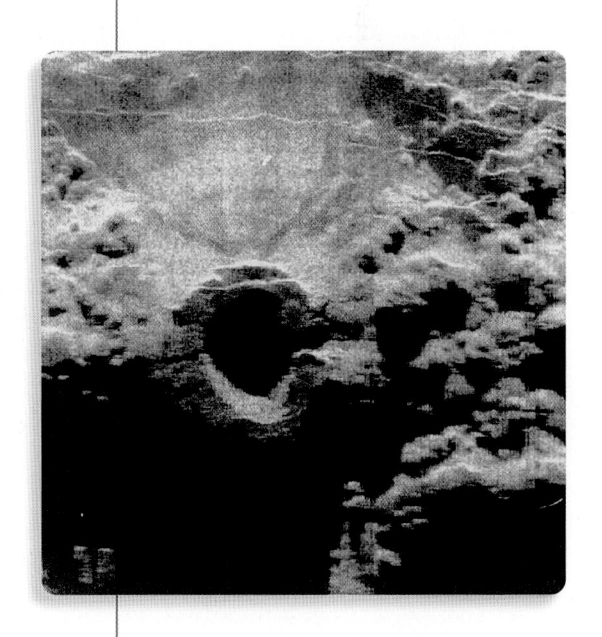

当熔岩从大西洋海底喷出时,海山就形成了。它的火山口高出海底约 220 米,直径约 600 米。

海湾

Gulf

海湾是半开放的大片海区，它有一部分被陆地包围着。海湾与海洋连通，它具有海洋的许多特征。因此，像波的尼亚湾和墨西哥湾这样的海湾通常被称为边缘海。

海湾是由于地壳运动形成的，海湾形成的方式决定了它的形状。例如，墨西哥湾为一个碗状的圆形区域，这个碗状的区域叫盆地，它是沙层和其他物质降到海平面以下时形成的。物质的重量引起陆地下沉，这个过程大约经历了1.5亿年。

延伸阅读： 大陆；地壳；海洋；水。

海啸

Tsunami

海啸是一系列巨大的海浪，它通常是由海底地震或火山引起的。有些是由山体滑坡引起的。

当海啸接近陆地时，它会形成一堵高大的水墙，高可达30米。在深水区，海啸能以970千米/时的速度传播，当它们接近海岸时，会减速到160千米/时。

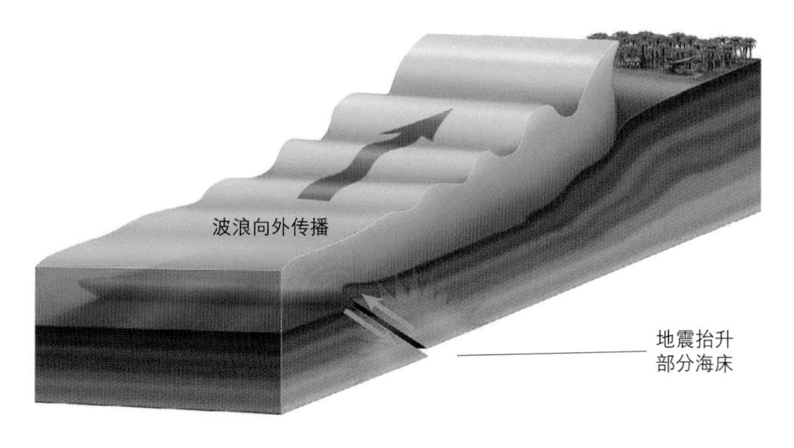

地震或其他原因使一大片海底发生错动时，就会形成海啸。如果海床上移（如上图），其上方巨大水体也会上升。当水体下降时，它也会产生向各个方向迅速扩散的波浪。当波浪进入浅水区时，它们会减速并升高。

1960年，智利海岸附近发生的海啸，在智利、夏威夷和日本造成数千人死亡，这些地区遭受了巨大损失。1991年，孟加拉国发生强烈海啸，造成13.8万人死亡。2004年12月，一场巨大的海啸袭击了东南亚、南亚和东非的海岸，造成约21.6万人死亡，数百万人无家可归。2011年，日本东部海域发生强烈地震，不久之后，东部沿岸遭到一场巨大的海啸袭击，超过15800人死亡，约

2700 人失踪。这场灾难还引发日本的几个核电站发生紧急状况。

延伸阅读： 地震；滑坡；海洋；火山。

卫星图像显示，2004 年 12 月印度尼西亚苏门答腊岛西海岸的洛克雅镇发生海啸前（左图）和海啸后（右图）。海啸摧毁了镇上的一切，只留下一座清真寺（照片中的白色方块）。

海洋

Ocean

海洋是覆盖地球大部分表面的广阔水域。海洋几乎容纳了地球上所有的水。研究海洋的科学家称为海洋学家，他们研究海洋如何运动，其中生活着哪些生物，以及人们如何影响它。

海洋是食物、能源、矿物和娱乐的源地。轮船在海洋中航行，把货物从一个港口运送到另一个港口。海洋还有助于控制气温，并为降水提供水源。如果没有海洋，地球上就不可能存在生命。

海洋的所有水域都连接在一起，它们形成一个水体，通常称为世界大洋。世界大洋的平均深度约为 4000 米，其中某些部分可能要深得多。世界上大部分海洋位于南半球，即地球赤道以南的那一半。南半球大约有 80% 的面积是海洋，而北半球大约 60% 是海洋。

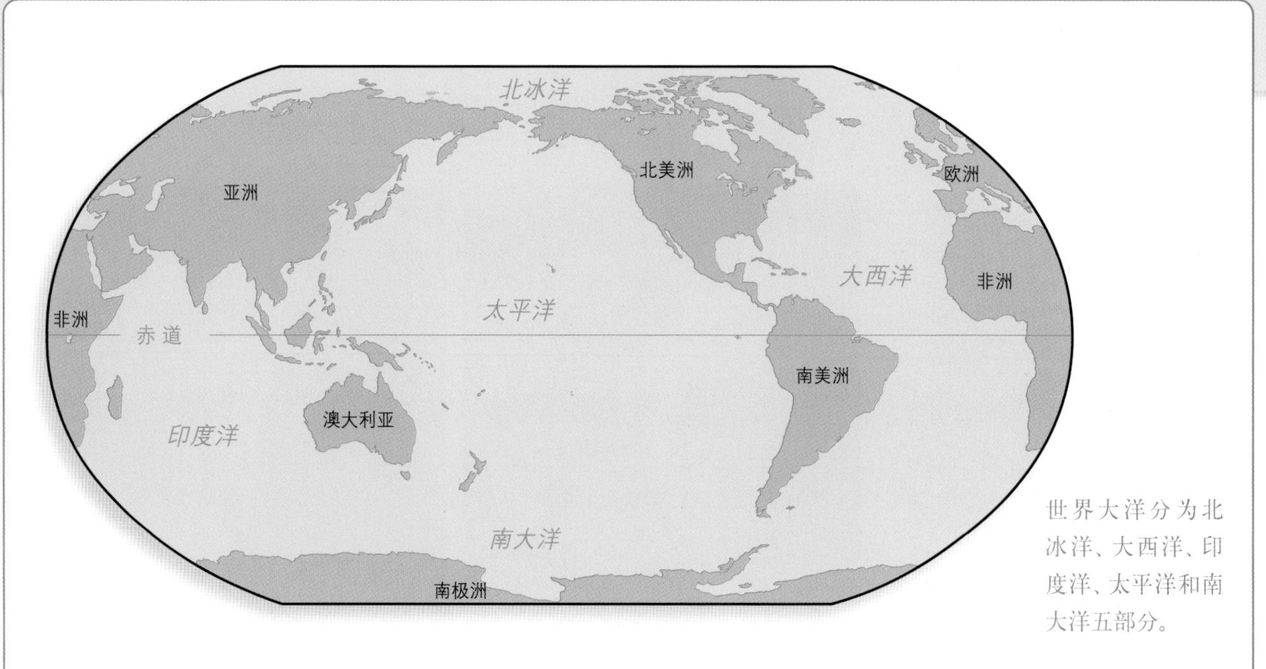

世界大洋分为北冰洋、大西洋、印度洋、太平洋和南大洋五部分。

世界大洋分为五部分，它们是北冰洋、大西洋、印度洋、太平洋和南大洋。每一个都包括称为海、海湾等较小的水体，它们位于海洋边缘。

太平洋是最大的海洋，它面积约1.71亿平方千米，约占地球表面的三分之一。北冰洋是

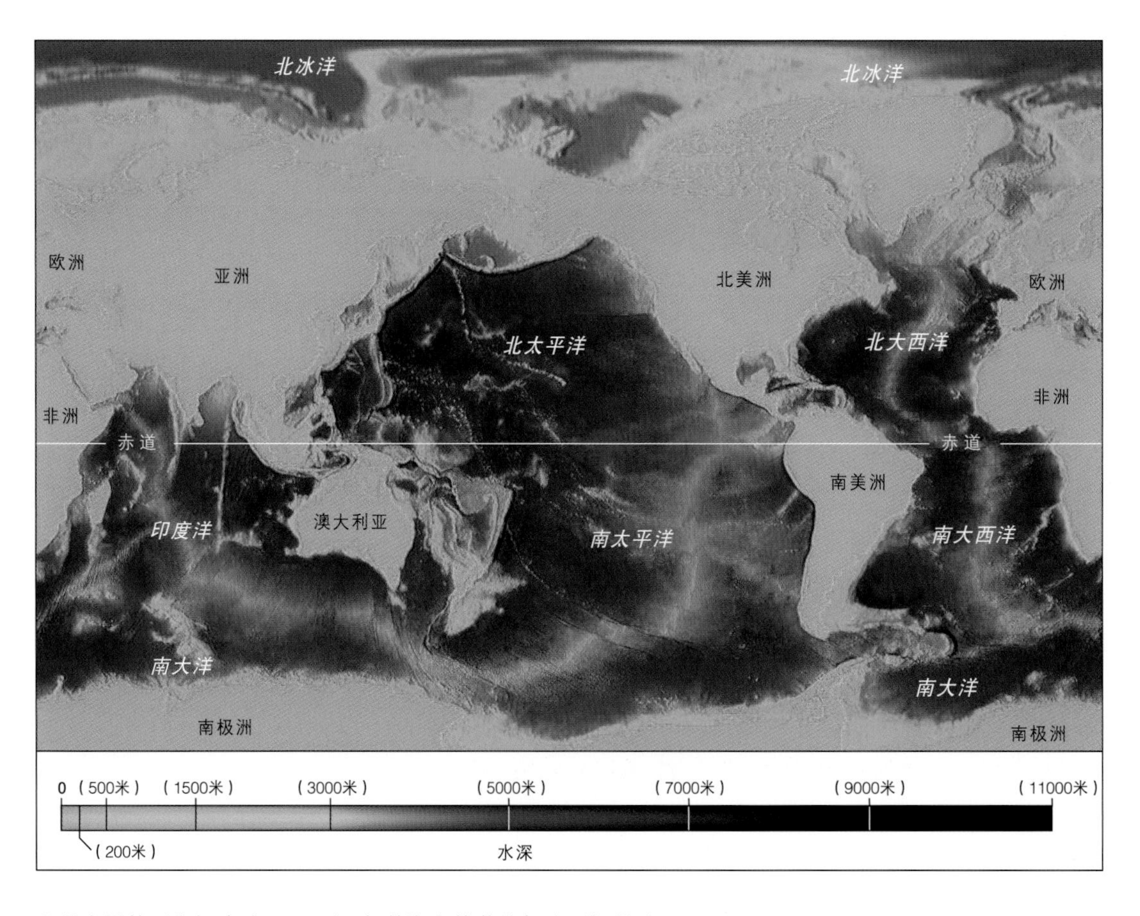

世界大洋的平均深度为4000米，但是海底的某些部分要深得多。

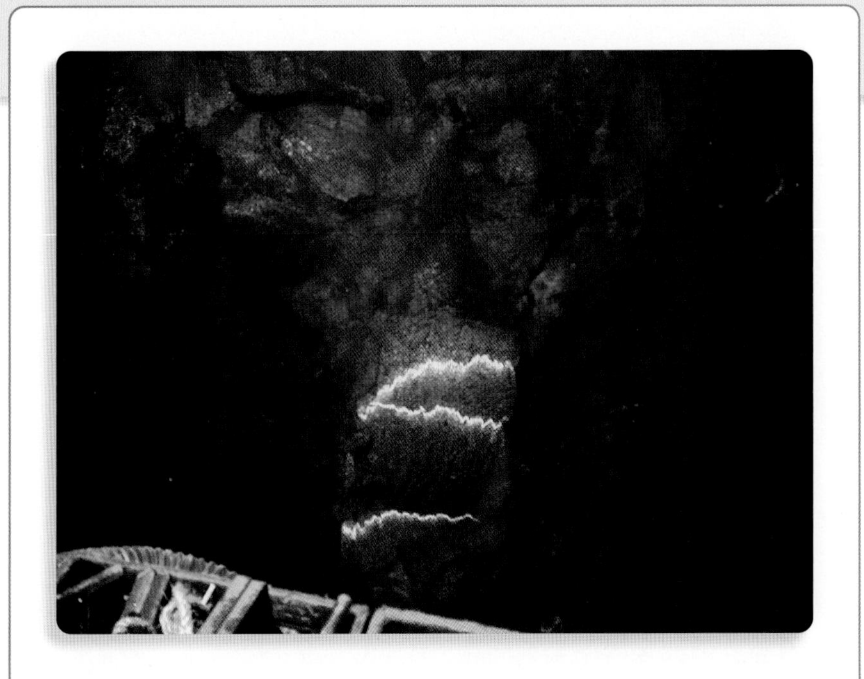

岩浆从太平洋海底的裂缝中溢出。从海底裂缝中涌出的岩浆会变硬，形成新的海洋地壳。在这种情况下形成的圆形块状物称为枕状熔岩。

最小的海洋，它的面积约为1200万平方千米。

海底是一个有着巨大反差的地方。大洋中脊的一系列山脉贯穿世界大洋。据估计，这一系列山脉的总长度在5万~8万千米。科学家认为，这些山脉中有许多是死火山。大洋中脊的两侧向下倾斜成平坦的海底，称为深海平原。沉积物的堆积使深海平原成为地球上最平坦的地区之一。与此相反，海沟的狭长山谷坠入深渊，它们是海洋最深的部分。

深海海底有热液喷口，喷出富含矿物的热水。而称为冷泉的水下泉水，从海底涌出。这些喷口周围生活着各种各样的海洋生物群落。

海流在海洋中流动，就像巨大的、蜿蜒的河流。有些海流是风吹动水面形成的，还有一些海流是由于水温和水的咸度的分布不均匀而形成的。海流影响海面的温度。一些海流把温暖的热带水带到南北两极，还有一些海流则把寒冷的洋面水从两极带到赤道。

表层海水温度的变化范围是从两极附近的−2℃到赤道附近的大约30℃。在极地地区，海水表面结冰。西热带太平洋有最温暖的表层海水。海水温度也随深度而变化，一般来说，温度随着深度的增加而下降。

海洋中可能含有所有的天然化学元素，但是海洋最出名的是它的盐类。11种离子造成了海洋的咸度。含量最丰富的盐是由钠离子和氯离子组成的。海洋中的许多离子来自陆地上溶解的岩石。河流携带来自岩石的离子进入海洋。火山和海底温泉也为海洋提供了离子。

海洋通过控制气温和提供雨水来调节地球的气候。夏天，海洋储存来自太阳的热量，这可以防止空气变得太热。到了冬天，当阳光较弱时，海洋会释放一部分热量，这有助于防止冬天的空气太冷。

不同种类的许多生物在海洋中安家落户，有小到只能用显微镜才能看到的微生物，也有身长达 30 米的蓝鲸。

海洋植物和类似植物的生物利用阳光和海水中的无机盐来生长，它们是海洋动物的食物，而海洋动物之间也存在捕食关系。大多数植物必须生长在阳光充足的水面附近。动物可以生活在整个海洋，包括非常黑暗的海底。

海洋为人类提供许多资源，包括食物、能源和沉积物。渔民在海洋和沿海水域捕捞多种鱼类和贝类；能源包括石油和天然气；重要的海洋沉积物包括作为建筑材料的沙子和砾石；海水本身就含有重要的矿物。

几千年来，人们利用海洋资源，却很少考虑保护它。但是在过去的 200 年里，过度开发利用海洋资源导致海洋污染和生物栖息地改变等一系列问题。海洋酸化是一个日益严重的问

海洋中的所有生命都是复杂食物链的一部分，这个链始于浮游生物。浮游生物被鱼类、鲸鱼和其他自游生物捕食。许多底栖动物（海底生物），如海绵和海百合，以上面落下的死的有机碎片形成的“雨”为食。上升流将废物和其他有机碎片带回海面，成为浮游生物的养料。

题，海水正变得越来越酸，因为它从大气中吸收了越来越多的二氧化碳，这些二氧化碳主要来自煤炭和其他化石燃料的燃烧。酸化会严重损害珊瑚礁、贝类和其他海洋生物。

延伸阅读： 北冰洋；大西洋；底栖生物；深海；环境污染；印度洋；海洋学；南大洋；太平洋。

一位科学家使用潜水器探索墨西哥湾水域。

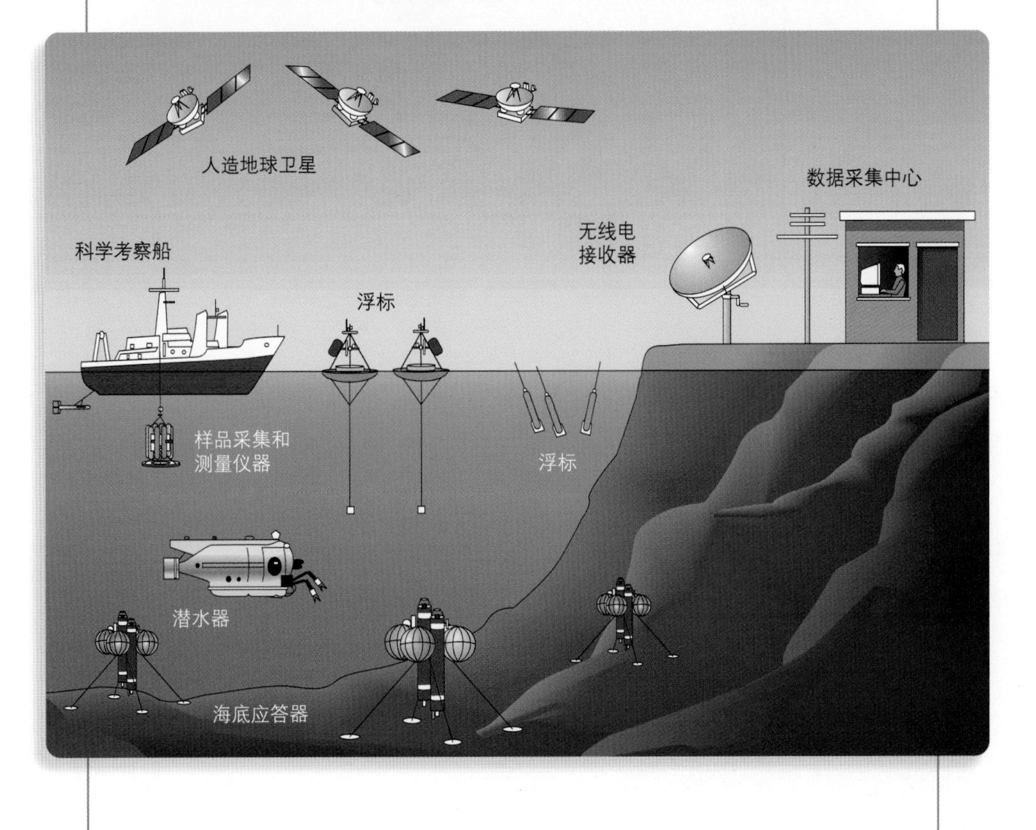

全球海洋观测系统(GOOS)是一个分布数据收集仪器的全球网络系统。它们由人造地球卫星、科学考察船、潜水器、有浮动平台的浮标和随波逐流的浮标携带。海底应答器接收信号并发送响应，帮助科学家确定仪器的精确位置。由这些仪器收集的数据被传送到岸上的接收器。这些信息有助于科学家研究海洋状况，包括海流、盐度和温度。

活 动

造一个海洋和热液喷口

海洋的矿物资源延伸到深海海底。深海海底有许多喷口，热液从中流出。这些烟囱状的结构，称为热液喷口，排出含硫、铜、铁和锌等富含矿物的热水。

建造一个小型海洋水族馆和热液喷口，看看在深海里会发生什么？

您需要的材料：

- 小塑料瓶或橡皮泥
- 剪刀
- 一个小的婴儿食品罐
- 大而透明的容器（越高越好）
- 一个壶
- 冷水
- 热水
- 凉水
- 红色食用色素
- 铝箔
- 一把又长又钝的刀

1. 把塑料瓶的盖子取下来。让老师或其他成年人帮你剪下一块足够大的能盖住小罐子的盖子，或者用橡皮泥做一个热液喷口。

2. 把壶装满冷水，放在一边。

3. 把小罐子装满热水，并加入红色食用色素。

4. 快速地用箔纸盖住小罐子，然后把它放在透明容器底部的塑料盖子或橡皮泥喷口的下面。

5. 将冷水倒入透明容器中，直到水面远超过喷口的顶部。然后用刀把锡纸完全打开，看会发生什么，有些水比其他地方的水更红吗？只用冷水做实验，比较一下结果。

发生了什么事：

热流会在你的小型海洋水族馆中上升，就像它们从海底热液喷口中上升一样。

海洋学

Oceanography

海洋学是研究海洋的科学。研究海洋的科学家称为海洋学家。

海洋学家研究海底、海水和海洋生物，还研究海洋对大气层的影响，研究人类活动对海洋的影响，包括捕鱼和污染。

大多数海洋学家专注于研究某一特定的领域：海洋生物学家研究生活在海洋中的动植物，他们也探索这些生物如何影响它们的环境，以及环境如何影响它们；海洋化学家研究海水、海底岩石、海洋生物和大气中的化学元素和化合物；海洋物理学家研究海流、海冰和海洋的其他物理特征，他们经常依赖计算机模型来描述海流如何调配整个海洋中的水、热或生物的分布；海洋地质学家研究海底火山和其他海底特征，以及影响海洋的地质作用力。

海洋学家利用考察船、深潜器和遥控潜水器收集信息。他们使用各种收集工具和测量仪器。有些国家有海洋监测系统，不断监测海洋。这些系统包括人造地球卫星，它除了从海上的浮标和其他仪器向岸上的海洋学家传送监测数据，还能从地球上空为我们提供广阔的海洋卫星图像。

海洋学家利用计算机收集并分析海量数据，他们创建的计算机模型可以预测海洋的行为及其对环境的影响。

延伸阅读： 大气；地球科学；地质学；冰；美国国家海洋和大气管理局；海洋。

研究人员使用遥控潜水器探索太平洋深处。遥控潜水器是一种小型潜艇式“机器人”，由水面船只上的科学家控制。

寒武纪

Cambrian Period

寒武纪是地球上从距今5.41亿年前到距今4.85亿年前的一个地质历史时期。这一时期是在第一批恐龙出现之前的数亿年。

动物中有许多种类第一次出现在寒武纪早期的化石中。动物新种类的这种大量增加有时称为寒武纪生命大爆发。事实上，已知最早的动物在寒武纪之前就已出现。这些生物大多是身体柔软的简单动物。

在寒武纪时期，动物变得更加复杂。他们开始长出骨骼并钻进海底。最常见的动物是三叶虫，它在很久以前就灭绝了。在寒武纪时期，动物还没有迁徙到陆地上，而植物在这个时期可能已出现在陆地上。

在寒武纪时期，地球陆地大部分位于南半球。这块陆地主要由几个大的大陆组成，这些大陆是在此前的罗迪尼亚超大陆解体之后形成的。这些大陆继续分开，我们现在所说的北美大陆向北漂移，部分穿越赤道。全球海平面在寒武纪期间上升，直到大部分陆地被海洋覆盖。当时的气候总体上是温暖的，地球两极可能不像今天这样覆盖着冰。

延伸阅读： 大陆；地球；古生物学。

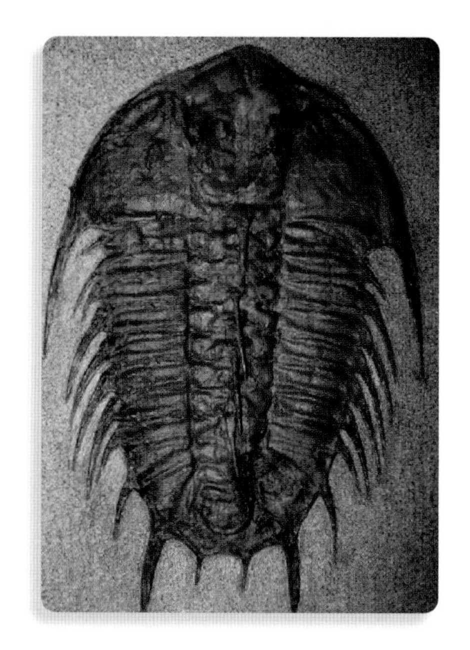

三叶虫是寒武纪最常见的动物。它们有一个坚硬的外壳，像一只马蹄蟹。

河口

Estuary

河口是被海洋淹没的沿海河谷。河口位于河流入海处，大多数河口呈漏斗形，宽阔的尽头面对着大海。一条河流到河口时常常会分成几条支流。切萨皮克湾是美国大西洋沿岸的一个河口。拉普拉塔河口是南美洲大西洋上的一个主要河口。欧洲的河口包括法国的吉伦德河口，英国的亨伯河口、塞文河口和泰晤士河口。

在河口，潮汐产生的水流将海水和淡水混合在一起，这种混合物叫半咸水。河流带走了从陆地上侵蚀下来的土壤，并把大量的土壤沉积在了河口，它们被称为沉积物。波浪和潮汐流移动着这些沉积物，它们便聚集在河口附近，形成泥滩，这些泥泞的土地在退潮时便出露在外。

延伸阅读： 海洋；河流；沉积物；潮汐；谷地。

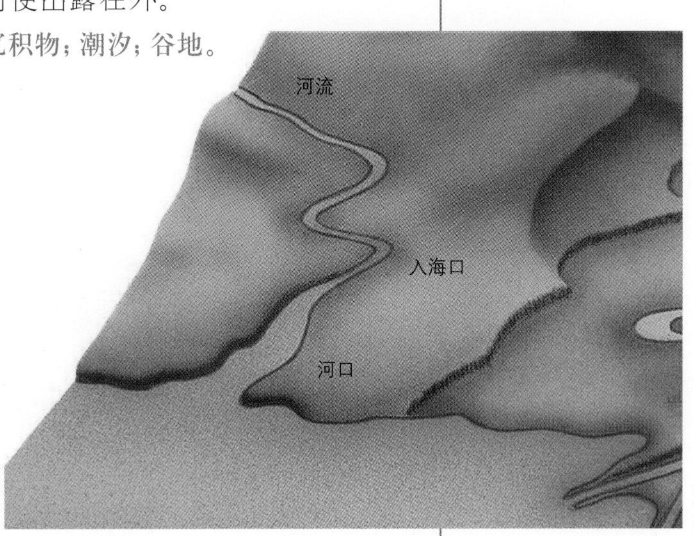

河口是河流和海洋交汇的地方。它们通常是许多动植物重要的栖息地。

河流

River

河流是一种大的、天然的水流，它沿特定的通道在陆地上流动。

许多河流发源于山地。这些水可能来自雨，或融化的雪、冰，也可能来自湖中流出的水或泉水。随着河流的流动，一路上会汇集更多的水。小溪或其他河流可能流入其中，也可能更多的雨或融雪水汇入。

当一条河流流入另一条河流、湖泊、海洋或沙漠时，它就终结了。河的尽头叫河口。

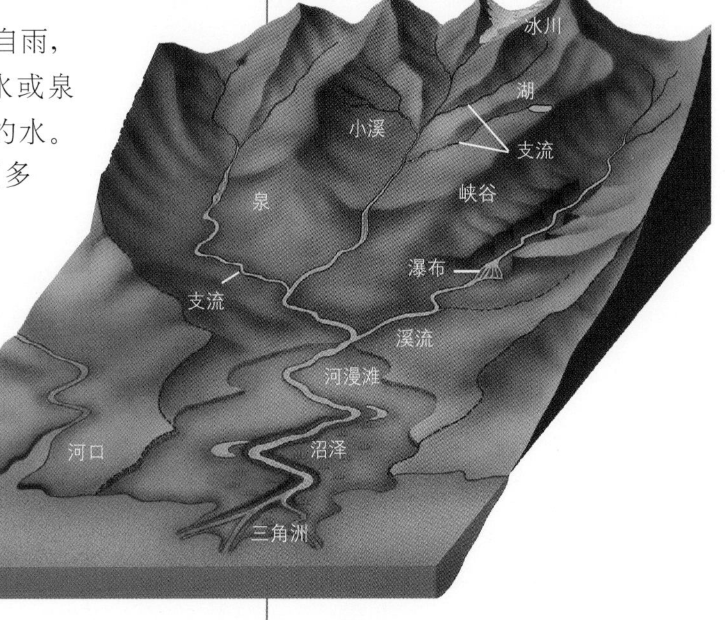

河流的水可能来自很大一片区域。图中河流的源头是一座高山上正在融化的冰川。所有流入河流的水，以及河流本身，构成了河流系统的各个部分。

通常在河口河流流速减慢。它所携带的泥土、卵石或小石头会沉积下来。所有这些泥土、卵石和小石头会形成一块陆地，叫三角洲。

一艘载着游客的游船驶过加拿大的一条河。

河流的长度不尽相同。有些很短，天气很热的时候会断流。有的则很长，途经好几个国家。世界上最长的河流是非洲的尼罗河，美国最长的河流是密西西比河。

人们利用河流来做很多事情，可以乘船在河上旅行，在河里捕鱼，还可以把货物从一个地方运送到另一个地方。农民则用河流来灌溉庄稼。人们还把河流中的水作为能源，流动的水或瀑布可以驱动发电机发电。

有时河流携带的水太多，以至于泛滥或决堤成灾。洪水会造成人员伤亡，并对土地和财产造成严重破坏。

延伸阅读： 三角洲；洪水；尼罗河；泉水。

亨森

Henson, Matthew Alexander

马修·亚历山大·亨森（1867—1955）是一位非裔美籍探险家。在第一支到达北极的探险队中，他和皮尔里是一对搭档。北极是北冰洋上的一个假想的点，它是地球上人能到达的最北点，并且被冰包围着。

在1891—1906年间，亨森和皮尔里多次试图找到北极，但都没有成功。最后，1909 年，他们率领一支探险队，乘坐狗拉雪橇在北冰洋的冰面上前行。这群人在离皮尔里测量到的北极几千米远的地方搭起了帐篷。皮尔里决定让亨森和 4 名因纽特人走完最后一段路程。亨森后来报告说他已经到达了北极。但是皮尔里过后声称亨森走错了地方，皮尔里说他自己才是第一个到达北极的人。

亨森于 1866 年 8 月 8 日出生在美国马里兰州。作为皮尔里的助手和驾驶雪橇的人，他进行了 20 多年的探险之旅。在亨森的一生中，他几乎没有因为和皮尔里一起探险而获得什么荣誉。不过，1988 年，亨森的遗骸被迁移到了美国阿灵顿国家公墓，并以最隆重的军礼重新安葬。现在，亨森的墓与皮尔里的相邻，他被誉为北极的共同发现者。

延伸阅读： 北极圈；北冰洋；北极；皮尔里。

亨森是非裔美籍探险家。他是第一支到达北极的探险队的成员。

红宝石

Ruby

红宝石是一种坚硬的红色宝石，用于戒指、项链、手镯或其他装饰品。大多数红宝石是浅棕色或黄色的，但最好的红宝石是纯红色。高质量的红宝石是所有宝石中最昂贵的。

红宝石是由一种叫刚玉的矿物制成的。一块刚玉如果是红色的，就叫红宝石。如果它不是红色的，就叫蓝宝石。红宝石和蓝宝石的硬度仅次于钻石。

最好的红宝石来自缅甸。印度、斯里兰卡和泰国出产的红宝石等级较低。

人们每年还生产许多人造红宝石。但即使是专家，也很难区分天然红宝石和人造红宝石。

红宝石是七月的生辰石。

延伸阅读： 宝石；矿物；蓝宝石。

红宝石是一种美丽的红色宝石，可以制成各种各样的珠宝，包括戒指、项链和手镯。

红海

Red Sea

红海是位于阿拉伯半岛和非洲东北部之间的狭长水域。红海自古以来就是一条重要的贸易通道。如今，它仍然是世界上最繁忙的水路之一。

它的南端与通向印度洋的亚丁湾相连，北端通过苏伊士运河与地中海相连。总长约 2200 千米，最宽处有 350 千米，最深的地方达到 3040 米。

红海分布有大量的珊瑚礁和各种各样的鱼。红海是世界

红海中色彩斑斓的珊瑚礁是大量鱼类、海星、螃蟹、龙虾、海草和其他许多生物的家园。

上最咸的海。

科学家认为，红海形成于数百万年前，阿拉伯半岛和非洲大陆分开之时。

延伸阅读： 半岛。

红海把阿拉伯半岛与非洲东北部隔开。它是世界上最繁忙的水路之一。

洪水

Flood

洪水是指通常干燥的土地上出现了大量的水。洪水是自然发生的，对某些生态系统有利。生态系统是生物及其所处环境的共同体，包括气候、土壤、水、空气、营养物质和能量。但洪水也是代价最高昂的自然灾害之一，每年都会造成人员伤亡和巨额财产损失。

大多数洪水是由河流引起的。河水泛滥时，水多得不能容纳，就会漫过河岸。河流会因为大雨或融雪过快而泛滥。一条小河或小溪突然上涨并泛滥时，就会引起山洪暴发。这种洪水主要发生在山区，并且经常在没有任何警示的情况下发生。

洪水会摧毁房屋和其他财产。美国路易斯安那州一场飓风引起了洪水。

暴风雨会使湖泊泛滥，也会使海洋泛滥。强大的风暴将海水推到陆地上时，就会发生海洋洪水，这种汹涌的海水称为风暴潮。

有些洪水对人们有利。几个世纪以来，埃及的尼罗河每年都会定期淹没它周围的土地。洪水把肥沃的土壤带到了河边的农田里。自 1968 年以来，尼罗河上的一座大坝阻止了每年都会发的洪水。防洪措施包括建造水坝和水库蓄水，还包括修建堤坝、堤堰和防洪堤，以防止洪水泛滥到其他地区。

延伸阅读： 飓风；季风；尼罗河；雨；河流；海啸；台风。

湖泊

Lake

湖泊是周围被陆地围起来的水体。世界各地都有湖泊。一些称为海的大型水体实际上是湖泊，如美国加利福尼亚州的索尔顿海和以色列的加利利海。世界上最大的湖泊是亚洲和欧洲交界处的里海。

湖泊形成有多种方式。绝大多数的湖泊位于曾经被冰川覆盖的地区，这些缓慢流动的冰川在陆地上划出深深的沟谷。冰川融化时，沟谷里便充满了水。数千年前，冰川在加拿大和美国的边境处形成了五大湖。

天坑也可以形成湖泊。在地下，一种叫石灰岩的软岩石会被雨水慢慢侵蚀掉。地面会塌陷，形成一个洞。当来自小溪或河流的水填满这个洞时，它就变成了湖。美国佛罗里达州的一些湖泊就是这样形成的。

湖泊还可以通过其他方式形成。例如，雨水会聚集在死火山的火山口或空洞中。美国俄勒冈州的火山口湖就是这样形成的。

非洲西南部的一个国家——纳米比亚的奥奇考图湖是在一个洞穴坍塌后的天坑中形成的。

河流和山溪为一些湖泊补给水源，也有一些湖泊的补给水源来自地下泉水或溪流。

位于美国加利福尼亚北部的沙斯塔湖是美国最大的水库之一。它是由沙斯塔大坝围起来的。

湖泊为动植物创造了一个奇妙的世界。湖泊中，有些植物可以自由漂浮，但有些扎根在湖底。蜗牛、虫子和鱼以这些植物为食，鸭子、鹅、天鹅和其他鸟类在湖里游泳，鹿和熊到湖边喝水。

一个大湖还会影响附近陆地的气候。它使气候变得温和，所以冬天就不会太冷，夏天不会太热。

湖泊对贸易和旅行也很重要。美洲印第安人和早期的欧洲探险者用独木舟探索北美五大湖。今天，拖船、驳船和其他船只在这些湖泊上运送煤、铁和玉米等。

许多人从湖泊中获取饮用水，湖水也被用来浇灌庄稼。湖泊还给人们带来快乐，人们到湖里钓鱼、游泳、划船和滑冰。

美丽而宁静的露易丝湖被誉为加拿大落基山脉的明珠。它位于加拿大艾伯塔省的班夫国家公园中。

延伸阅读： 火山口湖；冰川；北美五大湖；大盐湖；贝加尔湖；河流；供水。

位于俄勒冈州西南部喀斯喀特山脉的火山口湖是美国最深的湖泊。它最深处达到589米。这个湖位于玛扎马火山的火山口，这是一座不活跃的火山。

花岗岩

Granite

花岗岩是一种坚硬的岩石,它是大陆地壳的主要组成部分。没有被海洋覆盖的地壳大部分由花岗岩构成。

花岗岩有白色、粉色或浅灰色等多种颜色。它主要由三种不同的矿物(组成岩石的物质)组成,有些矿粒可能超过 0.5 厘米宽。

花岗岩中的矿物像拼图玩具一样被锁在一起,因此,花岗岩非常坚硬,经常被用来建造建筑物。花岗岩也可以抛光,使之光滑和闪亮。大多数花岗岩可以连续几百年不断裂,因此人们用花岗岩来做墓碑和纪念碑。

延伸阅读: 大陆;地壳;火成岩;矿物;岩石。

花岗岩是火成岩。它主要是由地壳深处的岩浆缓慢冷却而形成的。

滑坡

Landslide

滑坡是指大量岩石或泥土从斜坡上滑下来的现象。斜坡是指地面倾斜的地方。滑坡发生在地下岩土松软、坡度大的地方。河流、海浪、冰川或建筑工程引起的侵蚀会形成陡峭的斜坡。地震、暴雨或人类活动可能会导致脆弱的地下岩石或土壤移动。滑坡的过程可能很缓慢,也可能很迅速。

滑坡也会发生在水下,它们通常发生在大陆坡上。大陆坡位于大陆架的边缘地区,在那里,陆地陡降到海底。水下滑坡可能会引发海啸。

滑坡可使一个区域产生巨大变化。19 世纪,印度的一次山体滑坡堵塞了一条河流,形成了一个深 300 米、宽 64 千米的湖泊。山体滑坡也会造成人员伤亡。

滑坡不同于雪崩,雪崩是大团的雪向下滑动。

延伸阅读: 雪崩;地震;侵蚀;岩石;海啸。

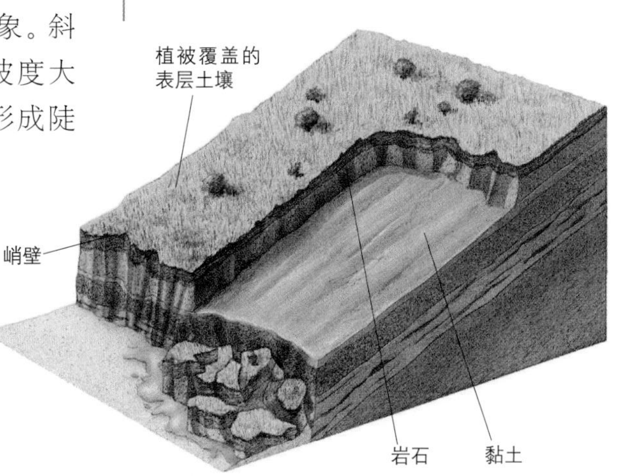

有些滑坡发生在岩石层位于较软的黏土层之上的地区。如果黏土浸透了水,就会变得光滑,岩石层的某些部分可能会断裂并滑下。

化石燃料

Fossil fuel

煤从煤矿中开采出来，这些煤矿是部分植物残骸经数百万年的作用而形成的。每个大陆都有煤。

化石燃料是由数百万年前死亡的生物残骸形成的能源。主要的化石燃料是煤、天然气和石油。很久以前，植物和微生物的残骸被一层层的沙子和泥土掩埋。随着时间的推移，土层重重地压在残骸上，由此产生的压力和来自地球内部的热量使这些残骸变成了化石燃料。

世界上大部分能源来自化石燃料。它们通过燃烧产生了世界上的大部分电力。石油也被制成汽油和其他燃料。

燃烧化石燃料也会产生很多问题。一旦化石燃料耗尽，它们无法再生。燃烧化石燃料还会释放二氧化碳和其他温室气体。这些气体会污染空气，并把热量留在地球大气中，导致全球变暖，使地球平均气温上升。由于这些原因，许多科学家正在努力用其他能源取代化石燃料。

延伸阅读： 二氧化碳；煤；自然保护；全球变暖；温室效应；天然气；石油。

环礁

Atoll

环礁是一种环形的热带岛屿，大多数位于太平洋。

环礁通常形成于海洋火山周围。火山停止喷发后，它可能会下沉，也可能被不断上升的海平面所淹没。小型海洋动物珊瑚便在火山周围建起珊瑚礁。当珊瑚死后，它们的石质骨骼留在了那里。礁石向上生长，形成堡礁。

风浪把泥土带到礁石上，形成岛屿。植物开始在土壤中生长。当火山下沉或被淹没到水下后，就只剩下一个环礁。环礁的形成可能需要 3000 万年左右。环礁围着的水体称为潟湖。

延伸阅读： 堡礁；岛屿；海洋；太平洋；火山。

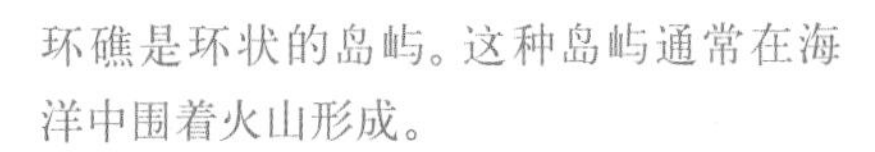
环礁是环状的岛屿。这种岛屿通常在海洋中围着火山形成。

环境污染

Environmental pollution

环境污染是来自有害化学物质，以及人们制造和使用过的其他物质对空气、水和土地的破坏。大多数人看到的环境污染是露天垃圾场或汽车尾气排放，但污染也可能是看不见、无嗅无味的。环境污染是当今人类和其他生命面临的最严重问题之一。

发电厂烟囱冒出滚滚浓烟。

几乎每个人都想减少污染，但是大多数污染是由人们想要或需要的东西引起的。例如，汽车使我们很方便地四处走动，但它们产生空气污染；工厂生产人们需要的家具、电子产品、布料和其他产品，但是工厂经常造成空气和水污染。

空气污染是由吸烟和燃烧燃料造成的，尤其是化石燃料。主要的化石燃料是煤、天然气和石油。环境污染会损害

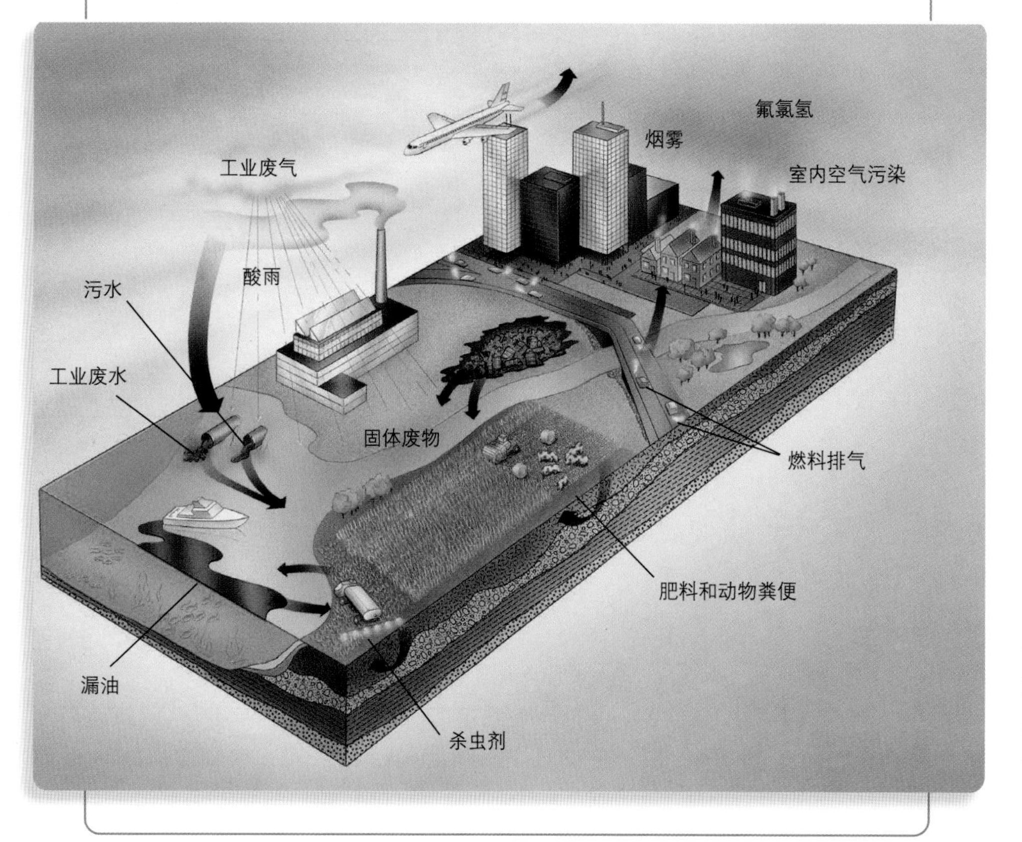

有许多种环境污染以各种方式危害我们的地球。由于环境的各部分都是相关联的，一种破坏自然系统的污染物通常会影响到另一个系统。

植物、动物，影响人类健康，还会破坏建筑物和雕像。大多数空气污染是燃烧燃料来驱动汽车、为建筑物供暖和发电造成的。霾是空气污染的一种形式，它是一种由气体和微小的颗粒组成的混合物，会降低能见度。空气污染物也会与空气中的水汽相互作用，产生酸雨。一些空气污染物降低了大气吸收太阳有害紫外线的能力。大多数科学家相信，这些污染物和其他的空气污染物已经开始改变世界各地的气候。

垃圾、金属、石油和化学品进入水源时，就会产生水污染。这些水源包括河流、湖泊和海洋。水污染也会影响地下水源。水污染会导致鸟类、鱼类和其他野生动物死亡，它还会破坏饮用水供应。

土壤污染对土地有害。农作物需要健康的土壤才能生长。农场如果使用过多的化学物质可能会造成土壤污染。例如，农民使用化肥来帮助植物生长，他们用杀虫剂杀死杂草和昆

人们可以在很多方面保护环境。

回收尽可能多的不同的材料，而不是扔掉用过的材料。

购买包装小的产品以减少固体废弃物。

把庭园修整后的废弃物和食物残渣用来堆肥以改善土壤，以免垃圾进入垃圾填埋场。

电灯和电器不使用时关掉，以节省电力。

骑自行车或使用公共交通工具，以免汽车尾气污染空气。

为窗户做好隔热措施，以节省能源并减少空气污染。

虫，但是过多的化肥和杀虫剂会伤害土壤中的生物；来自工厂和矿山的化学物质也会造成土壤污染。

垃圾污染又称固体废弃物污染。人们把纸、塑料、瓶子、罐头、食物残渣和旧车零件扔掉，这些垃圾必须存放在垃圾场或掩埋在垃圾填埋场中。但是，会有化学物质从垃圾中泄漏，从而危害环境。有时人们焚烧垃圾，这会造成空气污染。

空调温度夏天不要调太低，冬天不要调太高，适当地设置温度可节省能源。

不要把有害的化学物质倒进下水道。将有害物质送到规定的地方。

人们可以通过简单的步骤来减少污染。

还有其他种类的污染。危险废弃物污染来自极其危险的物质，如毒药、炸药和核废料。其他形式的污染则不那么明显。例如，噪声污染来自汽车和机械发出的噪声，它会让人类情绪变坏，还可能会损害我们的听力，它也可能会迷惑或伤害野生动物。城市灯光造成的光污染也会迷惑和伤害野生动物，也让人们欣赏不到夜空的美景。

泰国的工人们正在清理海岸线上泄漏的石油。石油泄漏是一种破坏性的污染。

不同种类的污染通常是相互关联的。例如，农药造成土壤污染，而雨水会把这些化学物质冲进河流、湖泊和海洋，造成水污染。空气污染造成酸雨，而酸雨反过来又会大面积污染土壤和水源。

大多数国家都有污染监控机构。在美国，环境保护署（EPA）制定污染管理的规则。它可以惩罚那些污染超过规定允许范围的企业。环境保护署还帮助州和地方政府控制污染。

对于个人来说，有许多方法可以减少污染。例如，步行或骑自行车而不是开车可以有助于减少空气污染，拼车或乘坐公共交通工具也是如此；人们也可以在家里和其他建筑物中通过节约使用热量和电力来减少空气污染；瓶子、纸张和罐头的回收计划有助于减少垃圾污染。

延伸阅读： 酸雨；空气污染；化石燃料；全球变暖；臭氧；霾；土壤；供水。

黄铁矿

Pyrite

黄铁矿是铁和硫的结合体，呈亮黄色。它分布在世界上的许多地方。

黄铁矿常被误认为黄金。因此，许多人称之为“傻瓜的金子”。区别的一种方法是加热岩石。真正的黄金在加热时会软化，然后熔化。但是黄铁矿会开始冒烟，还会散发出一种难闻的气味。如果重重击打黄铁矿，它会碎成碎片。黄金不会碎，却会像一团黏土一样易于锤平或塑形。黄铁矿可用于制硫酸，是一种重要的工业化学品。

用锤子击打黄铁矿也会产生火花。一些美洲印第安人和来自其他文化的人都会用黄铁矿生火。黄铁矿这个名字来自希腊语，意思是“火”。

延伸阅读：金；矿物；岩石。

黄铁矿可以形成晶体。

黄玉

Topaz

黄玉是一种坚硬的白色或浅色矿物，它可以被切割成宝石。黄玉是由铝、氟、硅、氧和氢等化学元素组成的。化学元素是由一种原子构成的物质。

少量杂质使黄玉有多种颜色。最理想的黄玉是无色、金色、橙色、蓝色或粉色。加热可以改变黄玉的颜色。一种叫黄水晶的黄色或褐色的石头有时被用来代替黄玉。

一些火成岩和变质岩中有少量黄玉。熔岩冷却变成固体后，就形成了火成岩。变质岩是指在热和压力作用下发生变化的岩石。

黄玉在世界上许多地方都有分布。巴西出产了世界上用来制作宝石的大部分黄玉。许多博物馆都有巨大而美丽的黄玉晶体，质量可达数百千克。

延伸阅读：宝石；矿物。

黄玉有很多种颜色，包括蓝色、金色、粉色和白色。

火成岩

Igneous rock

火成岩是来自地球深处的一种坚硬岩石。它是在岩浆冷却凝固后形成的。

火成岩是岩石的三大类型之一，其他两种为变质岩和沉积岩。从长期来看，这三种岩石中的任何一种都可能转变成其他类型。例如，大多数火成岩在熔融成岩浆之前都是变质岩。这些变化合称岩石循环。

根据火成岩形成的不同，科学家把它分为两类——喷出岩和侵入岩。岩浆从裂缝中喷出地表或海底，冷却后形成喷出岩。岩浆在地下深处硬化，就形成侵入岩。

火成岩有玄武岩和花岗岩两种。玄武岩是一种喷出岩，它形成于火山岛上，是大洋地壳的主要组成部分，它也分布在所有的大陆上。花岗岩是侵入岩，大陆地壳主要由花岗岩构成。

延伸阅读： 玄武岩；大陆；花岗岩；岩浆；变质岩；岩石；沉积岩。

火成岩是由冷凝的岩浆或熔岩形成的。

火环

Ring of Fire

火环是地球上火山和地震多发的地带。它主要沿着太平洋的外缘分布，包括新西兰，菲律宾，日本，美国阿拉斯加、俄勒冈、加利福尼亚，墨西哥和南美洲安第斯山脉的部分地区。这个火环大约有 4 万千米长。每年有数千次地震发生在这个环上。

科学家认为，火环上的地震和火山是由构造板块的运动引起的。构造板块在一层非常热的脆弱的岩石上缓慢移动，即使它仍然是固体，它也会流动。沿着火环，一个板块的边缘下沉到相邻板块的边缘之下。这个过程会引起许多地震。通常会在板块上形成一排火山。

延伸阅读： 地震；板块构造；火山。

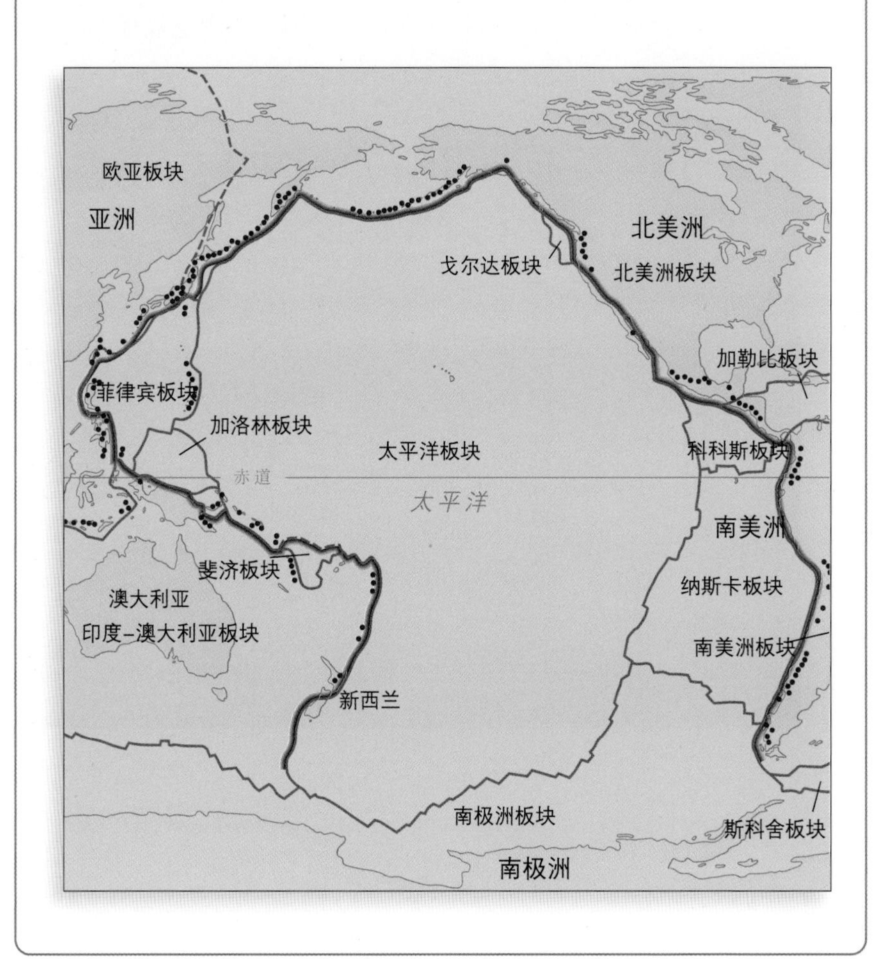

虽然火环只覆盖了地球表面的 1%，但它拥有世界上一半以上的活火山。这些火山在地图上用红点表示。

火山

Volcano

火山是地球内部岩浆和其他物质喷出地表冷却后形成的山体。这种喷发叫火山爆发。"火山"这个词来自罗马神话中的火神伏尔甘。许多火山在陆地上呈锥形，也有些火山在海底。太阳系的其他行星和卫星上也有火山。

地球内部强大的力量导致了火山的形成。当称为岩浆的炽热熔岩从地球深处上升时，火山爆发就开始了。岩浆与气体混合在一起，当岩浆接近地表时，就会从火山口喷发出来。

火山可能喷发出三种物质，即熔岩、岩石碎片和气体。熔岩是炽热的岩浆。一些熔岩沿着火山斜坡迅速流下，也有些熔岩流得比较缓慢。熔岩冷却后变硬形成岩石。岩石碎片是由喷发前硬化的岩浆碎片形成的。最小的岩石碎片叫火山尘。火山灰则是由稍大的岩石碎片组成的，它可以与溪流中的水混合，形成沸腾的泥石流。最大的岩石碎片叫火山弹。大多数的火山爆发中有气体随之喷出，这种气体携带大量的火山尘，看起来像黑烟。

炽热的熔岩从普乌——夏威夷岛基拉韦厄最南端的火山口中流出。

火山主要有三种类型，分别是盾状火山、火山渣锥和复合火山。

盾状火山是低矮宽阔的山，是熔岩从火山口溢出，并向四周蔓延而形成的。夏威夷冒纳罗亚火山是一座盾状火山。

火山渣锥的形状像大圆锥。当岩石碎片从火山口喷发（尤其是爆发）出来时，它们便在火山口周围形成。墨西哥西部帕里库廷火山是一个火山渣锥。复合火山也是锥形的，它们是熔岩和岩石碎片从火山口喷发出来并堆积在火山口周围而形成的。日本富士山是一座复合火山。

有些火山是活火山，也就是说，它们会经常喷发。有些火山只是偶尔爆发。还有一些似乎并不活跃，但科学家相信它们可能有一天会爆发。还有一些是死火山。死火山可能再也不会喷发了。

火山爆发能造成巨大的人员伤亡和巨额财产损失。当科学家认为火山会爆发时，他们会设法向人们发出警告。有时，小地震和来自火山口的气体云可能会向科学家预示火山即将爆发。然而，大多数情况下，火山爆发前是没有任何征兆的。

虽然火山是非常危险的，但它们对人类是有用的。火山岩可用来修路，火山灰有利于植物生长。人们还利用火山地区的地下蒸汽作为能源（即地热能）来发电。还有数百万人生活在海底火山形成的岛屿上。通过对火山进行研究也能发现许多好处，例如，喷发的熔岩有助于科学家研究地球内部的岩石，硬化的熔岩和火山灰沉积物保存了地球史上发生重大变化的证据。

当称为岩浆的炽热岩石从地球地幔的深层（上面）上升到地壳时，火山爆发就开始了。岩浆聚集在火山下面的岩浆房中（右上方）。岩浆房的压力迫使岩浆通过火山管道上升。岩浆可能以气体和熔岩或气体和火山碎屑（尘埃和其他岩石碎片）的形式通过中央和侧喷口喷发。

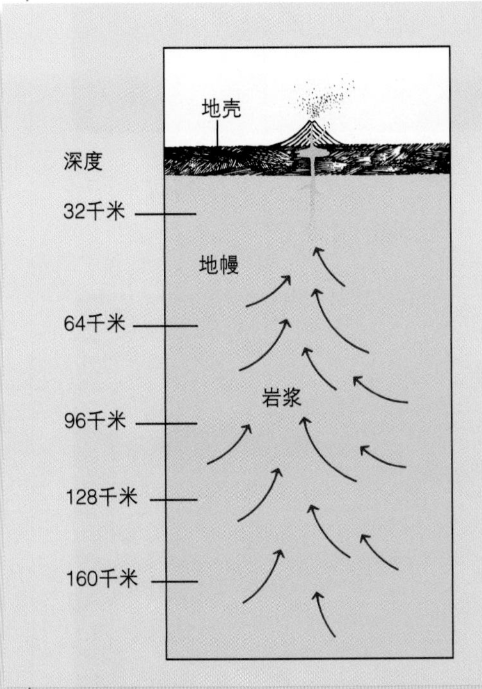

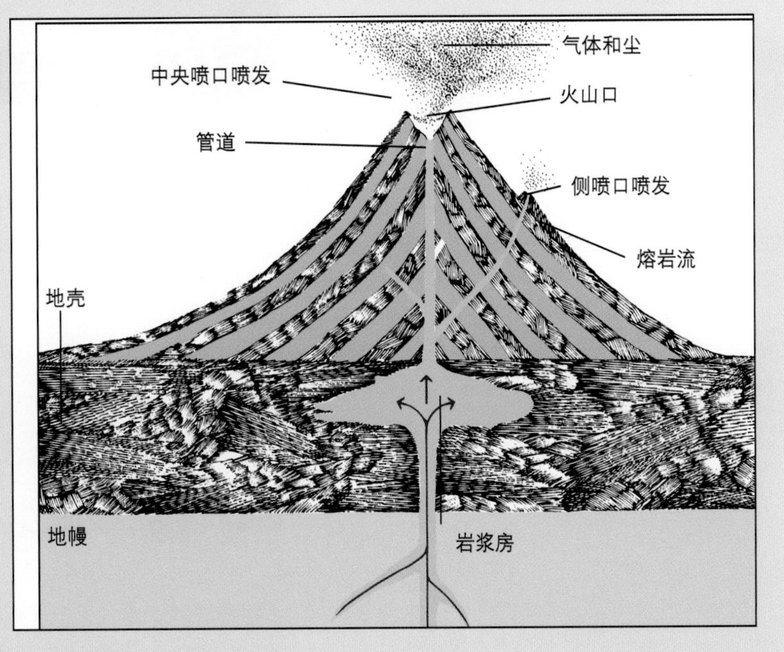

夏威夷冒纳罗亚火山是一座盾状火山。当大量的熔岩从火山口流出并向四周扩散时，盾状火山就形成了。熔岩逐渐堆积成一座低矮、宽阔、有穹顶的山。

太阳系中四颗岩石行星——水星、金星、地球和火星——它们历史上都有过火山爆发。太空探测器发现了水星和火星在遥远的过去火山爆发的证据。金星最近有火山喷发的迹象。事实上，金星可能还会偶尔有火山爆发。木卫一是木星的卫星，它的火山喷发比太阳系的任何其他天体都多。土卫六是土星的卫星，还喷发出冰。

延伸阅读： 凹坑；地热能；热点；火成岩；熔岩；岩浆；山地；火环；维苏威火山。

圣安娜是中美洲国家萨尔瓦多的一个火山渣锥。当岩石碎片从火山口喷出并落回火山口周围的地面时，火山渣锥就形成了。

日本富士山是一座复合火山。当熔岩和岩石碎片从中央喷口喷出时，就形成了复合火山。

活 动

盒子里的火山

当充满气体的岩浆从地下深处爆炸或熔穿岩石到达地表时，火山便爆发了。你可以用液体和气泡制作一个火山模型。请一位成人帮助完成这个实验。

您需要的材料：

- 一个量杯
- 醋
- 红色食用色素
- 洗碗皂液
- 勺子
- 塑料罐或塑料苏打瓶
- 小苏打
- 纸板
- 胶带
- 纸盒
- 橡皮泥

1. 在量杯中装一大杯醋，在其中加入几滴红色食用色素和洗碗皂液。

2. 在塑料罐中装一半小苏打。

3. 用硬纸板把罐子包起来做成管状，并用胶带把它固定住。把罐子和纸管放到纸盒里。

4. 在纸管四周加橡皮泥，使它看起来像火山，并把顶部空开。

5. 把火山带到室外，或者把它放在水池或浴缸里。慢慢地把醋的混合物倒进罐中。往后站，观察火山爆发的情景！

发生了什么事：

你的火山爆发是因为小苏打和醋发生了化学反应。这个化学反应会产生二氧化碳气体，而它在真正的火山爆发中也会产生。这些气体在塑料罐内形成压力，直到气体从火山口中喷出来。

火山口湖

Crater Lake

玛扎马火山是位于美国俄勒冈州喀斯喀特山脉的一座不活跃的火山。位于玛扎马火山的火山口湖，是美国最深的湖。这个湖最宽处大约有10千米，占地52平方千米。最深处达592米。这个湖没有出口，也没有流入的河流。

它形成于大约7700年前，是在玛扎马火山喷发期间，其1525米高的顶部坍塌后形成的。火山口坍塌产生了一个巨大的"碗"，里面逐渐装满了水。今天，湖面约高于海平面1900米。1902年，湖区被辟为国家公园。

延伸阅读： 凹坑；湖泊；火山。

火山口湖是水填满一个塌陷的火山口形成的。

极点

Pole

极点是地球上能到达的最北和最南的点。地球绕着一条假想的线旋转，这条线叫作地轴，它穿过地球的中心。地轴的北端是北极，南端是南极。

北极和南极是地理上的两极。然而，地球就像一块大磁铁，有南北磁极。磁极与地理极点相距数百千米。而且磁极不是固定不动的，它们会很缓慢地移动。有时它们离地理极点远，有时它们离地理极点近。

延伸阅读：地轴；磁场；北极；南极。

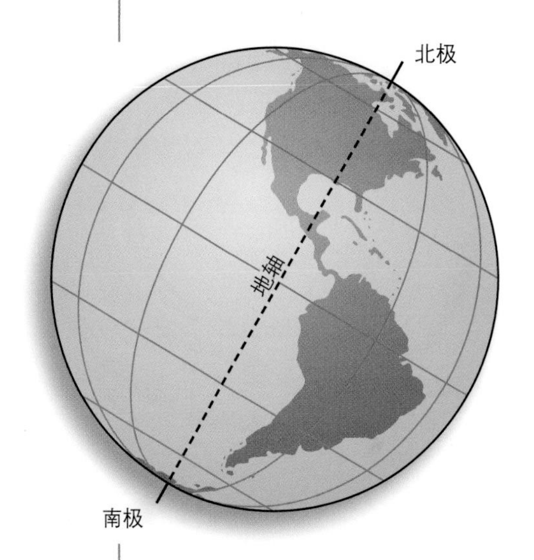

地球的南北两极位于地轴的两端。地轴是一条假想的线，穿过地球的中心，地球绕地轴自转。

急流

Jet stream

急流是大气层中空气快速移动的风带，它流出现在高空中。

急流中心最强风速区宽约 97 千米、厚 1.6 千米。急流中心的长度变化很大，但平均有 4800 千米。急流风速超过 105 千米 / 时，但可能突然增强到 320 千米 / 时。

急流有好几种，有些沿着北极或南极附近运动，还有些在赤道附近运动。随着季节的变化，急流会在不同的高度上，沿着不同的路径移动。

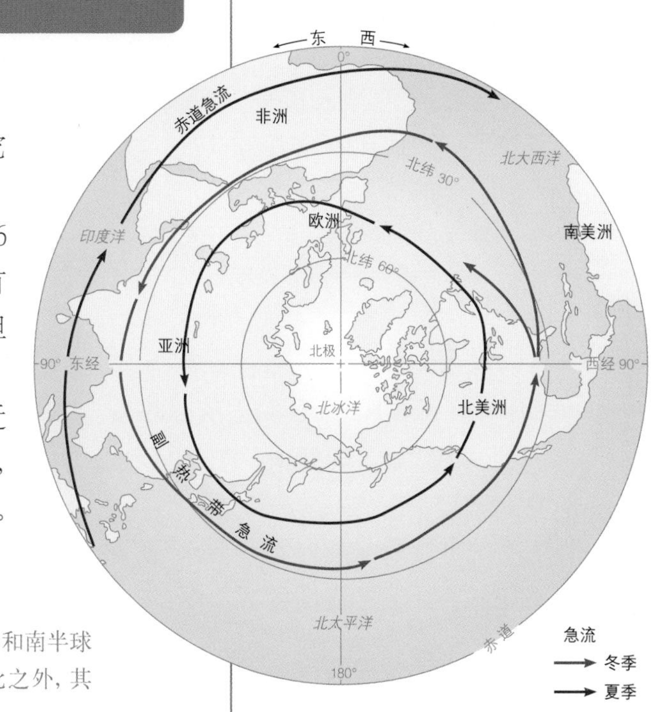

急流是一种快速流动的气流，在高空中围绕北半球和南半球运动。最靠近赤道的急流是自东向西流动的。除此之外，其他急流都是自西向东流动的。

急流对天气的影响很大。它们移动着地球上的冷、热空气，驱动着气流的运动，而这些气流能够产生风暴和龙卷。急流还能极大地影响飞机飞行的速度。它们还能产生紊流，可导致飞机摇晃。

延伸阅读： 空气；大气；天气和气候；风。

季风

Monsoon

季风是风向随季节发生变化的风。季风经常带来暴雨和洪水。季风发生在东南亚、南美洲、中非以及美国西南部和墨西哥西北部的大部分地区。

季风产生的原因是因为太阳并不均匀地加热陆地和水面上的空气。在夏天，太阳对陆地表面的加热状况要远远超过对海洋表面的加热状况。陆地上的热空气上升，被来自海洋的凉爽潮湿的空气所取代。当海洋上的空气进入陆地后，它会上升，其中的水汽会凝结，形成云和雨。到了冬天，陆地比海洋冷得多。陆地上的冷空气下沉，以一种干燥的风流到海洋上。因此，有季风的地方有雨季和干季。

泰国东北部呵叻府的人们在季风暴雨过后留下的洪水中跋涉。

亚洲东部和南部的季风是最强盛、最典型影响范围最广的。从6月到9月，风从西南方向吹来，带来暴雨、洪水和炎热的天气。从12月到来年3月，风从东北方向吹来，带来干燥、凉爽的天气。

季风带来的水有时是重要水源，农民依靠季风带来的水灌溉庄稼。但是异常潮湿或干燥的季风会破坏农作物，伤害牲畜。

延伸阅读： 洪水；雨；季节；天气和气候；风。

季节

Season

季节是每年循环出现某种天气的几段时期。世界上的大部分地区一年有四个季节——春、夏、秋、冬。每个季节大约持续 3 个月。热带地区通常有一到两个雨季，中间有一到两个干季。

世界上四季分明的地区，春天的日子很暖和，夏天是一年中最热的时候，秋天天气凉爽，冬天是一年中最冷的季节。

一个季节在北半球出现的时间与南半球相比大约相差 6 个月。北半球和南半球以地球的赤道为界。换句话说，北半球处于冬天时，南半球正值夏天。

季节的变化是由地球相对太阳位置的变化而引起的。地球的地轴是倾斜的，在太空中，地轴总是指向同一个方向。当地球绕着太阳运行时，地轴的倾斜会导致太阳光在一年中以不同的角度照射到南北半球。

当北极向太阳倾斜时，北半球就是夏季。在这段时间里，太阳光照到北半球的角度很高。因此，北方地区得到了大量的阳光。与此同时，南极是远离太阳的，导致了南半球处于

季节的变化是地轴的倾斜引起的。当北极偏向太阳的时候，北半球的夏季就开始了。此时，太阳直射北半球，北半球接收到的阳光多。与此同时，太阳斜射南半球，南半球处于冬季。当地球在这些位置之间移动时，秋天和春天就来了。

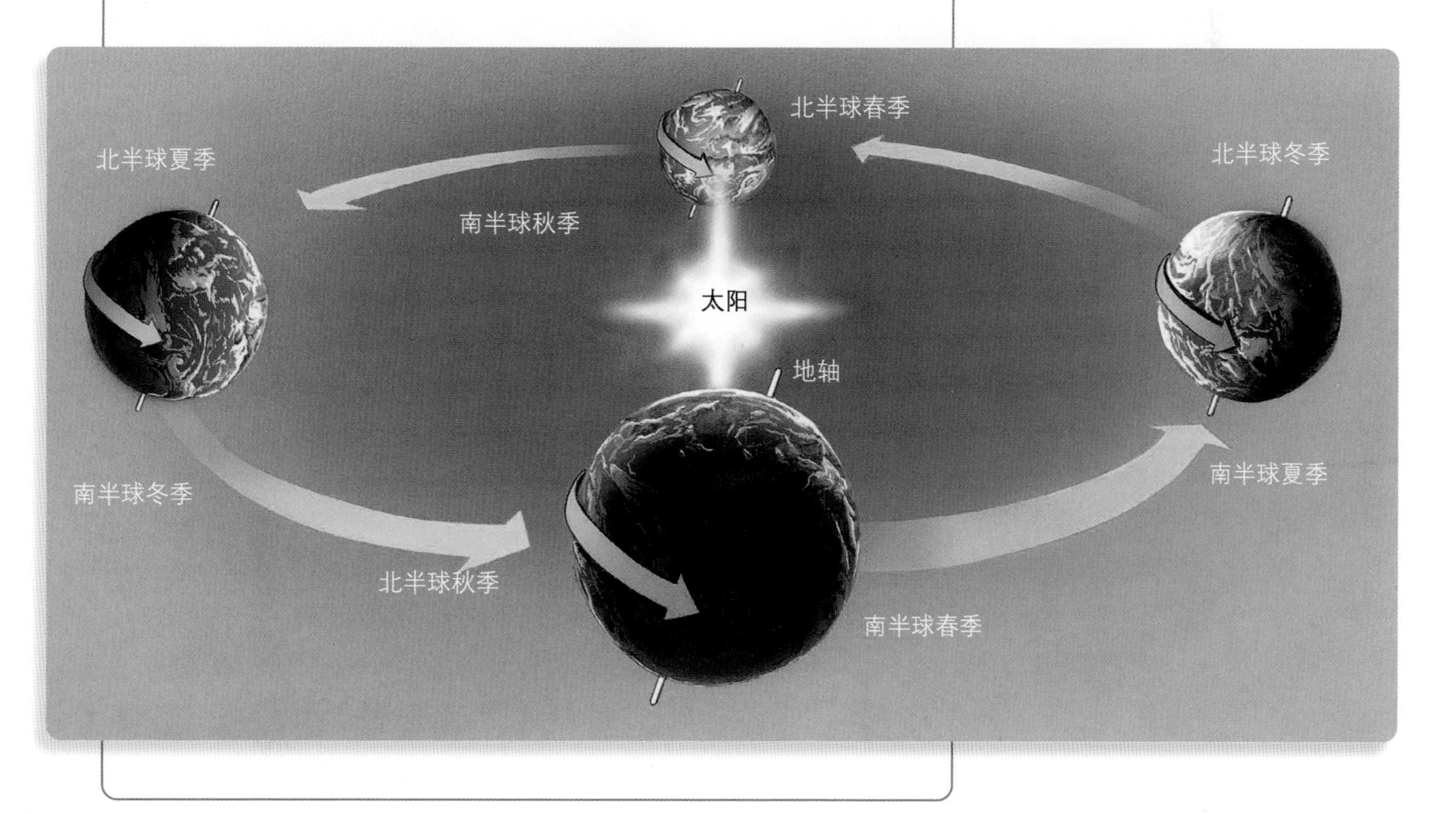

冬季。

热带的季节依赖于称为季风的周期性风。季风这个词来自阿拉伯语的“mausin（季节）”。季风发生在东南亚、中非、北美的西南部和南美亚马孙地区。在印度的大部分地区，夏季风通常从6月持续到9月，这段时间是雨季，其他时间则盛行干燥的冬季风。

延伸阅读： 地轴；半球；季风；北极；南极。

在北半球，春天开始于3月的春分，秋天开始于9月的秋分。南半球的季节与北半球的相反。在春秋分点，太阳正好位于赤道的正上方，地球上的所有地方都接受大约12小时的阳光。在北半球，夏天从夏至开始，冬天从冬至开始。这些季节在南半球也是相反的。在二至点，太阳的直射点不是在最北端就是在最南端。

加拉帕戈斯群岛

Galapagos Islands

加拉帕戈斯群岛也叫科隆群岛，是太平洋上的一个岛屿群，它属于南美洲国家厄瓜多尔，位于厄瓜多尔以西约970千米的地方。

加拉帕戈斯群岛包括13座大岛、6座稍小的岛和几十座小岛，面积7844平方千米。它们由火山的山峰组成，其中一些火山偶尔会喷发，岛上的大部分地方都覆盖着硬化的熔岩。这些岛屿都有西班牙语和英语两个名字，其中较大的是伊莎贝拉岛、圣克鲁斯岛、圣克里斯托巴尔岛、费尔南迪纳岛、圣萨尔瓦多岛和圣玛丽亚岛。

这里生活着许多世界上其他地方所没有的动物。海鬣蜥就是其中的一种，它是唯一在海里觅食的蜥蜴。岛上其他著名的动物包括体重超过230千克的巨型陆龟——超过3个人的体重。这些岛屿的名字来源于西班牙语“galapago”一词，意为“乌龟”。

加拉帕戈斯群岛因栖息在那里的巨型陆龟而得名。加拉帕戈斯在西班牙语中是“乌龟”的意思。岛上有些物种是地球上其他地方所没有的。

1835年，英国科学家达尔文乘坐“贝格尔”号船前往南美洲和加拉帕戈斯群岛进行科学考察。达尔文是一位博物学家，研究自然界的动植物。在这些岛上，达尔文注意到，这里的许多动植物跟他在南美洲观察到的相同类型相比存在变异。达尔文花了几年时间研究他

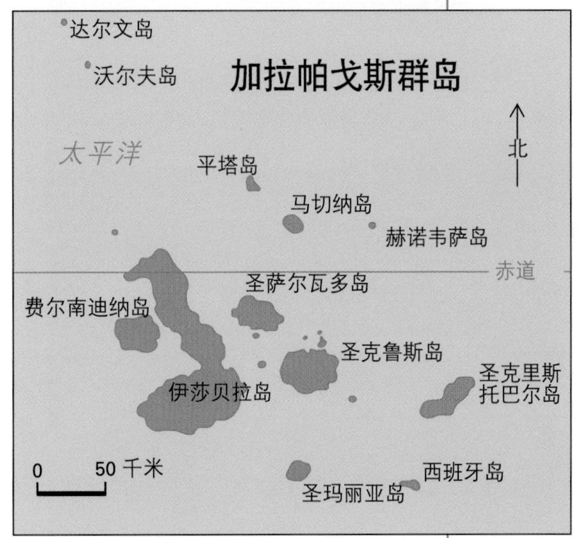

在航行中收集的标本，这些标本促使他提出了一种理论来解释各种动植物是如何从一个共同的祖先进化而来的。进化意味着在很长一段时间内缓慢地改变，大多数科学家支持达尔文的进化论。

自20世纪80年代以来，加拉帕戈斯群岛上的人口已大大增加了。从1982年到2010年，人口从约6000增加到25000多。每年有超过6万人访问这些岛屿。有些人认为是游客破坏了岛上的环境（水和土地）。1959年，厄瓜多尔建立了加拉帕戈斯国家公园，以保护当地的环境。1986年，周边水域被划为海洋保护区。1998年，厄瓜多尔建立了加拉帕戈斯海洋保护区，将保护域扩大到离岸65千米。

延伸阅读： 岛屿；国家公园；火山。

栖息在加拉帕戈斯群岛沿海低地的蓝足鲣鸟

在加拉帕戈斯群岛沿岸，海鬣蜥在阳光炙烤的岩石上取暖。

加拉帕戈斯群岛鸟瞰图

加拿大地盾

Canadian Shield

加拿大地盾是北美洲一个大面积的岩石出露的地区。它像一个巨大的马蹄铁一样围绕着哈得孙湾。加拿大地盾大约覆盖了加拿大一半的陆地面积，包括巴芬岛的大部分、拉布拉多半岛的全部、魁北克的十分之九、安大略和马尼托巴两省的一半以上，以及萨斯喀彻温省、努纳武特和西北地区的大片地区，总面积约4827738平方千米，其中在加拿大境内的约有4586900平方千米。加拿大地盾也称为劳伦琴低高原，它是以魁北克南部的劳伦琴山脉命名的。

这个地盾也延伸到美国。它形成了纽约阿迪朗达克山脉和密歇根州、威斯康星州和明尼苏达州的高地。地质学家认为，构成加拿大地盾的大部分岩石年龄在6亿~46亿年(地球本身的年龄)之间。随着时间的推移，这个地区出现了几座山脉，但是由于风化和侵蚀作用，这些山脉消失了。如今，加拿大地盾的中部和西北部大部分地区地势低平。地盾东北部的山脉高2590米。

加拿大地盾的岩石上只覆盖着薄薄的一层泥土。那里大多数庄稼长得不好。因此，地盾上没有多少农场，但是地盾南部有大片森林，是加拿大最重要的自然资源之一。加拿大矿产资源的大部分也产于加拿大地盾。地盾内的矿山出产有用的金属，如铁、铜、金和镍。居住在这个地区的人则相对较少。

地盾上点缀着成千上万个湖泊。一些湖泊已经成为著名的旅游胜地。这些湖泊也是河流的源头，它们在地盾的边缘产生巨大的急流和瀑布。这些河流上大多建有水力发电站。

延伸阅读： 岩石。

岩基的加拿大地盾占到了加拿大大约一半的陆地面积。

间歇泉

Geyser

间歇泉是一种地下泉水，它以巨大的力量向空中喷射热水。间歇泉分布在火山活跃的地区。水在地下被加热到沸点，以巨大的圆柱状喷射出来，水蒸气弥漫。间歇泉就像火山喷发，但火山喷发的不是水，而是熔岩。

世界上最著名的间歇泉可能是美国西部的黄石国家公园中的老实泉，平均每 76 分钟喷发一次。冰岛和新西兰也有一些著名的间歇泉。大多数间歇泉喷发的高度在 37 ~ 46 米之间且不会定期喷发，有些在一小时内喷发数次，有些几小时、几天、几周甚至几个月都不喷发。没有人知道它们什么时候会喷发。

延伸阅读： 地热能；温泉；国家公园；泉；火山。

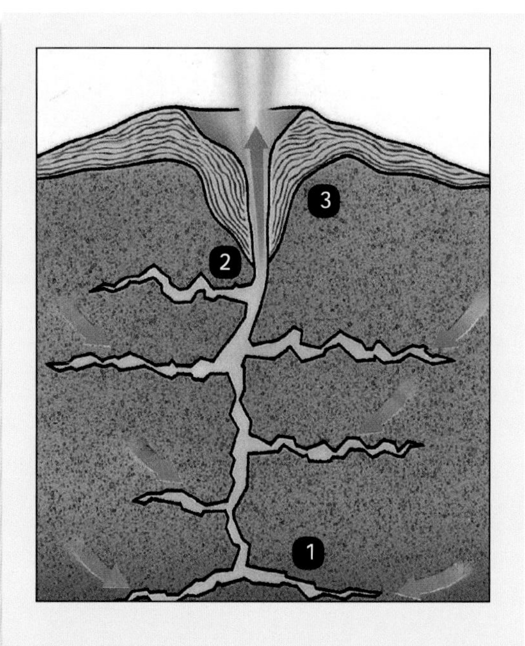

间歇泉如何喷发。
1. 水从附近的湖泊和河流中渗入间歇泉。底部的水被非常热的岩石加热到超过沸点的温度，变成蒸汽。
2. 蒸汽上升，把水向上推到地表。
3. 间歇泉中更多的水变成了蒸汽。蒸汽突然膨胀，以巨大的力量把剩余的水从间歇泉中推了出去。间歇泉喷发后，喷到外面的水会蒸发或又渗入地下。

黄石国家公园的老实泉每年吸引成千上万的游客。80 多年来，它从未错过一次喷发。

金

Gold

金是一种闪亮的黄色金属，是最闪光的金属之一。人们看重它是因为它美丽且有用。它的化学符号Au来自拉丁语“aurum，”意思是发光的黎明。几千年来，人们把黄金用作珠宝和货币。

金是一种软金属，是最容易塑形的金属之一。它不会生锈，也不会变色，可以被打压成各种形状，也可以被拉成细线而不断裂。

金之所以价值高，是因为在地球上的任何一个地方都很难找到大量黄金。几乎所有的岩石和土壤中都含有微量的金，甚至海水中也是如此。世界上大部分黄金来自南非的金矿。

黄金有许多商业用途。除了银和铜外，它的导电性比其他金属都好。黄金也能很好地导热。此外，黄金比其他金属更能反射红外热辐射。许多电器和电子产品的零件制作时都用到了黄金，如电子计算机、收音机和电视机。

黄金常制成砖状、谷粒状或薄片状。它是一种柔软的金属，很容易塑形。

经度和纬度

Longitude and latitude

经度和纬度是确定地球上任何一点位置的度量值。绘制地图的人用假想的线把地球分成许多部分，这些线叫作经线和纬线。

地球的圆周被分成360°。经度和纬度是用度（°）来表示的。经度用来在地图上测量东西向的距离。经过英国伦敦格林尼治的经线（也叫子午线），处于起点，记作0°。格林尼治子午线称为本初子午线。纽约位于西经74°。赤道上的子午线间距最大，大约为111千米。向南北两极，这个间距越来越小。

赤道的纬度是 0°，北极点为北纬 90°，南极点为南纬 90°。两纬线之间每隔 1° 的距离约为 111 千米。

每 1° 又被分成 60 个更小的单位，即分（′）。纬度 1′ 等于 1.85 千米。赤道上经度 1′ 是 1.85 千米，在两极为 0 千米。

延伸阅读： 地球；赤道；格林尼治子午线；国际日期变更线；北极；南极。

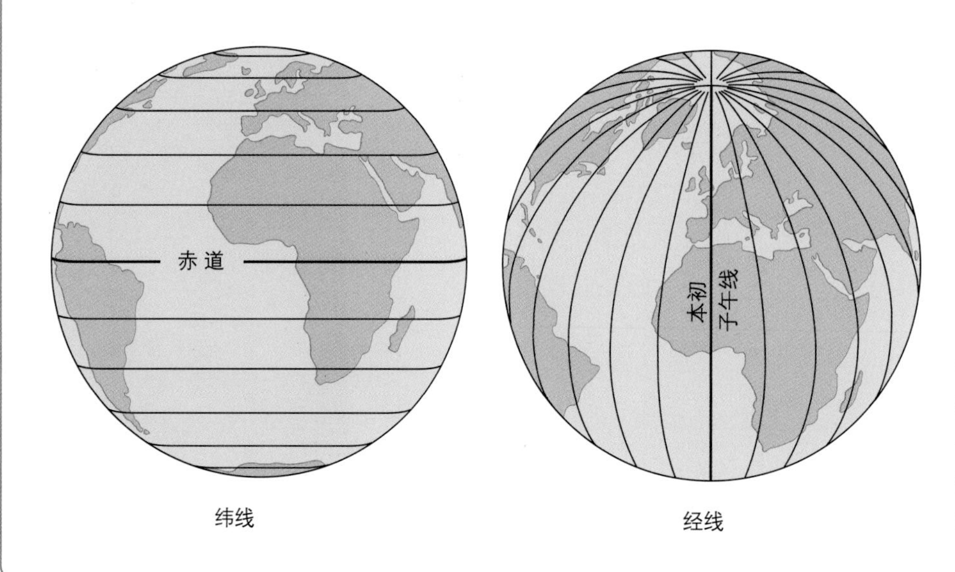

平行线表示纬度（表示赤道以北或以南的距离）。子午线表示经度（表示格林尼治本初子午线向东或向西的距离

飓风

Hurricane

飓风是一种威力巨大的风暴。强风围绕着一个叫“眼”的中心区域旋转，而眼区却很平静。在气象学中，飓风和台风都是热带气旋。它们取三个名字中的哪一个，取决于它们形成的地区：在大西洋上，它们叫飓风；在西太平洋和印度洋的某些地区，它们被称为台风；而在其他地区，它们则被简单地称为热带气旋。

飓风通常发生在夏季和初秋。其他地方的热带气旋则出现在一年中的不同时间。全世界每年大约发生 85 次热带气旋。这里我们使用“热带气旋”一词来指上述所有这些风暴，而不管它们出现在哪里。

热带气旋形成于特定条件下的暖水区。海洋最上层的水温至少要达到 26.5℃。这种暖水蒸发得很快，当水汽上升时，它下面的空气柱的气压下降，形成一个低压区，空气会从高压区向低压区移动，这种运动产生了风。

热带气旋只形成于赤道附近，赤道线是环绕地球中部的一条假想线。在那里，由于地球的自转，产生的风比其他地方更强更快。

热带气旋要经过几个阶段才能达到最大威力。它们起始于热带扰动，然后形成热带低压、热带风暴，最后形成热带气旋。当风速达到119千米/时，热带风暴就变成了热带气旋。

热带气旋向南北两极方向移动。当它们登陆时，会带来大风、暴雨、洪水和风暴潮（风把海水吹上岸时，引起的海面迅速上升）。

气象学家使用气象气球、气象卫星和气象雷达来观测热带地区气压迅速下降的地方，这些地方可能会形成飓风。一种叫“飓风猎人”特种飞机，专门用来观测不断增长

2006年，卡特里娜飓风逼近美国墨西哥湾沿岸。卡特里娜飓风是美国历史上破坏性最大的风暴之一，造成大约1800人死亡，大约1000亿美元的损失，数十万人无家可归。

强大的气旋状风暴形成于温暖的热带海洋（阴影区域）。这些风暴，由于它们形成的地方的不同，而有不同的名字。

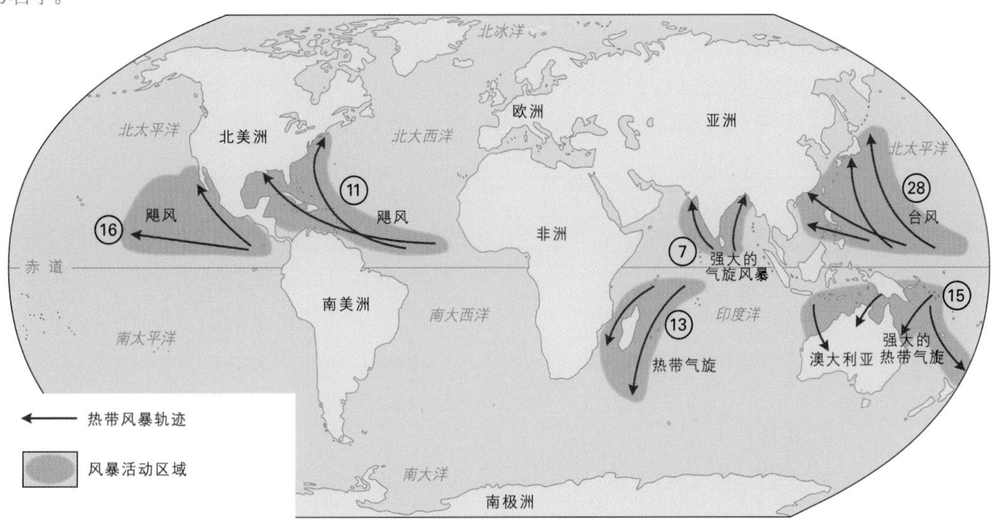

的风暴。

如果产生了适合飓风形成的条件，美国国家气象局会发布飓风预警报告，警示该地区的人们，飓风很有可能在短时内袭来。当地政府会通过电视广播告知人们紧急撤离至安全的地方或官方的飓风避难所。

延伸阅读： 气旋；海洋；台风；天气和气候。

当飓风登陆时，它们会带来大风、暴雨和洪水，对人造成伤害甚至死亡，并造成巨大的财产损失。

暖心
眼壁
表面风
雨带
风眼

地面风给飓风提供热能和水汽，一个由暖空气构成的低压中心将更多的空气吸入飓风。雨则从云墙和雨带的云层中落下。从云的结构上看，飓风直径可达 240 千米，高达 13 千米。

科罗拉多大峡谷

Grand Canyon

科罗拉多大峡谷的岩层形状和颜色各异，一天之中似乎会发生变化。夕阳西下时，峡谷壁上红色和棕色的岩层特别明亮。

科罗拉多大峡谷是世界上最伟大的自然奇观之一。它穿过美国亚利桑那州的西北部，科罗拉多河流经峡谷底部。

科罗拉多大峡谷长约446千米，深约1.6千米，有些地方宽达29千米。大峡谷最深处的一些岩石可以追溯到大约20亿年前。

大约在600万年前，科罗拉多河开始形成大峡谷。多个世纪以来，河水侵蚀着岩层，岩层呈现独特的形状和颜色。峡谷壁上发现的化石表明，数百万年前就有动植物栖息于此。

因为科罗拉多大峡谷深约1.6千米，所以这里同时存在多种气候和天气。峡谷底部比顶部更温暖、更干燥，这些气候上的差异使得这里栖息着各种各样的动植物，有数百种鸟类，还有海狸、大角羊、蜥蜴、美洲狮和蛇等。凯巴布白尾松鼠和大峡谷粉色响尾蛇是这里特有的物种。

峡谷边缘有许多高大的黄松。峡谷的南边，低处生长着杜松和矮松，而白杨、冷杉和云杉分布在北侧海拔最高的地区。仙人掌遍布整个峡谷，尤其在低洼地区。

在过去的4000年里，美国印第安人一直居住在科罗拉多大峡谷。如今，大约有300名印第安哈瓦苏派人生活在哈瓦苏峡谷的一个保护区。

1540年，一群西班牙探险家成为第一批看到科罗拉多大峡谷的欧洲人。1869年，美国地质学家约翰·韦斯利·鲍威尔（John Wesley Powell）考察了科罗拉多大峡谷，并给它起了这个名字。自1919年以来，科罗拉多大峡谷一直是大峡谷国家公园的一部分，每年有几百万人来这里参观，游客可以徒步，骑马，骑骡子，也可以顺流而下游览。

延伸阅读： 峡谷；国家公园；世界七大自然奇观。

空气

Air

空气是围绕地球的各种气体的混合物，常被称为“大气”，地球表面堆了厚厚的一层大气，覆盖着陆地和海洋。我们看不见，闻不到，也尝不到空气的味道，但是起风的时候，你能感觉到空气的存在。

没有空气，地球上就不会有生命。几乎所有的生物都需要空气才能生存。人没有空气只能活几分钟。

空气保护地球免受太阳光中有害射线的伤害。同样也保护我们的星球不受流星体的伤害，它们大部分在撞击地面之前就在空气中烧光了。与此同时，空气从太阳中吸收热量，使地表变暖。通过这种方式，空气帮助地球保持足够的温度来维持生命。空气中形成的云以雨雪的形式给我们带来了水。

在阳光明媚的日子里，海边的气温比水面上方的气温要高。岸上较暖的空气膨胀、变轻、上升。来自海洋的较冷空气进入，产生海风。

空气的主要成分是氮和氧。其中氮几乎占约五分之四，氧约占五分之一。此外，还含有少量的其他气体，特别是氩。

空气中有一些气体特别重要。人和动物呼吸时，从空气中吸入氧气，释放出二氧化碳。白天，绿色植物所起的作用正好相反。它们吸收二氧化碳，并在光合作用的养分制造过程中释放氧气。

地球重力阻止空气逃逸到太空中。从大气层顶部到底层空气所受的重力产生气压，称为“大气压”。压在你肩膀上的空气重约1吨，但你感觉不到这种压力，那是因为你在各个方向受到的气压都相同。

延伸阅读： 空气污染；大气；二氧化碳；云；水汽；天气和气候；风

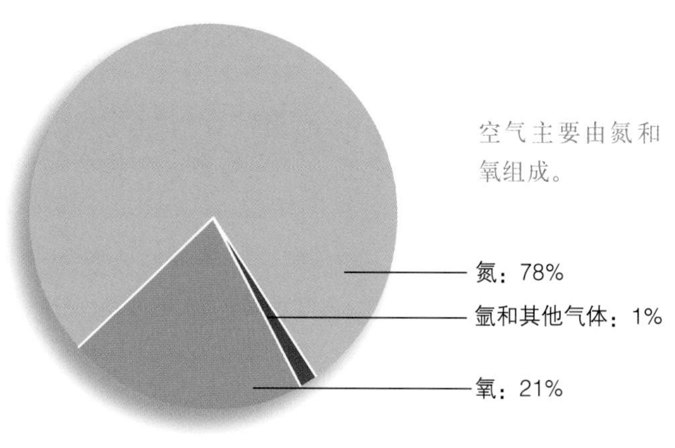

空气主要由氮和氧组成。

水手利用风产生的空气压来为水上航行的帆船提供动力。

活动

空气向上推

您需要的材料：

- 一个玻璃杯或玻璃瓶
- 水
- 一张硬纸板

空气从四面八方作用于每个人和每个物体。它甚至可以向上推。你可以通过下面的实验来演示这个过程。

1. 把玻璃杯装满水，将硬纸板平放在玻璃杯口上。

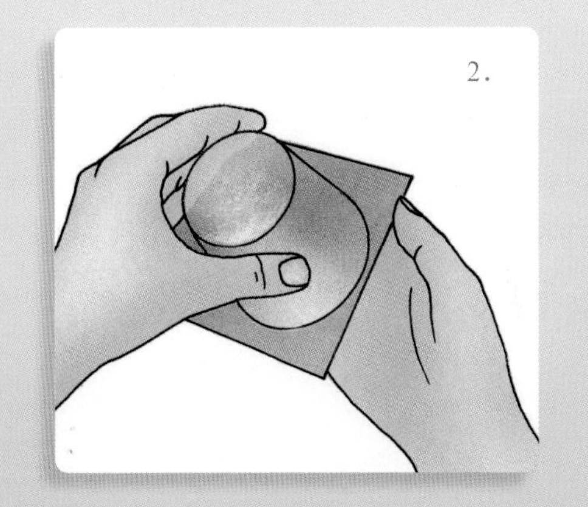

2. 用手牢牢地顶住硬纸板，小心但迅速地把杯子倒过来。

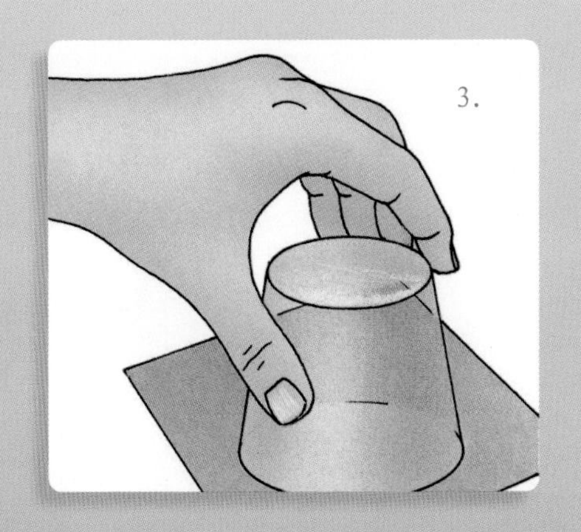

3. 把你的手从硬纸板上拿开。这时纸板并不会掉下来，而是把水锁在容器里。

如果纸板太软，或者玻璃杯中有空气，这个实验就会失败，水会洒出来。你可在浴缸、水池或室外做这个实验。
究竟发生了什么：

发生了什么事：

硬纸板下的空气对硬纸板产生的推力足以使它不掉下来。

空气污染

Air pollution

空气污染使空气变脏或有害。人类制造了能引起空气污染的大部分废物。这些废物可能是气体、液体或固体颗粒。它们主要来自为机动车提供动力、为建筑物供暖所燃烧的燃料。工业生产和垃圾焚烧也会造成空气污染。一些空气污染来自诸如火山灰、森林火灾产生的烟雾、花粉和灰尘等自然源。

空气污染在许多城市是一个严重的问题。污染的空气危害我们的健康，还会危害植物和动物，破坏建筑材料，甚至影响天气。空气污染会使雨水酸性增加。酸雨危害湖泊和河流，杀死鱼类和其他野生动物。

有些形式的空气污染对人没有直接危害。但它们会以有

炼油厂排放的化学物质会造成空气污染。这些以烟雾形式出现的混合物会在大气中产生雾霾，并可能危害人们的健康。

害的方式改变地球的大气层。燃烧富含碳的燃料会产生温室气体，它们像温室的玻璃墙一样留住了热量。这些气体对全球变暖起了重要作用，使地球平均气温上升。

研究人员将全球变暖与一些对生物及其生态系统具有潜在破坏性的影响联系了起来。一个生态系统由一个生物群落及其物质环境组成。全球变暖还使极地的冰层融化，从而导致海平面上升。全球变暖还可能改变全球的天气模式，并影响人类健康。科学家认为，随着全球变暖的加剧，这些影响将变得更加严重，并将进一步扩散。

许多国家通过了控制空气污染的法律。然而，空气污染和全球变暖仍是我们面临的严重问题。

延伸阅读： 空气；大气；二氧化碳；全球变暖；温室效应。

矿石

Ore

矿石是一种含有金属的矿物或岩石。人们开采矿石以获得某种金属。在岩石的裂缝中发现的矿石，叫矿脉。矿石也存在于岩层中，即所谓的矿床。

矿石有两种。第一种自然金属，这种矿石只含金属。黄金属于自然金属。第二种是化合物，它是有价值的金属与氧、硫等其他物质化合而成的矿石。

人们可以通过几种不同的方式提炼出矿石中的金属。例如，他们粉碎或熔化矿石，然后从中提炼出金属。人们还可以通过给矿石通电来分离某些金属。

延伸阅读： 金；矿物；岩石。

矿石常常取自露天矿，这会在地表形成巨大的孔洞，如这个铜矿。

矿物

Mineral

矿物是岩石的组成部分。矿物是地球上最常见的固体材料。

矿物有几个特点，使它们不同于其他物质。首先，矿物存在于自然界中，它们不是人造的；其次，每一种特殊的矿物都是由相同的材料制成的，无论它分布在哪里；再次，矿物的原子按一定的模式排列，形成称为晶体的固体结构；最后，几乎所有的矿物都是由非生命物质组成的。

土壤的一部分是由破碎的岩石中小块矿物构成的，其他矿物包括岩盐、铅笔中的石墨，以及诸如金、银和宝石等稀有物质。地球上大约有 3000 种矿物，但是只有大约 100 种是常见的。其他的大多数比黄金还难找。

不同的矿物在外观和感觉上有很大的不同。有些矿物的

有些矿物表面呈玻璃状，显示某种颜色。孔雀石是一种绿色的铜矿物，常用作装饰石。

常见的金属光泽矿物

金

方铅矿

石墨

常见的非金属光泽矿物

石英

滑石

蓝铜矿

矿物可由其光泽来鉴别。光泽可分金属的或非金属的。具有金属光泽的矿物像金属一样发光。具有非金属光泽的矿物在外观上各不相同，它们可能看起来像玻璃、珍珠，或无光泽或呈黏土状。

表面呈玻璃状，显示某种颜色。有些看起来很乏味，感觉油腻腻的。最坚硬的矿物可以在玻璃上刮出划痕，最柔软的矿物则可被指甲刮出刻痕。

矿物中含有许多不同种类的金属，包括铜和铁。然而，非金属的氧是地球矿物中最常见的元素。

氧在地球以外的矿物中不太常见。在小行星、彗星、卫星和太阳系的其他三颗岩质行星——水星、金星和火星上都可找到矿物。四颗最大的行星——木星、土星、天王星和海王星上则没有矿物，因为它们只是由气体和最轻的化学元素组成，这些元素不能像矿物那样形成晶体。

延伸阅读： 宝石；氧；岩石；土壤。

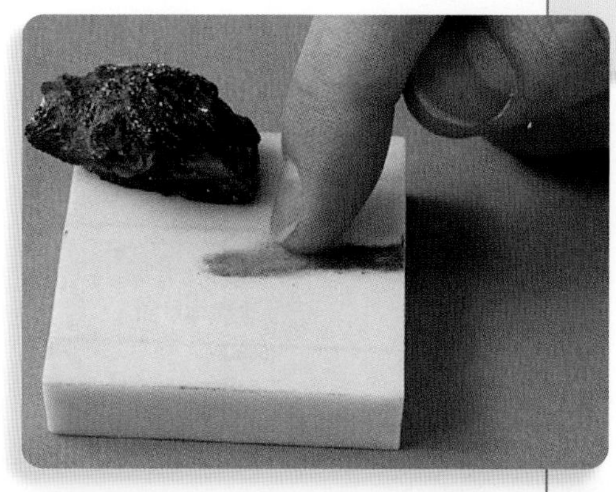

鉴别矿物的一种方法是通过条纹测试方法看它的颜色。测试人员用矿物在粗糙的瓷片上刮擦，并用手指擦拭条纹。矿物赤铁矿会留下红色条纹。

另一种鉴别矿物的方法是测试它切割出的形状。方解石（图左）能切割成块状，云母（右）能切成薄片。

蓝宝石

Sapphire

蓝宝石是一种坚硬、透明的宝石。它是一种称为刚玉的矿物。最有名的蓝宝石是蓝色的，它们的颜色来自宝石中少量的铁和钛。蓝宝石也有许多其他颜色，如黑色和橙色。红刚玉则叫红宝石。

星光蓝宝石中含有针状的金红石矿物。这些针反射出6条星星状的光线。“印度之星”是一颗著名的星光蓝宝石，它在位于纽约的美国自然历史博物馆中展出。大多数蓝宝石产于泰国。缅甸、斯里兰卡、澳大利亚和美国蒙大拿州也出产蓝宝石。蓝宝石是九月的生辰石。

延伸阅读： 宝石；矿物；红宝石。

抛光后的和天然的蓝宝石

雷

Thunder

雷是由闪电发出的声音。当闪电穿过空气时，空气被加热。这个加热过程引起空气压力急剧增加。压力的增加会产生向四面八方运动的冲击波。冲击波产生的声波就是我们听到的雷声。

闪电的形状像一棵树，有树干和树枝。闪电的“树干”发出的雷声最响亮。当“树干”分叉成许多“树枝”时，可以听到尖锐的爆裂声。

我们看到闪电后才听到雷声，这是因为光速比声速快。如果你数一下闪电和雷声之间的秒数，然后除以3，大致就能得到闪电离你的距离（单位为千米）。通过给几次闪电和随之而来的雷声计时，我们可以判断出闪电是越来越近还是越来越远。

延伸阅读： 闪电；雨；雷暴。

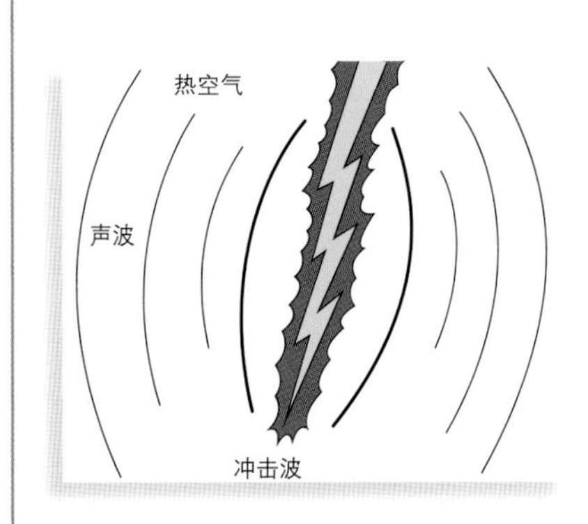

当闪电加热沿途的空气后，我们就能听到雷声。加热产生的冲击波向外传播，产生声波。

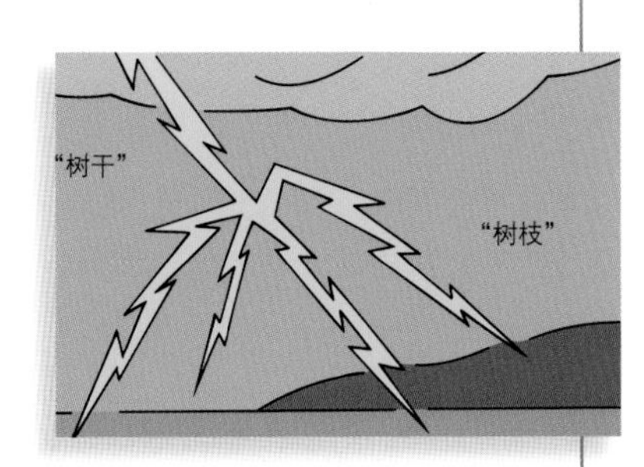

最响亮的雷声是由闪电的“主干”引起的。闪电的“分枝”发出尖锐的噼啪声。

雷暴

Thunderstorm

雷暴是一种能产生雷电的暴风雨。有些雷暴会形成冰雹、强风和龙卷。雷暴还会带来暴雨和洪水。

当暖湿空气上升时，会产生雷暴。当气流上升时，气温会下降。由于冷空气容纳的水分较少，多余的水分便形成了云，最后以雨的形式落下来。这些云还会产生静电，以闪电的形式释放出来。

有些雷暴是单独形成的，而有些雷暴会沿着一条线形成多个。最强的雷暴称为超级单体，它能产生巨大的冰雹、强风和强大的龙卷。

延伸阅读：闪电；雨；雷暴。

里氏震级

Richter magnitude

里氏震级是描述地震强度的等级标度。它是一个数字，数字越高，地震强度越强。美国科学家里克特于1935年发明了里克特系统，通常称为里氏震级。

里氏震级每上升一个震级，地震释放的能量就增大32倍。例如，里氏7级地震的威力是里氏6级地震的32倍。里氏7级或以上的地震会造成巨大的破坏。

里氏震级是用一种叫地震仪的仪器测量的，地震仪是记录地面运动的仪器。

里氏震级只衡量某个地方的地震强度。另一种震级，称为矩震级，

在里氏8.0级的地震中，一座建筑物从地基上被震落后发生倾斜。2008年的一次强烈地震造成了6.9万多人死亡，约374176人受伤。

衡量的是大范围地震的总威力。

延伸阅读： 地震。

表 1 测量地震强度

里氏震级	影响
1.0 ~ 2.9	除了极少数人，一般人可能感觉不到。
3.0 ~ 3.9	室内人士，尤其是楼宇上层人士有感觉。
4.0 ~ 4.9	碗碟、门窗受到干扰。墙壁发出破裂的声音。汽车反滚明显。不稳定对象被倾覆。几乎每个人都有感觉。
5.0 ~ 5.9	建造良好的建筑物有轻微至中度损毁。建筑质量差的建筑物损害严重。每一个人都能感觉到。
6.0 ~ 6.9	大型建筑物可能部分倒塌。
7.0 或更高	许多砖石结构和框架结构连同地基一起被破坏，几乎没有砖结构仍然屹立不倒。桥梁被毁，铁轨弯曲，物体被抛向空中。

* 用里氏震级来表示 7 级以上的地震，有人认为是不准确的。

里氏震级是通过地震仪来测出的。随着地震震级（强度）的增加，对人、建筑物和景观的影响增大。

砾石

Gravel

砾石是沙子、黏土和小石块的松散混合物。一些砾石是由河流和冰川沉积形成的。砾石也能在湖底和海底中形成。

人们能用砾石做许多事情。砾石可以用来修建人行道和道路：有时，它与一种叫沥青的深色物质混合使用；其他时候，它与沙子、水和水泥混合来使用，这种混合物叫混凝土。

砾石从地下被挖出来，所以在使用前要清洗。然后，工人们把它们放到筛分机上，筛分机按大小把砾石分开。

延伸阅读： 冰川；黏土；岩石；沙。

人们用砾石铺沥青和混凝土。

劣地

Badlands

劣地是由小而陡峭的小山和深沟组成的地区。那里的软性岩石被流水侵蚀出各种奇形怪状而美丽的地貌。劣地通常很少或根本没有土壤。

劣地通常在沙漠或其他干旱地区自然形成。在这些地区，雷暴引发的山洪是常见的现象。洪水冲走大面积的土壤和岩石。因此，大多数劣地只能作为牧场或野生动物的栖息地。当植被和土壤遭到破坏后，这些地方也会形成劣地。

劣地以其引人注目的景色而吸引游客。美国一些著名的劣地包括南达科他州劣地国家公园和北达科他州罗斯福国家公园。加拿大艾伯塔省立恐龙公园和艾伯塔红鹿河谷也有劣地。

延伸阅读： 沙漠；侵蚀；洪水；岩石；谷地。

在艾伯塔红鹿河谷，让人震惊的怪岩柱成为加拿大劣地中的一道风景。这种怪岩柱是由多年的风蚀和水蚀而形成的。

磷

Phosphorus

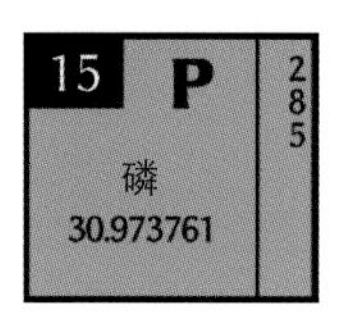

磷是一种非金属化学元素。它有许多工业用途。此外，几乎所有的生物都需要磷来维持生命，在自然界中磷以磷酸盐的形式存在。

工业用磷的主要来源是磷矿，也叫磷灰石。开采磷矿的国家有中国、摩洛哥和美国。

制造厂从磷矿中提取两种形式的磷：红磷和白磷。红磷可用于生产火柴。白磷用于制造塑料、钢铁、洗涤剂、化肥和药品等产品。

白磷很容易与其他化学元素结合，在室温情况下，能在空气中自燃。因此，白磷通常储存在水中。白磷也是有毒的。当身体接触到它时，会引起严重烧伤。

磷酸盐能造成水污染，它们为藻类这种简单生物提供营养物质。藻类生长的速度要比鱼吃它们的速度快。当藻类在大片水域迅速生长时，科学家称它们为藻华。当藻类死亡后，它们在腐烂过程中会耗尽鱼类、虾、贝类等所需的氧气，导致这些水生生物死亡，水变臭了。

延伸阅读： 环境污染；氮循环；岩石。

磷使藻类大量繁殖，称为藻华。

流沙

Quicksand

流沙是一片又软又湿的沙区。它通常形成于河流底部或海的沿岸。沙子里的水阻止了颗粒粘在一起。沙子不坚固，不能承重，感觉或表现得像液体。

深流沙对于人或其他动物而言是危险的。一旦被困在沙子里就可能会死去。

陷入深深的流沙中的人们应该保持冷静，应该用背部平躺，并伸开双臂，这样身体才会浮在沙子上，然后就可以从沙子上滚到坚实的地面上。

延伸阅读： 沙。

这片流沙层可能是小动物的陷阱，它们无法逃离这种软湿的物质。

龙卷

Tornado

龙卷也叫龙卷风，是所有风暴中最强的一种。它是陆地上的一个巨大的锥形的空气涡旋，呈漏斗状。还有一些龙卷，称为水龙卷，发生在大面积的水体上。

龙卷通常形成于雷雨云下，雷雨云总会带来雷暴。首先，雷雨云下方形成一道又黑又重的云墙。然后，一个扭曲的漏斗云会从云墙产生，并将直达地面。龙卷最常出现在春季和初夏，通常在下午晚些时候或傍晚发生。

田野里的龙卷

龙卷产生的风以480千米/时的速度旋转。一个强大的龙卷可以把汽车从地面上卷起，并将其抛到90米以上的空中，甚至能把房子从地基上吹走。一个宽的龙卷可能有1.6千米，它可以100千米/时的速度持续移动1小时多。幸运的是，大多数龙卷要小一些，风也弱一些，移动速度大多低于55千米/时，且只维持几分钟。

巨大的雷雨云下形成的云墙会产生龙卷。快速旋转的漏斗从云墙中伸出来，并直达地面。雨和冰雹可能会从雷雨云中落下。

科学家根据风速，为龙卷规定了一个特殊的划分等级，称为藤田级数。日裔美籍气象学家藤田发明了这个度量龙卷等级的标准。藤田级数从F0到F5，F0的龙卷风力最弱，F5的龙卷风力最强。

龙卷很难研究，它们形成很快，消失也快，且覆盖面积小。另一个问题是科学家不知道龙卷形成的确切原因，因为他们发现很难在合适的时间到达合适的地点去研究它。

美国是世界上龙卷最多的国家。这些风暴大多发生在一个称为龙卷走廊的地区。这个地区横跨中西部和

美国密苏里州龙卷造成的破坏

南部的几个州，特别是得克萨斯州、俄克拉荷马州、堪萨斯州、内布拉斯加州和艾奥瓦州。

龙卷可能袭击的其他地区包括欧洲大部分地区、日本、中国部分地区、南非，以及阿根廷和巴西部分地区。澳大利亚产生的龙卷数量仅次于美国。许多龙卷也袭击孟加拉国和印度东部。

科学家利用计算机、探空气球、雷达、人造卫星和其他工具来帮助他们确定龙卷可能发生的时间。在美国，当天气条件适合龙卷形成时，国家气象局就会进行龙卷监测。如果该地区在监测龙卷，人们应当收听收音机或观看电视来了解更多的信息，并留意坏天气。

如果国家气象局发现龙卷正在形成或已经形成，会发布龙卷警报。在这种情况下，人们应该立即躲到地下室或其他地下避难所。如果没有地下避难所，最好躲在浴室或壁橱里。

延伸阅读： 云；气旋；雷暴；旋风；风。

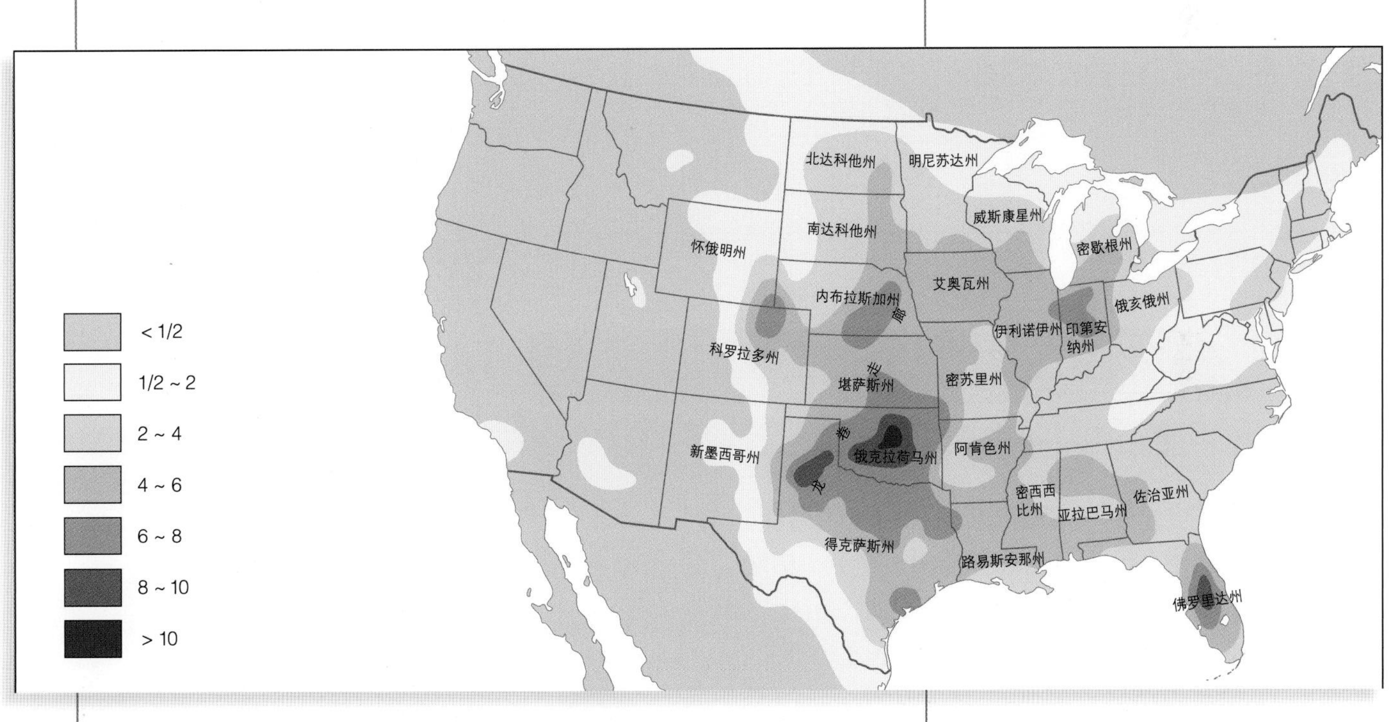

美国的龙卷大多发生在中部，一个称为龙卷走廊的地区。佛罗里达州也有大量龙卷。

露

Dew

露就是大清早我们在户外物体上看到的闪闪发光的水珠。它能在许多表面形成，包括草，树叶和汽车的顶部。

露在夜间形成。白天，物体从太阳吸收热量；晚上，它们会散发热量。当靠近地面的物体冷却时，周围的空气也会冷却。较冷的空气不能像暖空气那样容纳足够多的水汽。如果空气冷却太多，一些水汽就会在物体表面凝结，形成露。露在平静、晴朗的夜晚最容易形成。

露随着太阳的升起而蒸发。阳光使地面变暖，地面又使空气变暖。这温暖的空气能够容纳更多的水汽，露就蒸发到空气中。

延伸阅读： 露点；湿度；水汽。

露是早晨出现在草地、树叶和其他户外物体上的闪闪发光的水珠。

露点

Dew point

露点是空气中水汽开始凝结时的温度。露点通常比气温低。当气温和露点相等时，相对湿度为100%。湿度是空气中水汽的量。当相对湿度为100%时，空气已不能容纳更多的水汽。

当与物体表面接触的一薄层空气冷却到露点以下时，露便产生了。当露点高于0℃时，冷却的空气会在物体表面产生露或在空气中产生雾。如果气温和露点都低于0℃，物体表面可能会结霜，或空气中产生冰晶。当大量空气冷却到露点以下时，云和雾就会出现。

延伸阅读： 露；雾；霜；湿度；冰；水汽。

当大量空气冷却到露点以下时，云和雾就会出现。

活 动

制造露水

您需要的材料：

- 一个带盖的广口瓶
- 热水
- 一张纸巾
- 一个干毛巾
- 一个测量勺

你有没有在一个凉爽的早晨看到过露水？它看起来像落在草和花上的小水滴。当温暖潮湿的空气变冷时，就会形成露水。你可以在厨房里做出露水。

让一个大人帮你拿热水。

1. 把罐子装满热水，把盖子拧上。把罐子放一边，直到它的外面摸起来不烫手。

2. 把纸巾折叠起来，小到可以放进罐子里。

3. 当罐子尚热时，倒出里面的水并用抹布擦干，确保里外两边是干的。

4. 现在你需要快速操作。用水龙头里的热水把折好的纸巾弄湿，放在罐子底部。把勺子放在罐子里，使它靠在一边。把盖子拧紧。

5. 把罐子放在冰箱里半小时，然后把它拿出来。它看起来像什么？打开罐子，摸摸里面。是湿的还是干的？汤匙干了吗？

发生了什么事：

暖空气含的水汽比冷空气多很多。当热空气冷却时，水汽会凝结——也就是说，凝结物来自空气，以露水的形式凝聚在物体上。

落基山脉

Rocky Mountains

落基山脉是北美洲最大的山脉。落基山脉横跨美国和加拿大，绵延4800千米。在一些地方，山脉有560多千米宽。在美国，落基山脉横跨新墨西哥州、科罗拉多州、犹他州、怀俄明州、爱达荷州、蒙大拿州、华盛顿州和阿拉斯加州。在加拿大，落基山脉分布在艾伯塔省、不列颠哥伦比亚省、西北地区和育空地区。

在落基山脉，饲养牛羊是主要的农业活动，其他主要行业有采矿和伐木。

到落基山脉的游客可以欣赏到该地区的许多美景，包括白雪覆盖的山峰和波光粼粼的湖泊。美国和加拿大的几个国家公园位于落基山脉。这里还以其滑雪胜地和野生动物闻名，如落基山山羊、大角羊、熊、麋鹿和美洲狮。

落基山脉形成了大陆分水岭，它把向西流入太平洋的河流与向东流入大西洋的河流分开。在加拿大，落基山脉还将向北流入北冰洋的河流与向西南流入太平洋的河流分开。许多河流，包括阿肯色河、科罗拉多河、哥伦比亚河、密苏里河和格兰德河都发源于落基山脉。

延伸阅读： 山地。

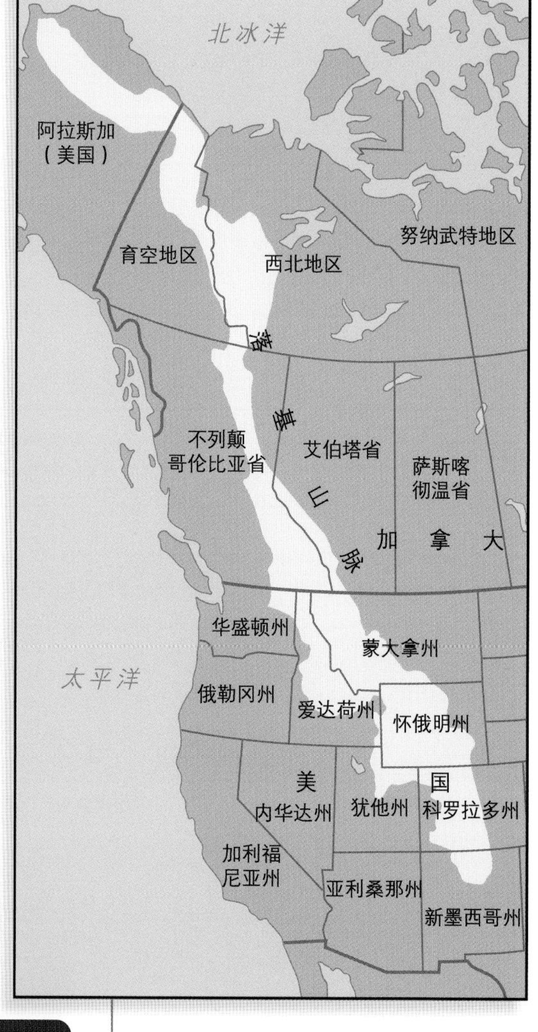

从美国阿拉斯加州到新墨西哥州，落基山脉绵延4800千米。

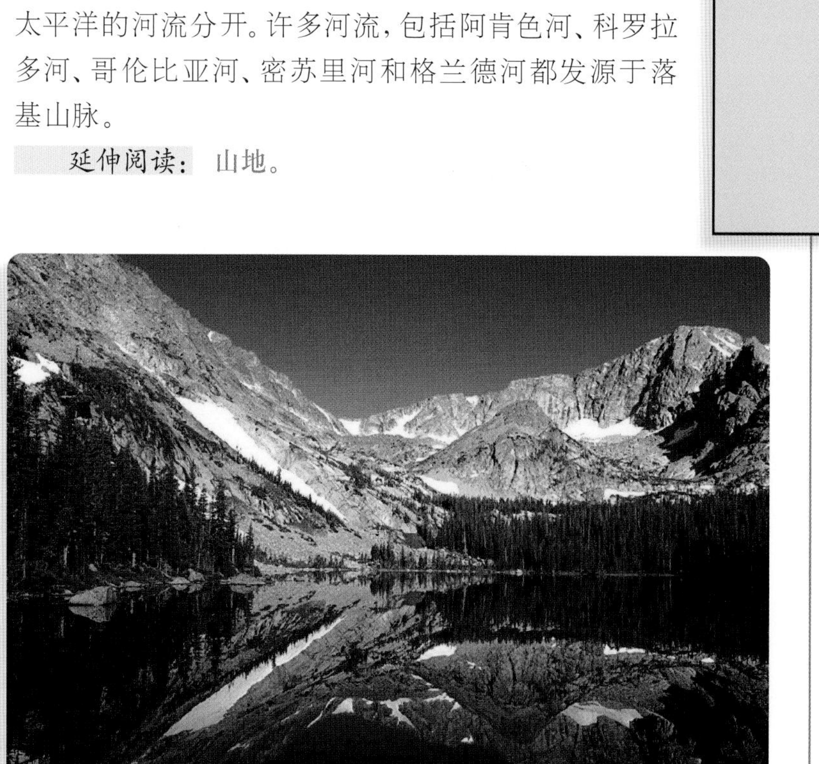

位于美国科罗拉多州北部的落基山国家公园有许多美丽的山地湖泊。

绿宝石

Emerald

绿宝石是一种深绿色、质地坚硬的石头，用于制作戒指和其他珠宝。绿宝石是绿柱石的矿物。有些绿宝石是蓝色的，还有一些绿宝石上面有一点黄色。不同的颜色是由不同的化学物质引起的，当宝石形成时，这些化学物质被锁定在宝石中了。例如，绿宝石的绿色通常来自少量的铬元素。

大多数绿宝石有很小的裂缝，要找到一块完美的绿宝石是非常难的，而且这种绿宝石非常昂贵。

最好的绿宝石产自哥伦比亚。印度、俄罗斯、南非和津巴布韦也出产多种绿宝石。在美国，北卡罗来纳州发现了一些绿宝石。绿宝石是五月的生辰石。

延伸阅读： 宝石；矿物。

未切割的绿宝石

绿松石

Turquoise

绿松石是一种用于珠宝和其他装饰物的矿物。人们喜欢绿松石的美丽颜色。绿松石的颜色从亮蓝色到蓝绿色不等。对于矿物来说，绿松石很软，所以很容易塑形和抛光。

蓝绿色的绿松石分布于干旱地区，它是富含铝的岩石经历化学变化后形成的。大多数绿松石是在熔岩硬化和侵蚀时形成的。

伊朗有大量的绿松石,这种矿物也发现于美国西南部，特别是内华达州和新墨西哥州。它是十二月出生的人的生辰石。

延伸阅读： 宝石；熔岩；矿物。

在矿山中发现的绿松石是一种外观粗糙的矿物，必须经过切割和抛光才能用来制作珠宝。

绿洲

Oasis

绿洲是沙漠中地下水接近地表、植被丰富的绿色区域。这些水使得树木和其他植物得以生长。绿洲的水首先以雨或雪的形式降落在遥远的山脉或山丘上。水渗入地下后，缓慢地穿过地下岩石进入沙漠，然后重新出露地表形成泉水，或浅到可以打井汲水。

沙漠地区的土壤通常含有能够支持某些植物生长的营养物质，但没有足够的水来使植物生长。因为绿洲有水，所以几乎所有的绿洲都发展成农业区。有些绿洲很小，只有少数人能住在那里。有一些足够大，可以为数百万人供水。

延伸阅读：沙漠；雨；供水。

分散的绿洲提供了能救命的水。

M

马德雷山脉

Sierra Madre

西马德雷山脉是马德雷三大山脉之一。这条山脉包括墨西哥一些最崎岖的地方。

马德雷山脉是墨西哥三座山脉的统称，它们分别是东马德雷山脉、西马德雷山脉和南马德雷山脉。马德雷在西班牙语中的意思是“母亲山”。

东马德雷山脉位于墨西哥中部高原的东边缘，海拔约4000米。西马德雷山脉位于高原的西边缘，那里崎岖的火山海拔通常2300～3050米。南马德雷山脉位于墨西哥南部，海拔高达3500米。

马德雷同时也是菲律宾和美国怀俄明州山脉的名字。

延伸阅读： 高原；火山。

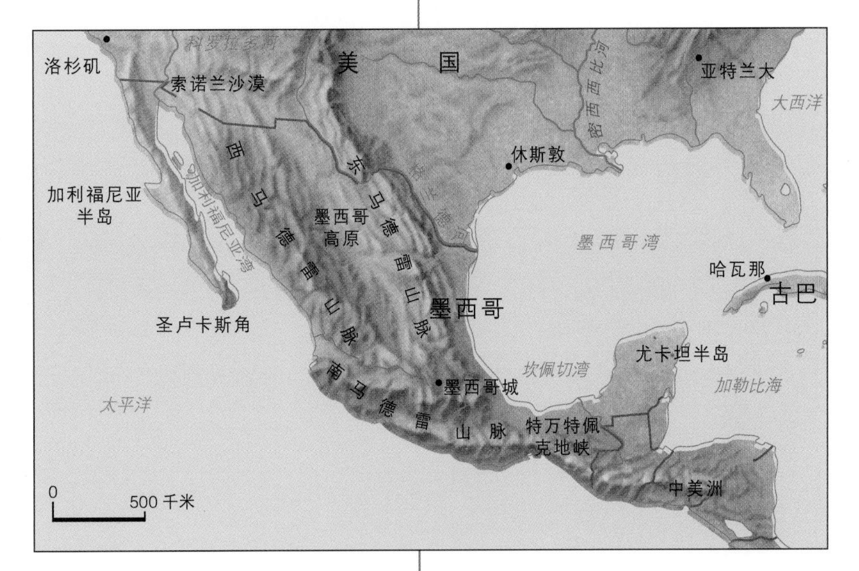

墨西哥马德雷的三座山脉分别是东马德雷山脉、西马德雷山脉和南马德雷山脉。

马尾藻海

Sargasso Sea

马尾藻海是大西洋上的一片区域，以大片的海藻而闻名。它位于北美洲的东海岸，大致从最北的纽约一直延伸到最南的古巴，马尾藻海与大西洋的其他部分并没有陆地相隔。

马尾藻海中的海藻是一种称为马尾藻的大型褐藻。一团海藻的面积就超过 0.4 公顷。

它的名字来自葡萄牙语的 sargaco，就是海藻的意思。15 世纪 90 年代，探险家哥伦布首次对马尾藻海做了可信的记录。许多早期的航海家则认为有怪兽生活在海藻团中。

延伸阅读：大西洋；海洋。

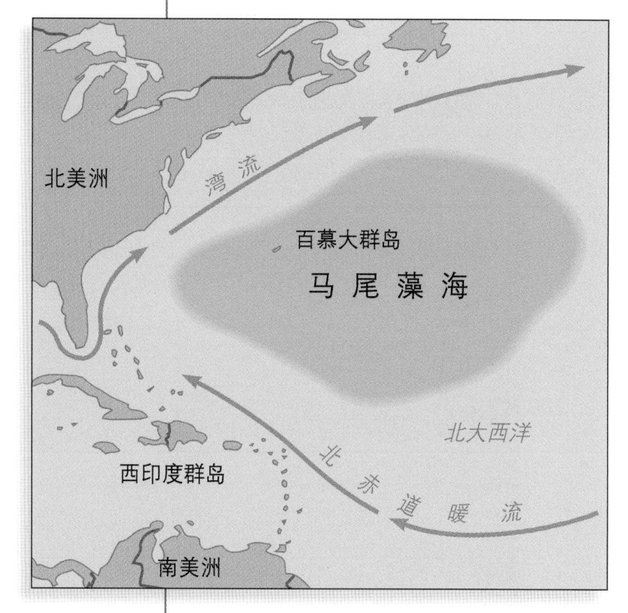

马尾藻海是北大西洋上的一个椭圆形区域。面积约为 520 万平方千米。

玛瑙

Agate

玛瑙是一种有条带状颜色的石头。它是矿物玉髓的一种。其粒度细，并且多孔。

大多数玛瑙看起来浑浊无光。它们的条带从白色到灰色到黑色不等。有时，条带为浅红色、黄色或蓝色。这些颜色来自玛瑙中的其他矿物。

不同种类的玛瑙有不同的条带形式。缟玛瑙有平行的条带，眼睛玛瑙的条带是圆形的，苔藓玛瑙有精致的、苔藓状的形式。

玛瑙主要用于别针和胸针等饰品。这种玛瑙大多是人工上色的。

延伸阅读：矿物；岩石。

玛瑙可以有多种形式，带状玛瑙可以形成称为结节的圆形结构。

霾

Smog

厚厚的霾笼罩着墨西哥城。

霾是一种空气污染。霾会导致人类呼吸系统疾病。它可以杀死植物，分解建筑材料。许多城市都受霾的污染。

霾最初是指伦敦和英国其他城市上空的一种空气污染，它是烟和雾的混合物，是煤燃烧产生的。

今天，霾这个词指的是光化学烟雾。它是由汽车和工厂释放的化学物质引起的。阳光将这些化学物质转化为一种叫氧化剂的气体。臭氧是石化烟雾中最常见的氧化剂。它能刺激眼睛、鼻子和喉咙，损害肺部。

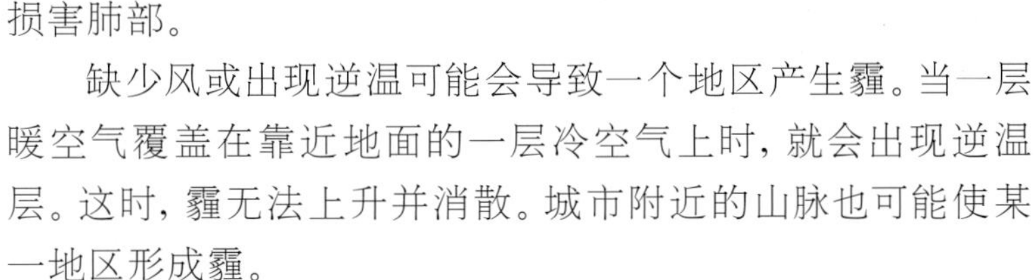

缺少风或出现逆温可能会导致一个地区产生霾。当一层暖空气覆盖在靠近地面的一层冷空气上时，就会出现逆温层。这时，霾无法上升并消散。城市附近的山脉也可能使某一地区形成霾。

延伸阅读： 空气污染；煤；环境污染；雾。

猫眼

Cat's-eye

猫眼是一种金绿柱石矿物。

猫眼是一种宝石。当以某种方式切割时，它的顶部会出现一道窄窄的白色的光泽，其条纹就像猫眼睛里窄窄的瞳孔。移动宝石时，其条纹似乎会改变位置。这种变化是由于光线在宝石的微小通道上的不同反射而产生的。

猫眼宝石的条纹有黄、绿、红和棕等多种颜色。这些宝石用于珠宝和其他装饰用途。大多数猫眼产于斯里兰卡。

延伸阅读： 宝石；矿物。

煤

Coal

发电厂燃烧煤以产生电力。

煤是可以燃烧的黑色或棕色岩石。当它燃烧时,以热的形式释放出有用的能量。大多数煤用在发电厂燃烧发电。煤还可用于炼钢。

煤是一种化石燃料,因为它是由生物的残留物形成的,是由几百万年前死去并被掩埋的植物形成的。地下岩石的重力挤压地下植物残留很多很多年,这种来自地球的挤压和热量使它们最终硬化成煤。煤主要由碳、氢、氮、氧和硫等组成。

有些地方,煤埋得并不深,大型机器刮去地表泥土和岩石,就能露出下面的煤层。而有的地方,矿工们必须挖很深的隧道才能到达煤层。

没有人知道人们在何地或何时发现可以燃烧煤炭来提供热量。在史前时代,世界各地的人们可能已经独立地发现了煤。中国人是最早发展煤炭工业的人。到了公元 3 世纪,他们开始从地表开采煤炭,并用它来给建筑物加热和冶炼金属。北美洲印第安人在第一批欧洲移民到来之前很久就会使用煤。煤在 17—18 世纪科技发展迅猛的工业革命中起到了极其重要的推动作用。

今天,煤仍被广泛使用。但是有几个因素限制了燃煤发电,尤其是在美国和其他发达国家。许多地方使用其他能源来发电,如天然气和风能。燃烧煤炭会造成大量的空气污染。燃煤发电厂的污染物可能会给住在发电厂附近的居民带来健康问题。燃烧煤炭还会排放温室气体,这些气体导致了全球变暖,使地球平均气温上升。

科学家已经开发出许多方法来使煤炭成为一种更清洁的燃料来源,这些方法通常被称为清洁煤技术。可以在燃烧前将煤进行净化,这种净化去除了造成空气污染的矿物。另一个过程是把煤变成清洁燃烧的气体。在其他方法中,温室气体可在煤炭燃烧后进入大气层之前被捕获。

延伸阅读: 环境污染;化石燃料;全球变暖;岩石。

美国国家海洋和大气管理局

National Oceanic and Atmospheric Administration, NOAA

美国国家海洋和大气管理局是美国政府的一个机构，其旨在帮助人们了解环境状况，并知道如何明智地使用环境。该机构通常简称为NOAA。

NOAA的职责是做出天气预报并进行海洋自然资源的管理。为NOAA工作的科学家研究海洋和大气的状况。NOAA的主要组织包括国家环境卫星、数据及信息服务中心、国家海洋渔业局、国家海洋局、国家气象局，以及海洋和大气研究办公室。NOAA成立于1970年，其总部设在美国华盛顿特区。

延伸阅读：大气；海洋；天气和气候。

NOAA致力于保护美国的海岸线和沿海海水。

NOAA在海上石油泄漏期间为美国海岸警卫队提供科学和技术支持。这些NOAA的工作人员正在清理海岸线上的石油泄漏。

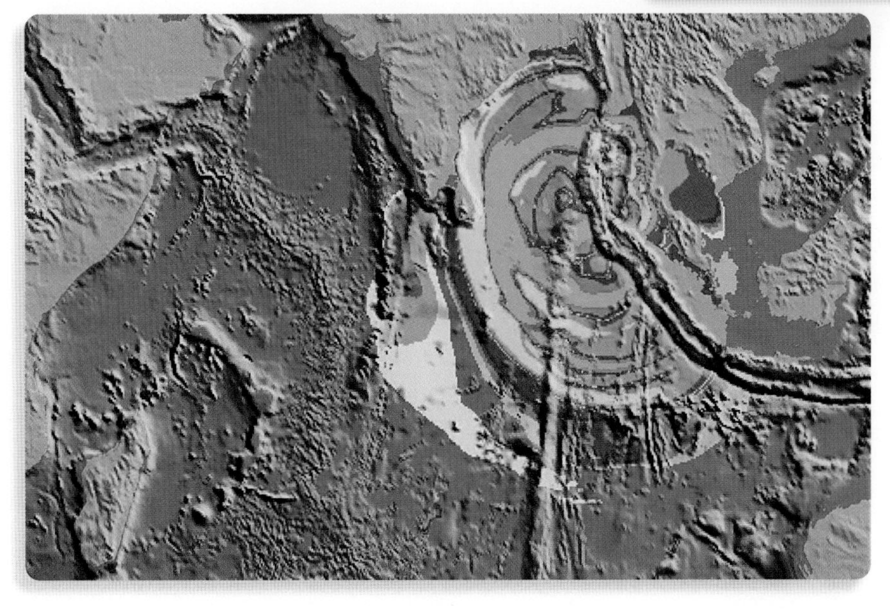

NOAA使用特殊技术研究天气和其他影响地球和环境的自然力量。2004年，NOAA卫星拍摄的海啸影像图上，不同颜色代表海啸在印度洋肆虐时浪高的差异。

墨西哥湾流

Gulf Stream

墨西哥湾流（简称湾流）是大西洋西部重要的暖流。海洋中有像河流一样沿着一个方向流动的水体，它们叫海流。它们能穿过海洋,而且世界上所有的海洋都至少有一股大海流。墨西哥湾流的水非常清澈，这使得它看起来比周围的水更蓝。

墨西哥湾流始于加勒比海。它流经墨西哥湾和美国佛罗里达周围，然后沿着美国东海岸继续向北流动。在这个地区，墨西哥湾流的流量约为 3000 万米 ^{3}/ 秒，体积是全世界所有河流总流量的 50 多倍。当墨西哥湾流到达加拿大时，它会分裂成小的旋涡流，其中有些涡流能穿越大西洋到达欧洲。

墨西哥湾流影响着海洋上的天气和海上运输。暖流使海面上的空气变暖，英国、爱尔兰和挪威之所以冬天比同纬度其他地区更暖和，就是因为这样的暖空气会经过它们沿岸。快速移动的海流也使从北美洲驶向欧洲的船只的航速更快了，而从欧洲驶向北美的船只的航速则会因为海流而减慢。

延伸阅读： 海洋；水；天气和气候。

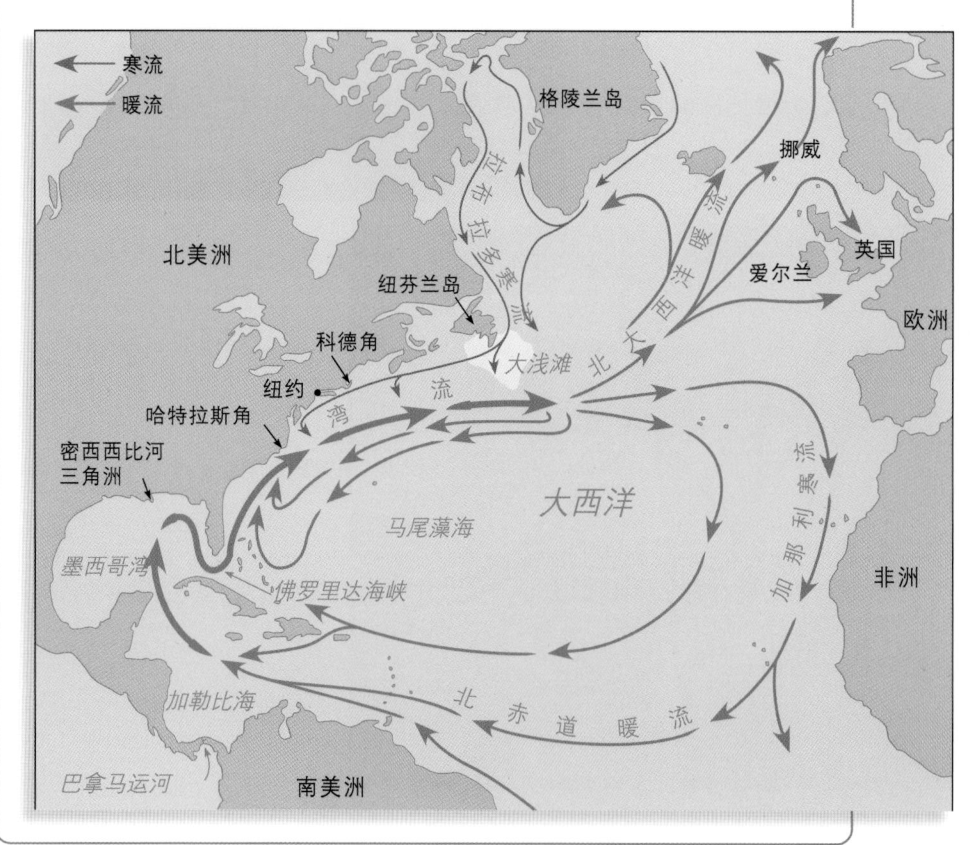

墨西哥湾流源于加勒比海西部。它穿过墨西哥湾和佛罗里达海峡，然后沿着北美洲海岸向东北方向流动，在加拿大纽芬兰岛海岸外的大浅滩分裂成几股海流。

南大洋

Southern Ocean

南大洋是环绕南极大陆的水体。南大洋的面积约为2200万平方千米，是世界第四大海洋，仅次于太平洋、大西洋和印度洋。

有些科学家认为这些水域并不构成海洋，而是大西洋、印度洋和太平洋的一部分。有些人则把这些水域称为南极洋。

南大洋的水温几乎总是很冷。表层海水温度8月最低达到 −2 ~ −1℃，2月最高达到 −1 ~ 6℃。这些温度通常低于水的正常冰点温度。海流和海水中的盐分使海洋不能完全结冰，但是南极洲附近的海洋表面在冬季结冰。

到了夏季，围绕南极大陆形成的冰盖分裂成大块浮冰。平顶冰山在这些浮冰的北部漂流，这些冰山可能有150 ~ 300米厚。

南大洋中有大量的鱼和小虾类动物（即磷虾）。南大洋的海底可能蕴藏着大量的石油和天然气，但那里条件恶劣，开采非常困难。

延伸阅读： 南极洲；海洋。

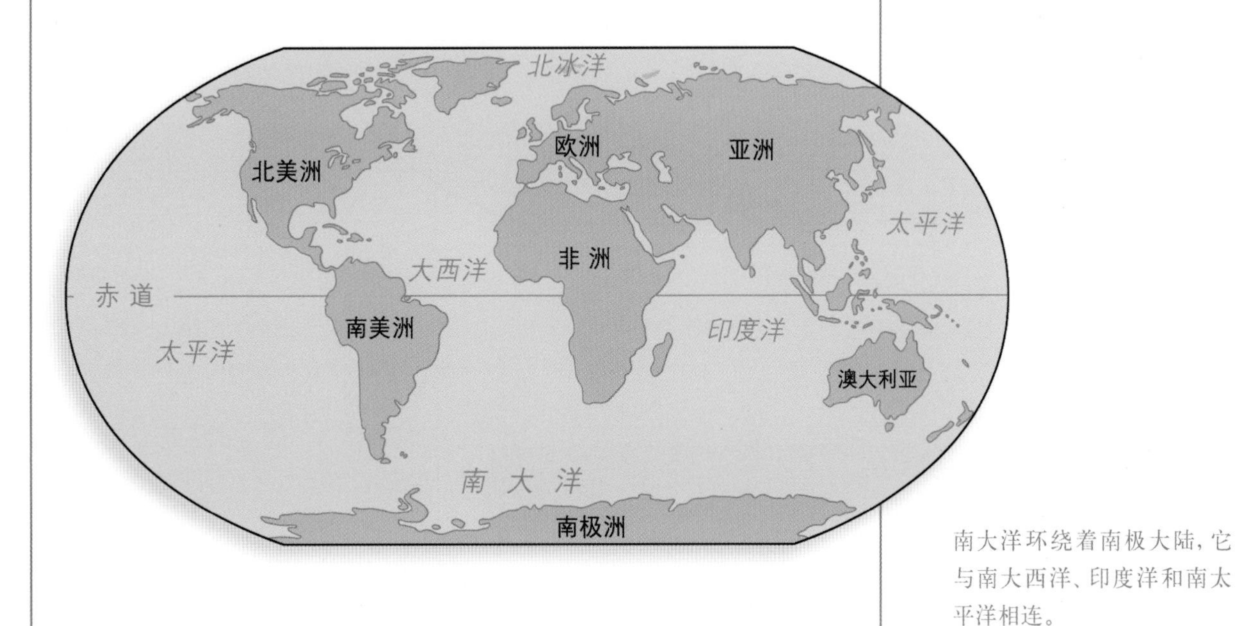

南大洋环绕着南极大陆，它与南大西洋、印度洋和南太平洋相连。

南回归线

Tropic of Capricorn

南回归线是位于南半球围绕地球的一条假想线。南半球是指赤道以南的半个地球。南回归线是横跨赤道的热带地区的南部边界，北回归线则是其北部边界。

南回归线是赤道以南地区太阳可以直接出现在头顶的最南缘。冬至日中午，阳光直射在南回归线上，这个日期通常在 12 月 20 日、21 日或 22 日，是北半球冬天的开始，也是南半球夏天的开始。

南回归线是约 2000 年前以山羊座命名的。那时，太阳经过摩羯座，到达赤道以南最远的地方。

延伸阅读： 赤道；半球；季节；二至点；北回归线；热带地区。

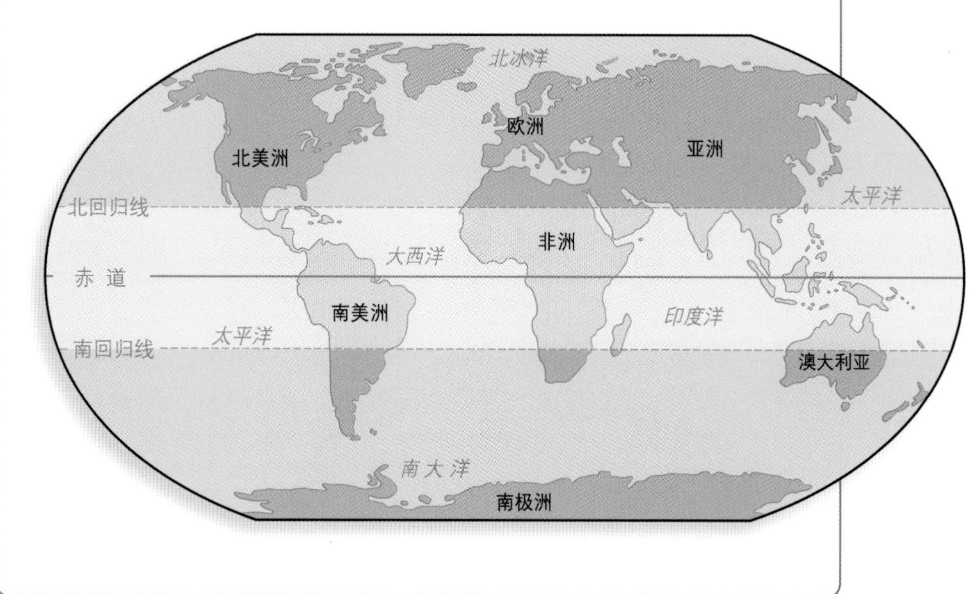

南回归线是热带地区的南部边界。

南极

South Pole

南极是地球南极地区几个点的统称。众所周知的是地理南极，它靠近南极大陆的中部，地球上所有的经线都在此相交。

挪威探险家阿蒙森第一次成功完成南极探险。

第二个南极是磁南极。地球是一个巨大的磁体，南、北磁极是地磁场的两端。瞬时南极位于地轴与地球表面的一个交点上。

1911 年，两支探险队争相穿越南极圈到达南极。一支由挪威的阿蒙森率领，另一支由英国的斯科特率领。阿蒙森于 1911 年 12 月 14 日到达南极，大约比斯科特早了 5 星期。斯科特与其 4 个队友到达极点后在返回途中不幸身亡。

延伸阅读： 阿蒙森；南极洲；经度和纬度；北极；极点。

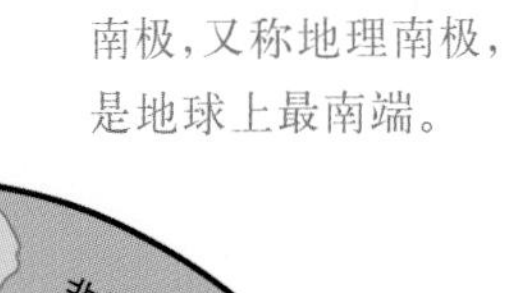

南极，又称地理南极，是地球上最南端。

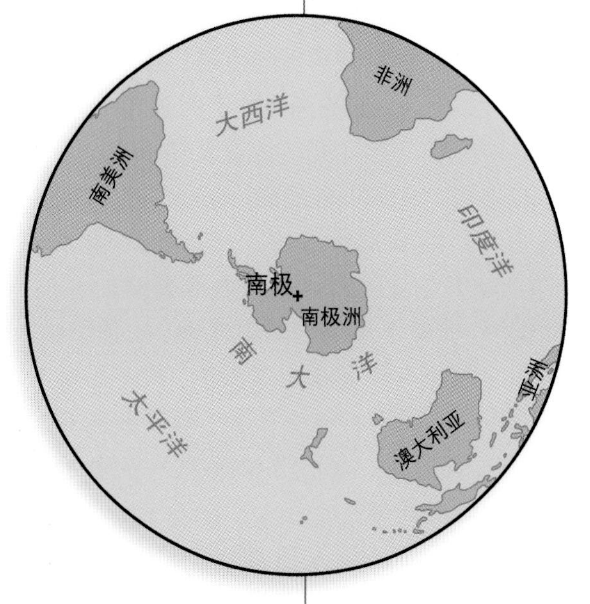

南极圈

Antarctic Circle

南极圈是南极附近一条环绕地球的假想线。几乎整个南极洲都在南极圈之内。

南极圈位于南纬 66° 33′。纬度是南北方向距离赤道的度量单位。赤道的纬度为零，南极点在南纬 90°。

南极圈标志着太阳一年中在地平线以上停留一天或几天的区域的边缘。夏季，白天最长的一天大约是 12 月 21 日，在南极圈内太阳从不落下；冬季，白天最短的一天大约是 6 月 21 日，在南极圈内太阳永远不会升起。

当你从南极圈向南极靠近时，夏季，太阳永不落下的日子更多；冬季，则有更多的日子太阳永远不会升起。在南极，太阳在 12 月 21 日前后各有 90 天悬在天空中；而 6 月 21 日前后各 90 天里，则看不到太阳。

延伸阅读： 南极洲；季节；南极。

南极洲

Antarctica

南极洲是覆盖和包围南极的大陆。南极洲是地球七大洲中最冷、最高、最明亮、最干燥和最多风的一个洲。它的面积比欧洲和澳大利亚大陆都大。但如果没有厚厚的冰盖，南极洲将是最小的大陆。南极洲的冰盖约有 5.5 个美国那么大。在一些地方，冰层厚度约为 3500 米，大约是美国威利斯大厦高度的 8 倍。

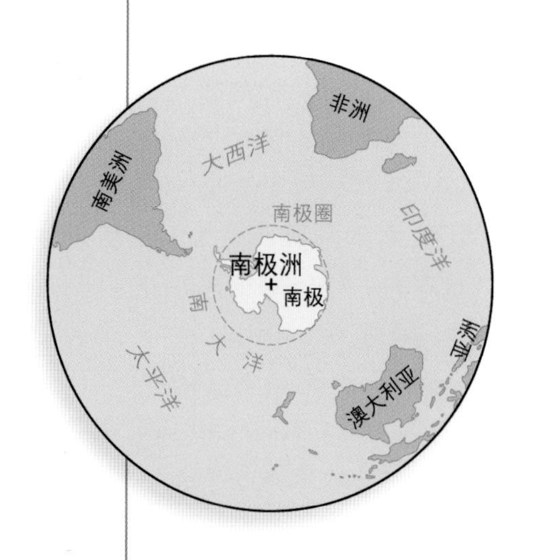

在南极洲，冰盖下面的陆地有低地、山脉和山谷，岩石和冰层之间还有许多液态水湖泊。只有几座高大的山峰和部分岩石没有被冰雪覆盖。南极洲还有几座火山。大西洋、印度洋、太平洋和南大洋将南极洲与世界其他地区分隔开来。

南极洲的气温几乎从未超过 0℃。那里几乎寸草不生。南极洲内部，只有少数小型植物和昆虫才能够生存。帝企鹅是为数不多的在南极洲过冬的动物之一。但有一些动物在南极大陆周围的寒冷水域中栖息。这些耐寒的动物包括鱼类、其他种类的企鹅、海豹、鲸鱼和许多种飞鸟。

几千万年前，南极洲是一个温暖的地方。它位于赤道附近，有树木、植物、小动物和恐龙。但是后来它慢慢地漂移到阳光非常微弱的地球最南端，气候变冷了。

大约3800万年前，南极周围开始出现冰川，冰川慢慢地长大形成厚厚的冰盖。今天，冰盖几乎覆盖了整个南极洲，它包含了世界上70%的淡水。

南极洲是覆盖南极的大陆。

人类第一次目睹南极洲是在1820年。19世纪中期，几名探险家沿着它的海岸航行。他们发现它大得足以被称为一个大陆。20世纪初，人们开始探索这片土地。挪威探险家阿蒙森于1911年到达南极。在一场令世界激动不已的竞赛中，他比英国探险家提前了5星期到达那里。

1959年，有12个国家达成协议，南极洲将主要用于科学研究。今天，来自许多国家的科学家前往南极洲，研究该地区的动物以及天气和气候。他们还寻找地球过去的气候信息，并寻找未来气候可能如何变化的线索。科学家成为唯一生活在南极洲的人。

帝企鹅是少数几种能在南极洲严酷的冬季生存的动物之一。

延伸阅读： 阿蒙森；南极圈；冰川；冰山；冰盖；沙克尔顿；南极。

尼罗河

Nile River

尼罗河是世界上最长的河流，它位于非洲，全长 6695 千米，从赤道附近向北流入地中海。尼罗河附近有世界上最好的农田，它为庄稼提供水源，并且也是一条主要的交通路线。

1968 年之前，尼罗河每年都会泛滥成灾。后来，埃及政府在阿斯旺修建了阿斯旺大坝并开始运行。然而许多种类的农作物和耕作方法都依赖于每年的洪水，由于大坝截留了尼罗河的水和顺流而下的肥沃淤泥，现在农民必须在他们的土地上使用更多的人工肥料。但是，阿斯旺大坝和尼罗河上的其他大坝的水电站用来发电，大坝拦截的水为灌溉提供稳定的水源。

布隆迪的鲁维隆札河是尼罗河最南部的源头，但是维多利亚湖为尼罗河提供了更多的水。白尼罗河和青尼罗河两部分在苏丹喀土穆汇合。在那之后，这条河就被称为尼罗河。

延伸阅读： 三角洲；洪水；河流。

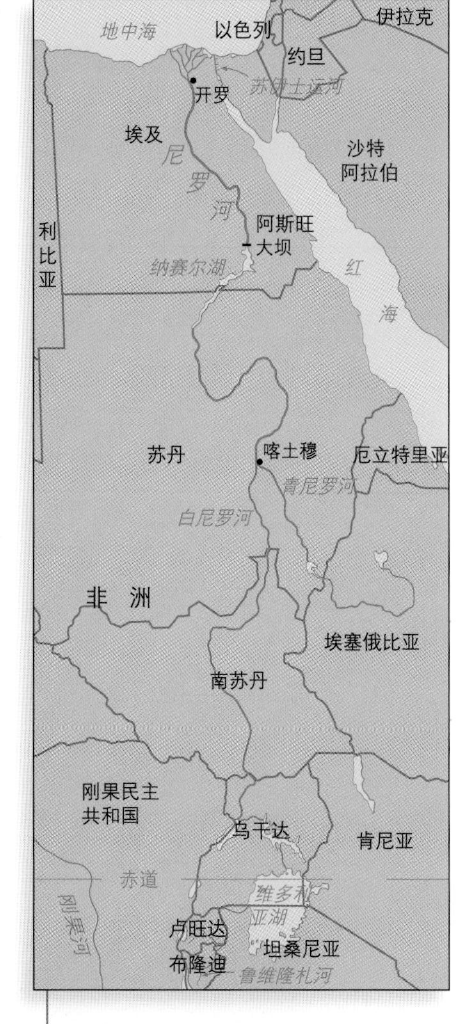

尼罗河向北流入地中海。当它靠近大海时，这条河在尼罗河三角洲分成了几个单独的河道。

传统的船由风或桨驱动，称为三桅小帆船。在埃及东南部的阿斯旺，小帆船沿着尼罗河航行。

尼亚加拉瀑布

Niagara Falls

尼亚加拉瀑布是北美洲最美丽的自然奇观之一。它位于尼亚加拉河上，大约在伊利湖和安大略湖的中间。这条河是美国和加拿大边界的一部分。每年有数百万人参观尼亚加拉瀑布。

瀑布大概形成于1.2万年前，是该地区最后一个大冰原融化后形成的。融化的水导致伊利湖水溢出，形成了尼亚加拉河，它流经一座高高的悬崖。几个世纪以来，这条河穿过悬崖，形成瀑布。尼亚加拉瀑布现仍在变化，这是由于水的冲击侵蚀了下层柔软的岩层。

尼亚加拉瀑布分为两段，其中的马蹄瀑布位于美国与加拿大安大略省交界的加拿大一侧，高约51米，宽约792米；另一段称“亚美利加瀑布”，位于美国境内的纽约州，高约54米，宽约305米。瀑布处，尼亚加拉河流入约61米深的峡谷。

延伸阅读： 北美五大湖；瀑布。

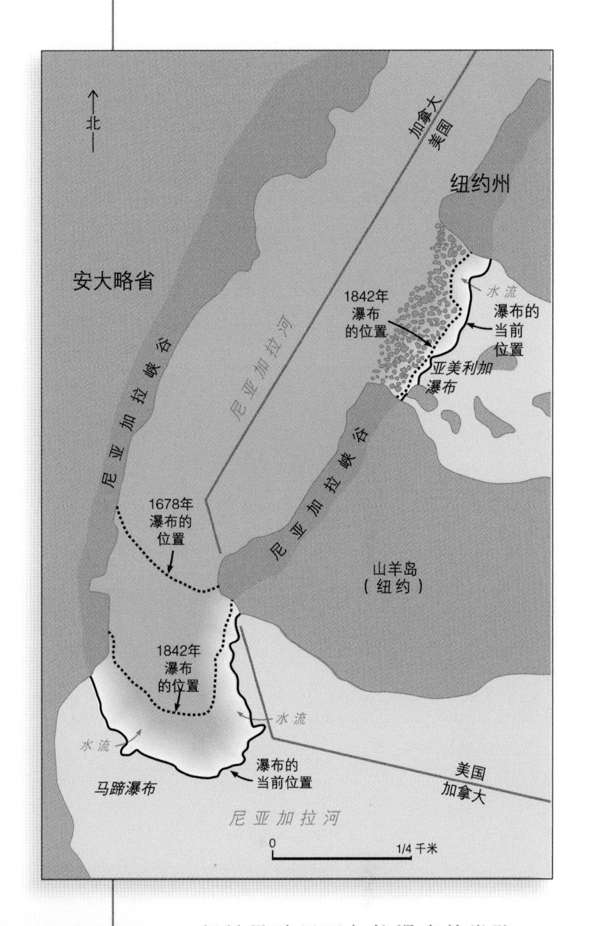

侵蚀导致尼亚加拉瀑布的崖壁边缘逐渐向上游移动。旋转的水流导致马蹄瀑布的凸出部分每年磨损2米。亚美利加瀑布的崖壁边缘每年被侵蚀约2.5厘米。

尼亚加拉瀑布包括亚美利加瀑布（前景）和马蹄瀑布（背景处，右侧）。

泥盆纪

Devonian Period

泥盆纪是地球史上的一个地质时期，从距今 4.16 亿年前持续到距今 3.59 亿年前。这一时期发生在第一批恐龙出现之前的数百万年。

生物在泥盆纪初期才开始出现在陆地上，第一批森林在这时期的末期才出现。这些森林由树木大小的石松类植物和蕨类植物组成，其中一些树干高近 12 米，直径约 1 米。森林是最早的昆虫和四足动物的家园。这些动植物不能住在远离溪流和树沼的地方。在海洋中，第一批有现代长相的鲨鱼出现了。

在泥盆纪，地球上主要有两块很大的大陆，它们被狭窄的海隔开。泥盆纪得名于英格兰西南部的德文郡，这个时期的岩石最早在德文郡被发现。有泥盆纪岩石的其他著名地区包括纽约芬格湖地区和拉斯维加斯北部的沙漠山脉。

延伸阅读： 大陆；地球；森林；古生物学。

泥炭

Peat

泥炭是由部分腐烂或完全腐烂的植物组成的物质。它长时间汇聚在沼泽中。泥炭通常是煤形成的第一个阶段。

泥炭可分为两层：上层由在水中死亡并腐烂的植物、草本植物和苔藓组成；下层几乎全是水，看起来像泥巴。

人们可用机器来挖掘、切割和混合泥炭并将其塑造成块状，把它们铺在地上晾干。在缺少煤和石油的地方，干泥炭常被用作燃料。泥炭也被用作植物的肥料。

延伸阅读： 泥炭沼泽；煤；草沼；树沼；湿地。

在爱尔兰的泥炭沼泽里，堆放着人们收集的泥炭块，这些泥炭块将被晒干，然后作为燃料燃烧。泥炭在爱尔兰被广泛用于发电。

泥炭沼泽

Bog

泥炭沼泽是一种松软的沼泽。泥炭沼泽存在于寒冷潮湿的气候中。它们在亚洲、欧洲和北美洲的北部地区很常见，新西兰也发现有泥炭沼泽。

沼泽植物主要包括藓类、莎草和灯心草等。小松树也能生长在沼泽中。植物生长缓慢，因为泥炭沼泽的土壤很贫瘠。一些沼泽植物通过捕捉昆虫来获取它们生长所需要的营养。许多泥炭沼泽中也发现了鸟和青蛙等小动物。

死去的沼泽植物能形成厚厚的漂浮层，这层物质叫泥炭。起初，泥炭只是漂浮在沼泽表面的一层薄垫子。踩在这些漂浮的垫子上，它会有些下沉，无法支撑大树的生长。这个阶段的泥炭沼泽被称为颤沼。在发育时间较长的泥炭沼泽中，泥炭堆积得足以完全填满水洼。泥炭不再颤动，树木可以在上面生长。泥炭深度可超过 14 米。

泥炭沼泽还能保存动物的遗骸。人们还在许多泥炭沼泽中发现了人类的沼地遗尸。其中有些沼地遗尸已有 5000 多年的历史。由于与氧气隔绝，这些沼地遗尸通常保存得很好。

延伸阅读：泥炭；树沼；湿地。

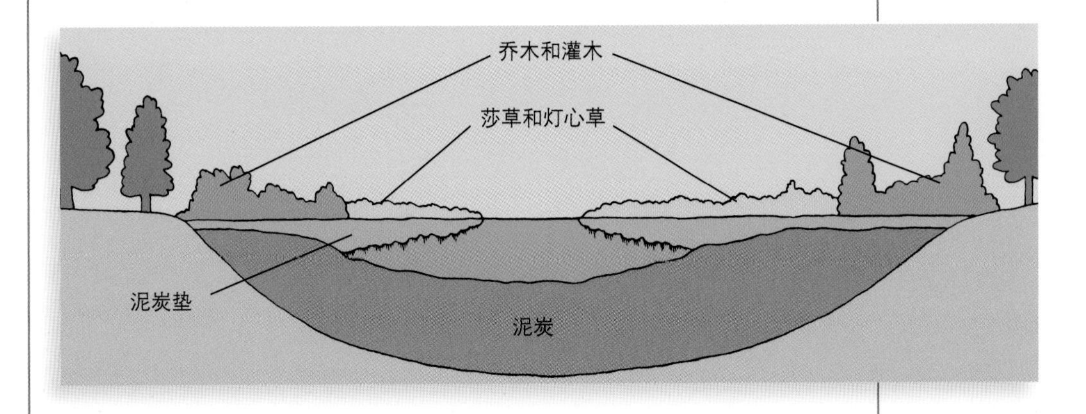

腐烂的苔藓和其他沼泽植物可能会在池塘或积水地区的表面形成一层漂浮的泥炭垫。随着时间的推移，这些垫子会下沉，堆积成层，最后会填满池塘。

黏土

Clay

黏土是大多数土壤中都有的一种物质。它主要由靠水聚集在一起的微小矿物组成。

黏土的颜色取决于它的成分。含铁的黏土呈红色，含碳的黏土带有不同深浅的灰色。

黏土有很多用途。土壤中的黏土在农业生产中起着重要的作用，它能吸收植物生长所需的某些气体，还有助于土壤保存植物所需的矿物。没有黏土，许多植物就长不好。但是黏土太多，会使土壤变得又硬又实，从而阻止空气和水在土壤中的运动。

人们用黏土制砖、瓦，以及其他许多产品。造纸企业使用白色黏土来美白和增加纸张的强度。

黏土最多的用途之一是制作陶器。为了制作陶器，人们将湿黏土塑造成各种形状，然后放入窑中烘烤。热量把水分从黏土中带走，这时黏土就变硬了。最白的黏土用来制作瓷器。用这些材料，人们可以制作出漂亮的餐具和装饰品。

延伸阅读： 矿物；土壤。

用黏土来制作工具已经有几千年的历史了。在古代人类居住地发现的陶罐至少可以追溯到2万年前。

皮尔里

Peary, Robert Edwin

罗伯特·埃德温·皮尔里（1856—1920）是美国探险家，也是有史以来最伟大的北极探险者之一。皮尔里因率领探险队第一次到达北极而闻名。有些人一直不确定皮尔里是否真的到达过北极，但大多数历史学家认为皮尔里和他的同伴亨森最先到达了北极。

皮尔里出生在美国宾夕法尼亚洲克雷森，曾在缅因州鲍登学院学习。1881 年，他以土木工程师的身份加入美国海军。1887 年，皮尔里雇用亨森为助理。

1886 年，皮尔里去了格陵兰岛。他想去北极探险，那里还没人去过。1891 年，皮尔里率领探险队来到格陵兰岛北部，证明了格陵兰岛是一个岛屿。1893—1897 年间，皮尔里在北极地区有其他重要发现。

1898 年和 1905 年，皮尔里和亨森曾两度探索北极。他们并没有到达那里，但他们创造了一些纪录。他们在北美北极地区比历史上任何人都要走得更北。

1908 年，皮尔里和亨森开始了他们第三次尝试到达北极的旅程。皮尔里说他是在 1909 年 4 月 6 日到达北极的。然而，就在皮尔里返回的前一周，美国探险家库克说他于 1908 年 4 月到达北极。美国政府调查了库克的说法，发现是皮尔里先到达了北极。

在亨森的一生中，他几乎没有因为和皮尔里一起探险而获得什么荣誉。但今天，他被誉为北极的共同发现者。

延伸阅读： 亨森；北极。

皮尔里

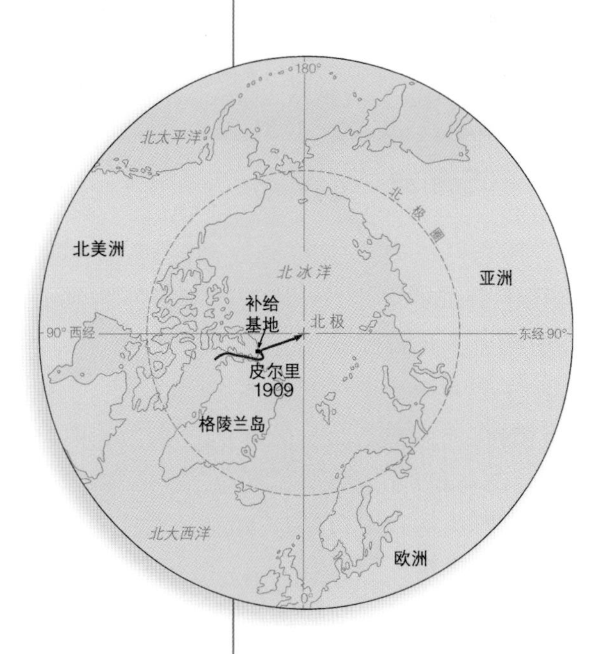

1909 年 3 月 1 日，皮尔里在加拿大北极地区的一个补给基地开始了他的北极之旅。在走了 640 多千米之后，皮尔里发现他是在 4 月 6 日到达北极点的。

片麻岩

Gneiss

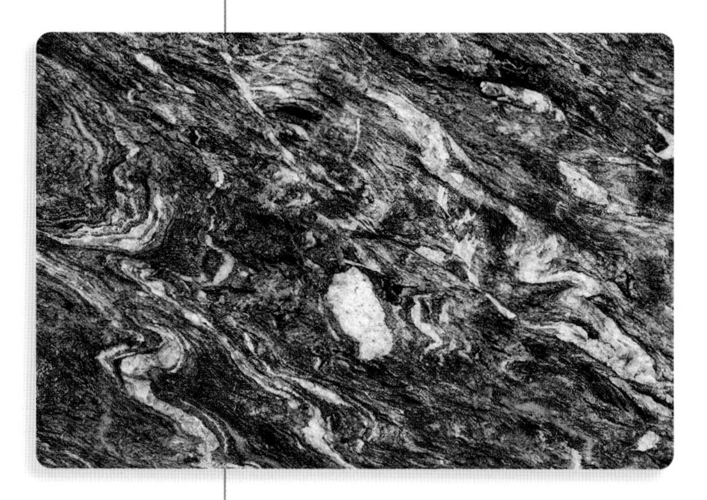

片麻岩是一种变质岩。岩石受高温和高压作用时会形成片麻岩。

片麻岩是一种有亮带和暗带的岩石。不同的片麻岩有不同颜色的条带。

片麻岩是一种变质岩，是组成地壳的三种主要岩石之一。变质岩形成于另外两种岩石——沉积岩和火成岩。地下深处的热、压力或两者共同作用使原来的岩石变为变质岩。

沉积岩是由于水、风或冰的作用而使微小的土块、石头或其他物质从水中或空气中沉积而成的。由沉积岩形成的片麻岩称为副片麻岩。火成岩是火山形成的岩石。当熔化的岩石冷却并变硬时，就形成火成岩。由火成岩形成的片麻岩称为正片麻岩。

片麻岩用于地板和建筑物的表面，也用于墓碑。

延伸阅读： 火成岩；变质岩；岩石；沉积岩。

片岩

Schist

片岩是一种变质岩。这张图中的片岩富含云母矿物。

片岩是一种具有粗糙纹理的岩石，可以很容易地分成许多层。它是在地下深处的高温和高压作用下形成的变质岩。

片岩可能含有不同的矿物，这取决于原始岩石的化学组成，以及引起这种变化的热量和压力。这些矿物包括石英、长石、云母和绿泥石。

片岩通常有片状或针状的矿物层，岩石往往沿这些层破裂。

延伸阅读： 长石；变质岩；云母；石英；岩石。

平流层

Stratosphere

平流层是地球大气层中的一层。离地表最近的一层大气叫对流层，而平流层紧挨着对流层。

在极地上空，平流层始于 10 千米高处。而在赤道附近，它始于 19 千米高处。平流层底部的气温约为 –55℃。

平流层上层的气温随着高度的增加而升高，在平流层的顶部附近，气温达到 –2℃。平流层的顶部叫平流层顶，它离地面大约有 48 千米，它把平流层和上面的中间层分开。

平流层有风，但是猛烈的风暴并不会发生在那里。平流层几乎没有云，大多数情况下很干燥。大多数民航客机在平流层较低的位置飞行。

延伸阅读： 空气；大气；中间层；热层；对流层；风。

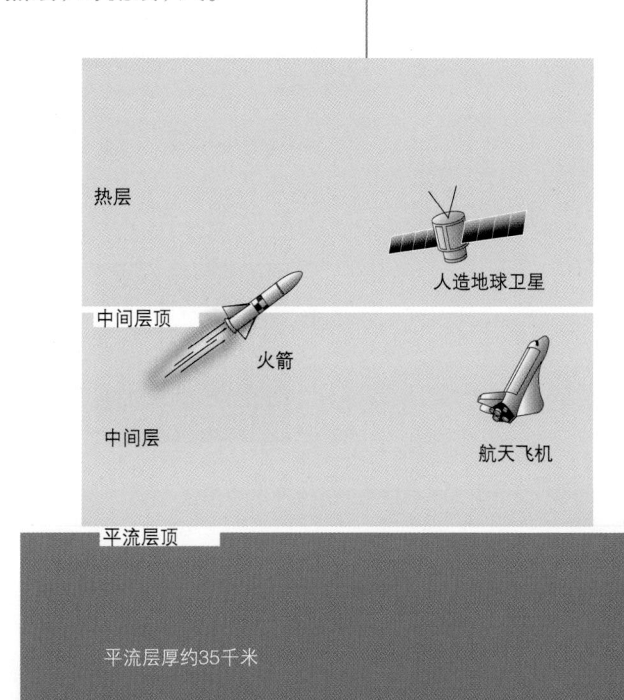

平流层是紧挨着对流层的一层大气。在极地，平流层始于离地面 10 千米高处，赤道附近始于离地面 19 千米高处。

平原

Plain

平原是一大片地势平坦的陆地。大多数平原都低于周围的陆地。平原在沿海或更远的内陆都有分布。

滨海平原向大海倾斜。在许多情况下，滨海平原是海床延伸到附近陆地的一部分。当河流或波浪携带的泥沙和其他物质沿海岸堆积时，滨海平原可能会扩大。

内陆平原分布在远离海岸的地方，通常在内陆的高处。泛滥平原是河谷的底部高出河床的部分，它形成于河流不断泛滥的时候。当水回到河床时，泥、沙子和黏土就会沉下来。它们是流水侵蚀上游陆地时带下来的物质。

平原的植被类型取决于气候。在温暖潮湿的地方，平原上通常覆盖着茂密的森林。干旱地区，平原上分布着草原，如北美大平原。北美大平原从加拿大北部落基山脉东部延伸到美国新墨西哥州和得克萨斯州。

平原上的土壤通常适于耕作，这是许多人生活在平原上的原因之一。另一个原因是公路和铁路很容易在平原上修建。

延伸阅读： 洪水；草原；北美大平原；费尔德草原。

内陆平原

泛滥平原

滨海平原

平原主要有三种类型，即滨海平原（近海）、内陆平原（远离海岸的高海拔地区）和泛滥平原（河流沿岸的低海拔地区）。

许多内陆平原和泛滥平原成为多产的农田。

瀑布

Waterfall

瀑布是指水流从较高水位突然跌落到较低水位。许多瀑布出现在山上。瀑布常常形成于软硬岩石交接的地方。河流冲蚀软岩石的速度比冲蚀硬岩石的速度快。结果，软岩石变得比硬岩石低。如果坚硬的岩石在柔软的岩石的上游，就可能形成瀑布。有些瀑布是在山体滑坡或火山熔岩阻挡河流时形成的。

落水量小的瀑布常称为跌水，落水量大的称为瀑布。著名的瀑布包括美加边境的尼亚加拉瀑布、非洲赞比西河上的维多利亚瀑布、加拿大拉布拉多的丘吉尔瀑布。

延伸阅读： 侵蚀；尼亚加拉瀑布；河流；世界七大自然奇观。

委内瑞拉的天使瀑布是世界上最高的瀑布，有979米高。

气象学

Meteorology

气象学是研究地球大气和天气的学科。天气是某一地点和时间的大气状况。天气与气候不同，气候反映了一个地方通常会有的天气种类。为了确定一个地区的气候，气象学家要研究该地区多年的天气。

为了研究和预报天气，气象学家测量降水，包括雨、雪和冰雹；他们还测量湿度、气温和风等。湿度是空气中所含水汽的量。气象学家收集有关氧气、二氧化碳和大气中其他气体的数据。

气象学家升空探空气球，上面载有收集气温、压力、风速和电场数据的仪器。

通过研究所有这些信息，气象学家可以提前几天预测天气。他们能预测气温、降水和风况，以及更严重事件(包括暴风雪和飓风)的可能性。

气象学家使用不同的工具收集天气信息。最常见的是温度计，用来测量气温。雨量计用来测量降水量，湿度计用来测量空气中的湿度，风速计用来监测风速，气压计用来测量大气压。

全球约有 1 万个陆基气象站在监测天气。气象学家每天从数百个气象站两次放飞探空气球。这些气球把气象仪器高高地送入地球大气层。特殊的海洋浮标则记录和传送有关海上天气的信息。

气象学家也依赖更复杂的仪器。他们用雷达追踪风暴。有一种特殊的雷达，即多普勒雷达，用于跟踪风暴中空气的运动情况。地球轨道气象卫星在全球天气观测中发挥着重要作用，这些卫星监测天气系统中的云层，跟踪飓风和其他恶劣天气系统，测量高层大气中的风。气象卫星也收集气温的数据。

在气象学家收集了天气信息之后，他们利用天气图和数学模型做出预报。天气图表示某一特定时间的大气状态。数学模型则是计算机程序，试图预测真实天气是如何变化的。

地球并不是唯一一个有各种天气状况的行星。除了水星以外，太阳系中的所有行星都有足够的大气层来维持天气系统。此外，土星的卫星土卫六和海王星的卫星海卫一也有这样的大气层。

延伸阅读： 大气；湿度；雨；雪；雷暴；龙卷；天气和气候。

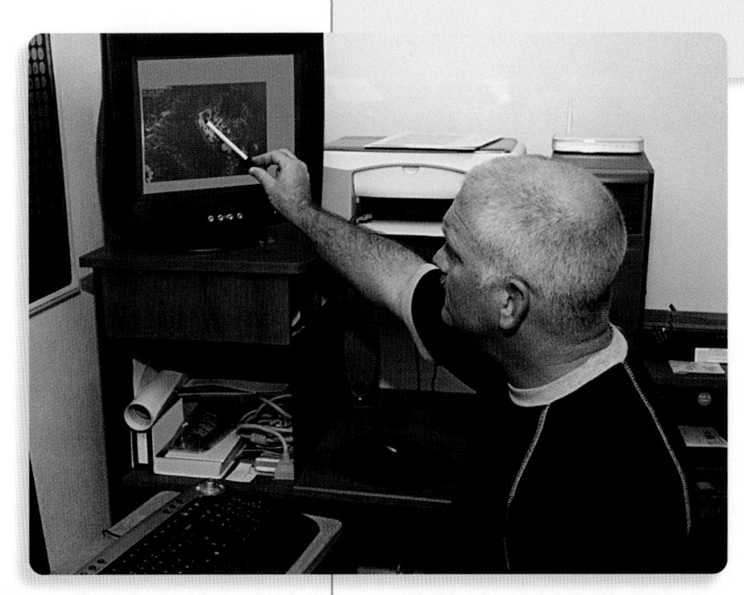

气象学家使用特殊的计算机程序来预测天气和跟踪风暴。这位气象学家正在用计算机跟踪飓风。

气旋

Cyclone

气旋是猛烈旋转的大气涡旋。飓风和龙卷是两种不同的气旋。

所有的气旋都有两个共同特点：首先，它们的中心有一个低压区。其次，气旋中的风是向中心旋转的。在北半球，它逆时针方向旋转。在南半球，它顺时针方向旋转。

不同大小的气旋有不同的名字。大的气旋如飓风和台风，它们的风速至少达120千米/时，并能带来雷电和暴雨。飓风通常形成于美国东部的温暖水域，而台风通常生成于与中国毗邻的西北太平洋的温暖水域。

最小的气旋叫龙卷，它们通常形成于陆地上。形成于湖泊或海洋上空的龙卷则称为水龙卷，它们通常较弱。

延伸阅读： 飓风；龙卷；台风；天气和气候；风。

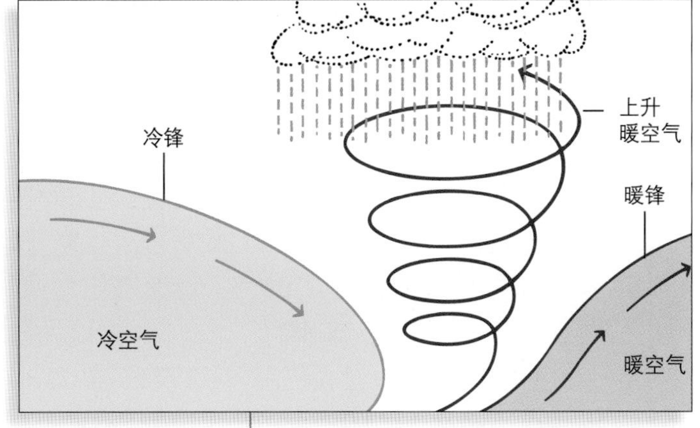

气旋形成于低压中心。来自冷锋的干冷空气向着暖锋移动，把较轻的暖空气抬升起来，于是成云致雨。

侵蚀

Erosion

侵蚀是指风和流水对岩石和土壤的损耗过程。被侵蚀带走的物质可以移动到另一个区域并在那里沉积下来。侵蚀改变了地球的外观，它可以损耗山脉，填充山谷，形成河流或改变其方向。它还可以摧毁有用的土地，许多农田由于水土流失而被毁坏。

岩石的侵蚀通常需要很长时间，有时需要数千年或数百万年。但是人为活动会在短短几年内造成侵蚀，如采矿会使岩石迅速被侵蚀，砍伐森林会加重土壤侵蚀，因为树根可以固定土壤。

侵蚀始于风化过程。风化作用将岩石和土壤分解成很小的碎屑，并使它们离开原来的地方。例如，水可以进入岩石的裂缝，并进一步破坏岩石。然后，风或雨可以把岩石碎屑移到另一个地方。

受侵蚀作用，美国威斯康星州的这块岩石成了现在这个样子。

延伸阅读： 河流；岩石；土壤；风化；风。

全球变暖

Global warming

全球变暖是指地面平均温度的上升。自 19 世纪中期以来，地面平均气温已经上升了 0.76℃。到 2010 年，地面的整体气温达到了距今 3 万多年前最后一次冰期开始以来的最高水平。科学家预测，到 2100 年，地面平均气温将上升更多，可能会再上升 1.1 ~ 6.4℃。

地球的气候在过去已经多次变暖或变冷，但是科学家已经发现了强有力的证据，证明自 19 世纪中期以来，人类活动是导致全球变暖的主要因素。近地面气温上升主要是由于地球大气中温室气体的增加。

一种叫二氧化碳的看不见的气体是最主要的温室气体。

二氧化碳是地球大气的自然组成部分。然而，燃烧化石燃料（煤、石油和天然气）也会产生二氧化碳。这些燃料含有碳，燃烧它们时，碳和空气中的氧会结合起来产生二氧化碳。化石燃料用于工厂、发电厂、汽车和其他机器。随着人们制造更多的机器，化石燃料的消耗越来越多。这些活动大大增加了大气中的二氧化碳含量。由于人类活动，大气中二氧化碳的含量上升了35% ~ 40%。科学家认为这些二氧化碳的增加是全球变暖的主要原因。

北极熊是全球变暖的受害者之一。随着海洋和空气变暖，北冰洋的浮冰正在消失。而北极熊利用浮冰从一个地方跑到另一个地方，那是它捕猎海豹的平台。

燃烧化石燃料，并不是人类唯一增加空气中二氧化碳的活动。砍伐森林，即所谓的毁林，也会增加空气中的二氧化碳含量。绿色植物都需要二氧化碳才能生存，砍伐森林减少了植物从空气中吸收二氧化碳的量。现代农业是二氧化碳增加的另一个原因，大面积种植单一作物和饲养大量牲畜都会增加空气中二氧化碳的含量。

科学家警告说，全球变暖可能对生物造成极大的危害。全球变暖已经迫使一些动物转移到较冷的地区，一些植物的开花时间提前了。海水变暖也已经危害到了一些海洋生物，尤其是珊瑚。科学家相信，随着气温继续上升，这些情况会变得更糟。一些植物和动物可能会因无法适应温暖的气候或找到新的栖息地而灭绝。

全球变暖也会危害人类。科学家预测全球变暖将导致极端天气频繁出现。一些地区的降水量可能更大，更多的地区可能会发生干旱。炎热的天气和更多的热浪可能会减少人们可以种植的农作物的数量。这种极端天气也可能导致更多的人死亡和生病。

此外，海平面上升可能对人们造成危害。整个 20 世纪，海平面上升了约 17 厘米。这其中，部分原因是较暖的水比较冷的水的体积更大。而且气温上升也使陆地上的冰融化，大部分冰的融化发生在南北两极，融化的水流入海洋。到 2100 年，持续的变暖可能导致海平面再上升 18 ~ 59 厘米，甚至更高。海平面的上升会导致海水淹没沿海城市，许多人将被迫迁往内陆。

许多国家已经达成协议，共同努力应对全球变暖。有的正在采取措施以减少进入大气层的温室气体，有的使用更多的太阳能或风能来减少化石燃料的燃烧。科学家也在努力制造耗油更少的机器。人们则可以通过不使用时关掉电灯和电器来帮助控制全球变暖，也可以少开车和使用更高效的汽车。

延伸阅读： 二氧化碳；环境污染；洪水；化石燃料；冰川；温室效应；冰；天气和气候。

1983—2000 年，秘鲁安第斯山脉中的库里卡里斯冰川大大地消退了，许多科学家认为那是全球变暖造成的。

泉水

Spring

泉水是地下的天然水源。雨水和融化的雪穿过土壤和岩石上的孔隙渗入地下。当水不再往下流时，就停下来，形成地下水。地下水流出地表就形成了泉。

地下水汇集的地区称为含水层。含水层的上部水面称为地下水位，泉水形成于地下水位与地表的交汇处。它们常见于丘陵、高山和山谷，通常位于斜坡的底部。最大的泉水分布在石灰岩地区，在那里，水通过洞穴状的管道流到地下。

泉水的温度取决于泉水流经的土壤或岩石的温度。来自地球深处或火山地区的泉水通常是热的。

有些泉水称为矿泉水，含有从含水层岩石中溶解的矿物。几个世纪以来，有些人相信这些泉水可以治愈或缓解某些疾病。

延伸阅读：地下水；河流；供水。

泉水是一种天然水源，当地下水位上升到地表时，水就会从地下冒出来。

热层

Thermosphere

热层是地球大气层中的一层，也是离地面最远的一层，它始于离地面 80 千米的高处，逐渐延伸至太空。它由氮、氧、氢和氦等气体组成。

热层中的空气非常稀薄。底部的气温约为 −90℃。往上，气温超过 1200℃。但那里的空气太稀薄，无法向物体传递太多热量，因此，在热层中飞行的航天器不会变热。

延伸阅读： 空气；大气；中间层；平流层；对流层。

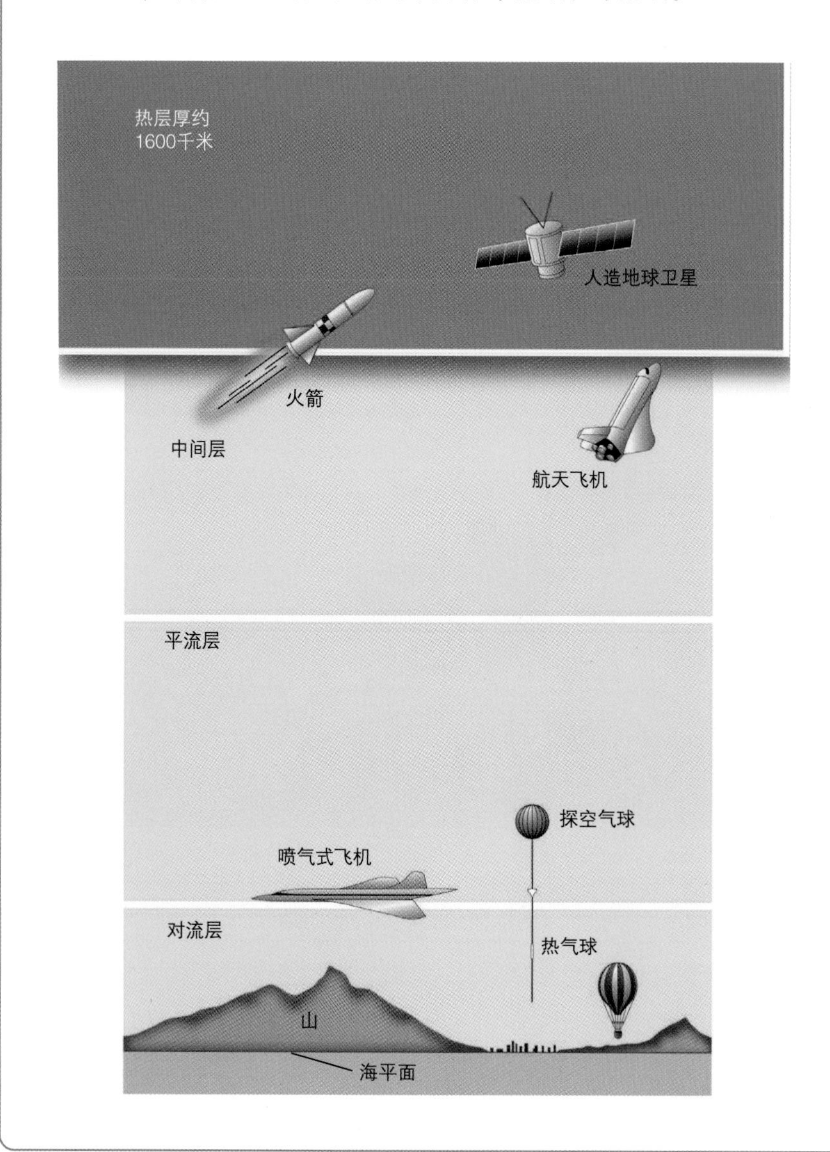

热层（深蓝色区域）是地球大气层的最高层。它从地球表面上方 80 千米高处开始，一直延伸到太空。

热带地区

Tropics

热带地区是地球上位于赤道附近的区域。赤道是一条假想的围绕地球中部的线。另外两条假想的线则构成了热带的南北边界。北回归线是其北界，它位于赤道以北约 2570 千米处；南回归线是南缘，它位于赤道以南约 2570 千米处。

热带地区的大多数地方全年都是温暖或炎热的。热带地区的气温很高，因为这些地区中午的阳光几乎直射下来，这些直射光比斜射光引起了更高的气温。事实上，有些热带地区全年都有阳光直射。

热带地区的气温变化不大，因为不同季节其日照量在这里大致相同。在赤道，日照时间大约为 12 小时。在热带的边缘地区，日照时间冬天大约为 10.5 小时，夏天约 13.5 小时。

热带的边缘地区冬季是凉爽的。热带的高海拔地区非常凉爽，因为随着高度的升高，气温会下降。

热带的许多地区有雨季和干季。热带雨林覆盖了赤道附近的大部分地区。它是由高大的乔木组成的林地，终年温暖，

赤道附近的许多地区都覆盖着茂密的热带雨林。

雨水充沛。热带雨林供养着世界上一半以上的动植物物种。科学家相信仍有数百万种热带雨林物种还没有被发现。有数百万人生活在热带雨林中。

远离赤道的热带地区每年有一到两个干季，这些地区的森林树木在干季会落叶。

离赤道更远的热带地区每年有一个很长的干季，这些地区被稀树草原（乔木呈零星分布的草原）所覆盖。

延伸阅读： 丛林；雨林；稀树草原；北回归线；南回归线。

热带地区生长着不同种类的许多植物，如夏威夷。

芦荟，是原产于非洲温暖干燥地区的一种药用植物，西印度群岛类似条件的地方也有分布。

热点

Hot spot

热点是形成火山的地下热区。热量熔化了地球深处下地幔的岩石。熔化的岩石，即岩浆，缓慢地上升到地表，最后以熔岩的形式流出来。陆地和海洋中都会产生热点火山。在海洋中，它们以海山的形式出现。随着它们不断长大，有些会露出水面形成岛屿。

地壳并不是一个完整的固体外壳。相反，它像拼图一样被分成许多块。地球表面这些能移动的板块称为构造板块。大多数火山和火山活动发生在板块之间的裂缝中，这些裂缝叫作断层。热点则不同于断层，它是板块上被烧穿的一个洞，通常不会出现在断层附近。

一个热点可以形成一串火山。例如，夏威夷群岛就是由太平洋下面的一个热点形成的。但是许多研究人员认为，热点位置和形状可以改变，夏威夷群岛下面的热点在今天仍然很活跃。这些岛屿上有几个活火山是由热点形成的，热点仍在造岛。洛伊希海山有一天或许会钻出海面，成为岛链上的一个岛屿。

延伸阅读： 地壳；断层；岛屿；熔岩；岩浆；板块构造；海山；火山。

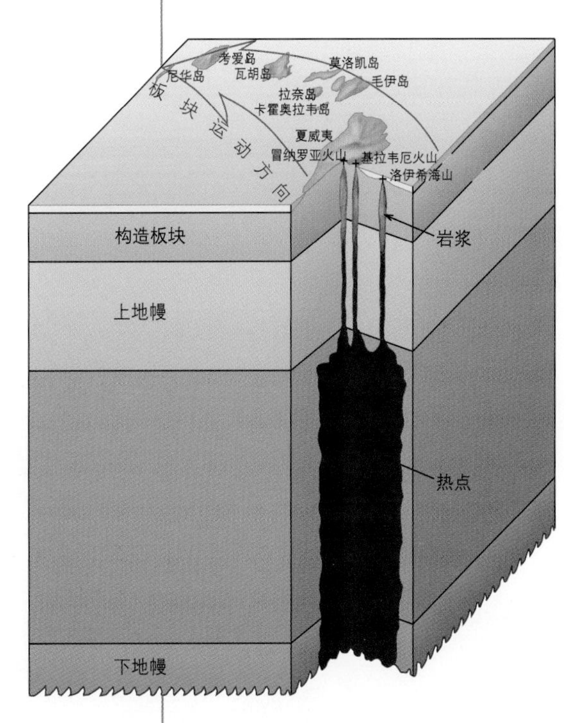

夏威夷群岛是由太平洋地壳深处的下地幔中的一个热点形成的。来自热点的岩浆在向地表运动的过程中，冲破构造板块喷发出来。喷出的熔岩冷却凝固后形成岛屿。从热点处上升的岩浆正在使洛伊希海山不断扩大，这座海底火山有朝一日会成为一座岛屿。

人口

Population

人口是生活在某一特定地点，如城市、国家或全世界的人数。人口总是在变化，有时是因为外来移民或移居国外而改变。人口也因出生和死亡而变化。大多数国家的出生率高于死亡率，所以大多数国家的人口会随着时间增长。

21 世纪初，世界人口以每年约 1.2%

如果地球人口继续以目前的速度增长，到 2035 年地球人口预计将达到 90 亿左右。

的速度增长。有专家认为，如果按这个速度发展下去，到2035年，世界人口将达到约90亿。

人口增长最快的大陆是非洲和亚洲。亚洲的人口密度(每平方千米的人数)也是最大的。人口最多的两个国家——中国和印度——也在亚洲。

与其他大陆相比，北美洲和澳大利亚的人口增长率较低。本世纪初，欧洲的人口实际上在减少。

延伸阅读： 地球；环境污染。

这幅地图显示了世界不同地区的人口密度(每平方千米的人口数量)。深色地区的人口密度大于浅色地区。这张地图还显示了世界上人口最稠密的城市中心。

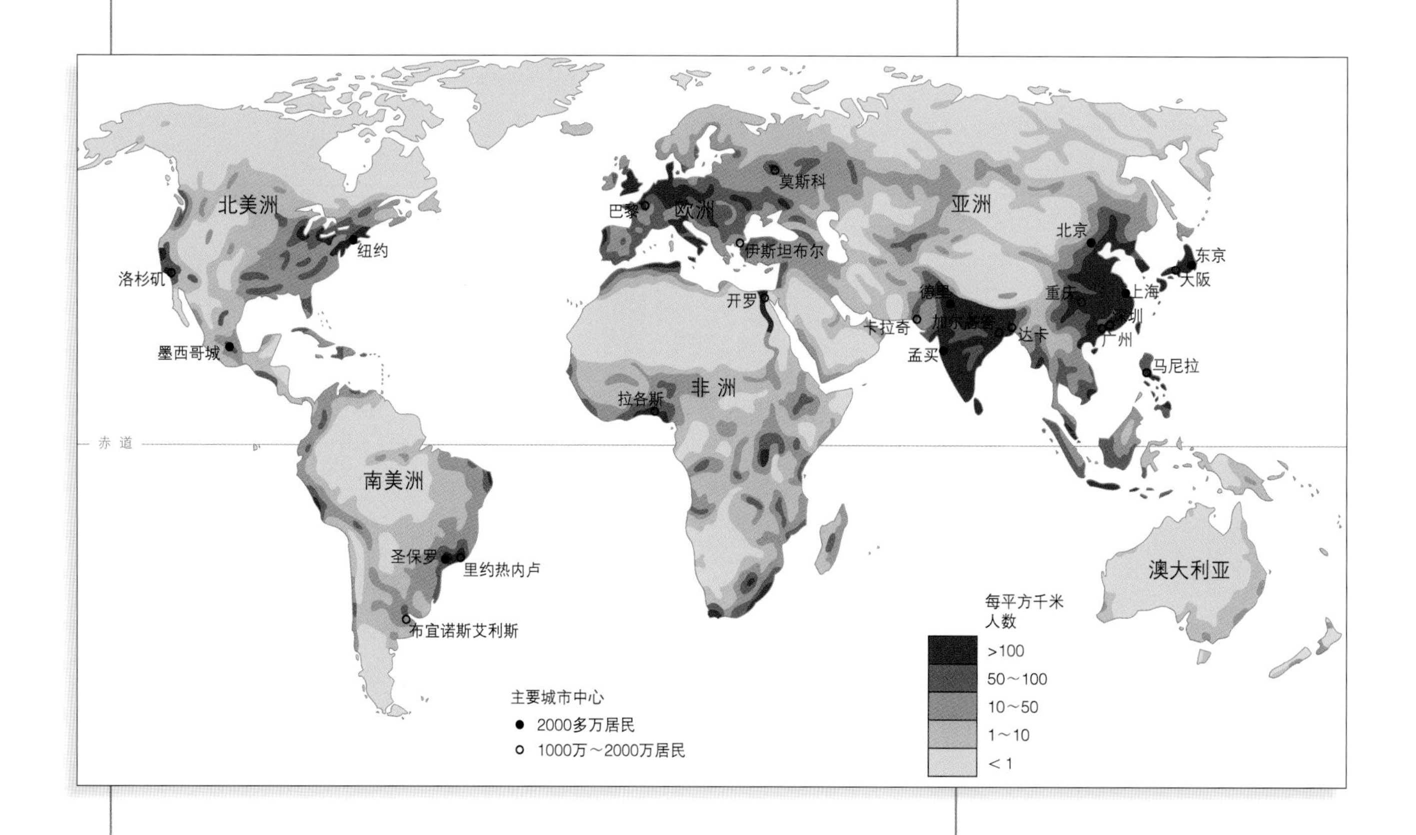

熔岩

Lava

熔岩是炽热的、熔化的岩石。熔岩是从火山、地面或海底的裂缝中喷发出来的。

熔岩形成于地下深处，那里的高温足以熔化岩石。当它还在地下时，叫岩浆。岩浆中也含有高温气体，因此，它比周围的岩石要轻，可以沿岩层裂缝向上运动。最终，岩浆会从喷口喷发出来。岩浆可能会以爆炸的形式喷发，岩浆碎片会被膨胀的气体抛向高空。熔岩也可能从喷口流出，形成熔岩流。

当熔岩离开喷口时，部分开始冷却并凝固，形成不同种类的岩石。有些熔岩冷却得很快，形成一种光滑的火山玻璃，称为黑曜岩。许多史前人类用黑曜石制造工具、箭头和刀子。

延伸阅读： 火成岩；岩浆；浮石；岩石；火山。

当熔岩刚流出地表时，它是炽热的，温度可达沸水的 7 ~ 12 倍。

撒哈拉沙漠

Sahara

撒哈拉沙漠是世界上最大的沙漠。它覆盖了非洲北部约900万平方千米的陆地。它的面积和美国差不多大。撒哈拉这个词来自阿拉伯语，意思即沙漠。

撒哈拉沙漠的大部分地区由岩石高原和沙砾平原组成，只有15%的地区是沙，但整个沙漠中都有沙丘。名为“尔格”的巨大沙海位于低洼地区。尔格随强风移动并被塑造成各种形状。在一些地方，沙丘可高达180米。绿洲散布在撒哈拉沙漠各处，它是由于地下水接近地表而形成的绿色区域。

撒哈拉沙漠气候干燥炎热。年平均降水量不足10厘米，它常常就来自一场暴风雨。白天的气温可能高达43℃，冬季夜间气温会降到冰点以下。

大约有300万人生活在撒哈拉沙漠中。他们中许多人生活在大约90个大型绿洲中。那里的人们种植大麦、小米等谷物，以及枣椰子和瓜等水果。有许多小绿洲可能只能供养一两个家庭。只有大约三分之一的撒哈拉人是游牧民族，为了给骆驼、山羊和绵羊寻找食物，他们从一个地方跑到另一个地方。

撒哈拉沙漠横跨北非，从大西洋一直延伸到红海，从阿特拉斯山脉一直绵延到萨赫勒地区。撒哈拉沙漠的各部分分别有不同的名称，如阿拉伯沙漠、利比亚沙漠、努比亚沙漠和埃及西部沙漠。

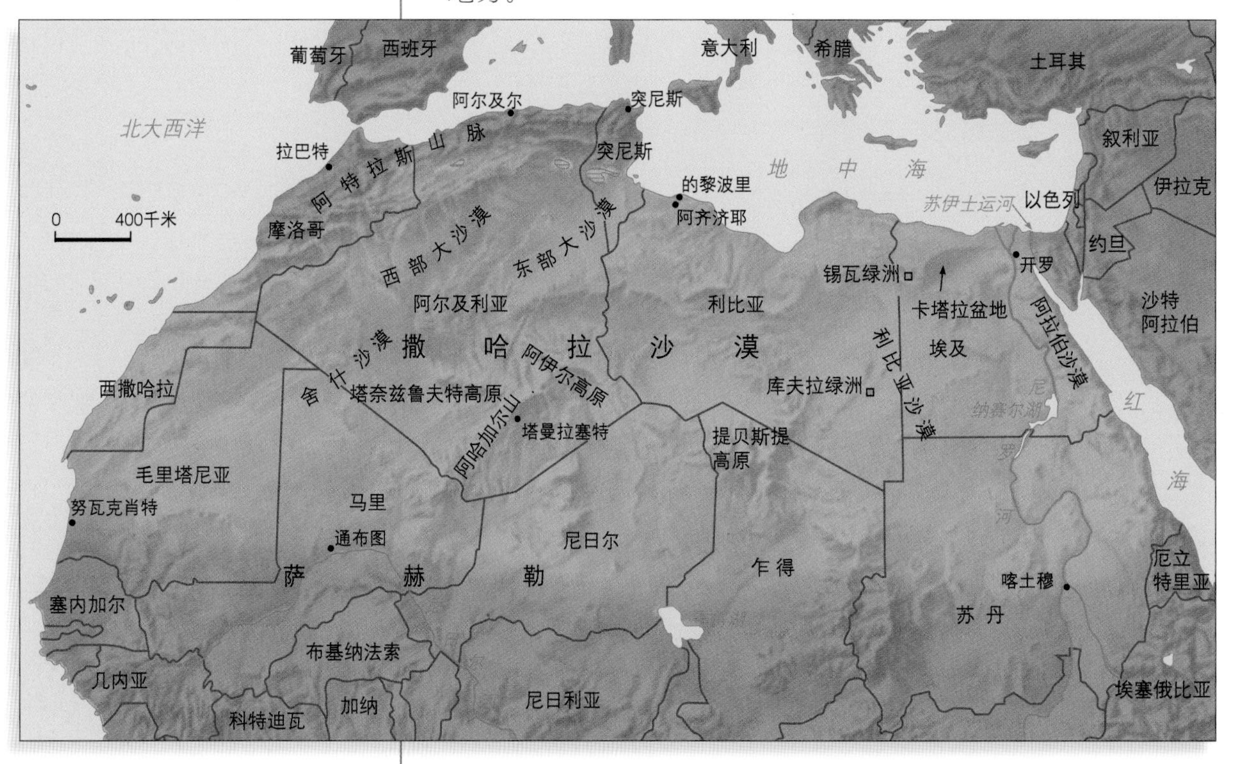

撒哈拉沙漠中生长着各种各样的草、灌木和乔木。撒哈拉沙漠的动物有白瞪羚、耳廓狐、鬣羊、蛇和蜥蜴。

阿尔及利亚和利比亚的撒哈拉沙漠下蕴藏着大量的石油和天然气。撒哈拉沙漠还蕴藏着有开采价值的铜矿、铁矿、磷酸盐矿和其他矿藏，但其中许多尚未开采。

撒哈拉沙漠的大部分地区是由山丘和山谷组成的岩漠。

公元前 4000 年左右的撒哈拉地区比现在的气候要湿润得多。当时分布有许多湖泊和小溪，大象、长颈鹿和其他动物在草原上漫步，森林覆盖了它的大部分地区。人们以捕鱼、打猎为生，后来又以耕作和饲养动物为生。但是后来气候变得干燥，撒哈拉地区开始变成沙漠。从那时起，撒哈拉沙漠逐渐扩大。几个世纪以来，人们过度放牧，砍伐边缘处的乔木和灌木，导致沙漠进一步扩张。

延伸阅读： 沙漠；沙丘；绿洲；高原；萨赫勒；沙。

撒哈拉沙漠在突尼斯的一部分

萨赫勒

Sahel

萨赫勒是非洲的一片干旱草原。它位于撒哈拉沙漠以南，覆盖了布基纳法索、乍得、马里、毛里塔尼亚、尼日尔、尼日利亚、塞内加尔和苏丹的部分地区。还有人认为，厄立特里亚、埃塞俄比亚、肯尼亚和索马里的部分地区也属于萨赫勒。

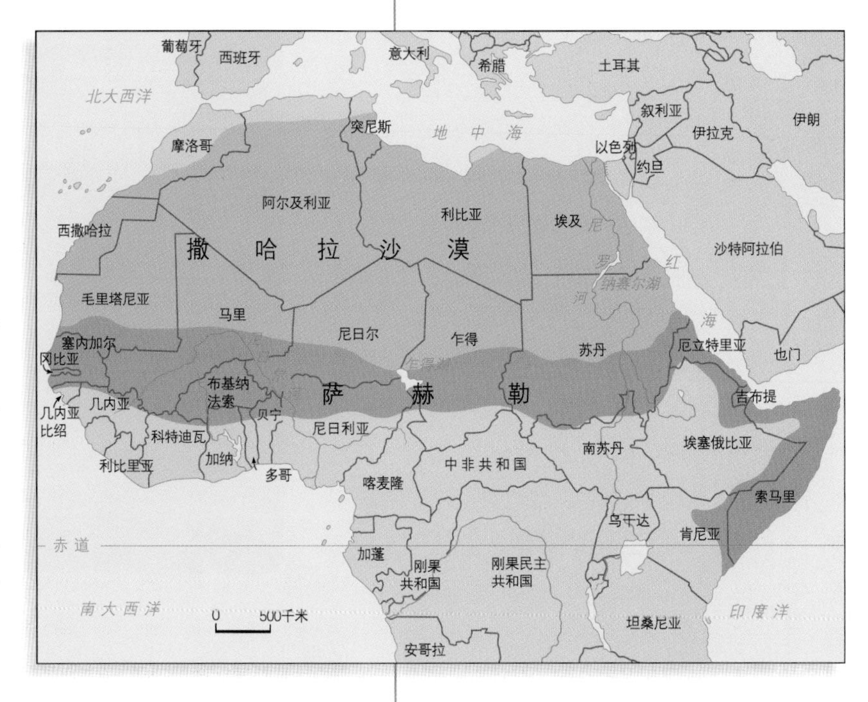

萨赫勒位于撒哈拉沙漠南边，是非洲的一个大荒漠草原。萨赫勒地区包括塞内加尔、毛里塔尼亚、马里、布基纳法索、尼日尔、尼日利亚、乍得、苏丹、埃塞俄比亚、肯尼亚和索马里的部分地区。

萨赫勒地区的农民面临许多问题。在某些年份，本地区可能滴雨未下，或者降水来得太晚，以至错过了作物的生长季节。偶尔，萨赫勒地区会下起大雨，冲走农民刚刚播下的种子。此外，还有家畜瘟疫和蝗灾等其他问题。侵蚀作用也毁坏大量土地，这主要是由于过度放牧造成的。来自撒哈拉沙漠的大风常常把土壤吹走。

萨赫勒地区遭受过多次干旱。自1968年以来，萨赫勒地区一直特别干，数百万人死于干旱造成的作物歉收。

延伸阅读： 侵蚀；草原；撒哈拉沙漠；土壤。

位于马里的萨赫勒地区的野生动物和相思树。

三叠纪

Triassic Period

三叠纪是地球史上从距今2.52亿年到2.01亿年前的一段地质历史时期。最早的恐龙出现在这个时期。三叠纪是中生代三个纪中的第一个纪，中生代也称为恐龙时代或爬行动物时代。

鱼龙是一种海洋爬行动物，大约在距今9000万年前灭绝。尽管鱼龙长得很好看，但它们与鱼类或海豚并无密切关系，它们是生活在陆地上的爬行动物的后代。

在三叠纪时期，天空中到处飞着一种叫翼龙的爬行动物。海洋中有一种强大的叫鱼龙的鱼形类爬行动物到处捕猎。现代哺乳动物的祖先也出现在三叠纪。许多地区盛产针叶树。显花植物和鸟类还没有出现。

在三叠纪时期，地球上的大部分陆地聚成一块巨大的大陆，即泛大陆。由于大部分陆地远离海洋，内陆地区的气候炎热干燥。三叠纪末期，泛大陆开始分裂。

延伸阅读： 地球；地质学；古生物学。

喙嘴翼龙和翼龙是史前飞行类爬行动物翼龙的两种主要类型，这些动物捕食其他动物。

三角洲

Delta

三角洲是靠近河流末端的陆地，是河流流入海洋或湖泊的地方。

流动的河水携带沉积物，这些沉积物是由沙、黏土、沙砾和其他一些泥土组成的。随着河水的流动，河水把沿岸的沉积物带走。在河流的尽头，河水“抛下”这些沉积物，三角洲就产生了。有时，三角洲上沉积物的堆积会导致河流分成几条更小的河流。

沉积物可以使三角洲非常适合植物生长。许多三角洲都被开垦为农业区。例如，美国密西西比河三角洲种植有水果、蔬菜和其他农作物，越南湄公河三角洲到处都是稻田。

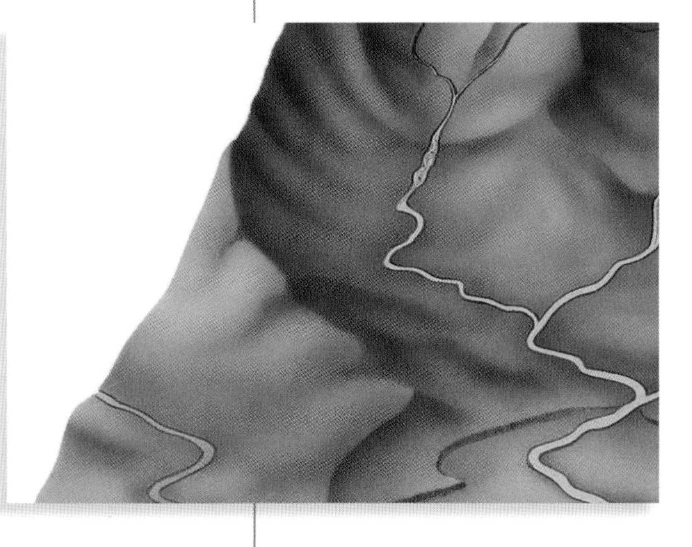

三角洲是河口的陆地。河口是河水流入海洋或其他水体的部分。

延伸阅读：河流；沉积物；土壤。

森林

Forest

森林是一大片被树木覆盖的土地，森林不只是众多树的集合，其他种类的植物也生活在森林里，如苔藓、灌木和野花。鸟类、昆虫和其他许多动物也在森林里安家，还有数不清的只能在显微镜下才能看到的生物也生活在森林里。

人们在许多方面依赖森林。森林提供木材、纸张等重要产品的原料，森林通过储存水来防止洪水，森林的自然美景和宁静给人们带来了极大的享受，森林也为人类和动物提供了大部分氧气。

地球上的森林可分为六种主要类型：热带雨林、热带季雨林、温带落叶林、温带常绿林、针叶林、稀树草原。

热带雨林生长在赤道附近，那里的气候终年温暖潮湿。

废弃的农田上如何形成森林。

（1）空地上长满一片片草地，小松树在草丛中萌芽。

（2）常绿森林慢慢形成，常青树长得更高了，落叶树木则在下面生长。

（3）随着老松树的死亡，越来越多的落叶树长了出来。

（4）最后落叶林接管所有地方。

最大的热带雨林位于南美洲的亚马孙河流域和非洲的刚果河流域。流域是指河流的集水区。热带雨林也覆盖了东南亚的大部分土地。

热带季雨林生长在气候稍微凉爽、一年有干雨两季的地方，主要分布在中美洲、南美洲中部、非洲南部、印度、中国东部、澳大利亚北部和太平洋的岛屿上。

温带落叶林生长在夏季温暖、冬季寒冷的地方。落叶林分布在北美洲东部、西欧和东亚。

温带常绿林生长在沿海地区，那里冬季温和，雨量充沛。常青树在冬天来之前不会落叶。这些森林沿着北美洲西北海岸、智利南海岸、新西兰西海岸和澳大利亚东南海岸生长。

针叶林生长在冬天非常寒冷的地方，它也叫北部森林。针叶林横跨亚洲北部、欧洲和北美洲。

稀树草原是指树木相距很远、地面被青草覆盖的地区。热带稀树草原分布在中美洲、

热带雨林生长在赤道附近，那里的气候终年温暖潮湿。

巴西、非洲、印度、东南亚和澳大利亚。美国、加拿大、墨西哥和古巴都有温带稀树草原。

在距今大约3.65亿年前的泥盆纪末期，第一批森林在湿地中形成。它们是由像树一样高大的苔藓和蕨类植物组成，其中一些植物的茎干高约12米，粗约1米。这些森林成为早期两栖动物和昆虫的家园。

过去的森林曾比现在大得多。人类活动对现代森林产生了巨大的影响，人们为了开垦农田而砍伐森林至少有1万年的历史。自19世纪以来，由于伐木和工业污染，大片森林消失了。破坏和毁灭森林的行为称为乱砍滥伐森林。现在世界各地都发生过乱砍滥伐行为，甚至最偏远的雨林和针叶林也在劫难逃。

延伸阅读： 生物群落；自然保护；泥盆纪；草原；湿地；雨林；稀树草原；针叶林。

温带落叶林，如美国密歇根州的这片森林，生长在世界上较冷的地区。

针叶森林，如加拿大北部的这片森林，生长在寒冷的北方地区，生长期很短。

沙

Sand

沙是由微小的岩石颗粒组成的。它比砾石还小。地球上到处都是沙子，海洋和许多湖泊的底部都是沙子。大量的沙子被海浪冲上海滩。沙子在河底还滚动着向前运动。在沙漠地区，沙子覆盖了大片的土地。

沙粒曾经是已经破碎的固体岩石的一部分。岩石由于风化作用而破碎。例如，当波浪冲击海边的岩石时，岩石就会磨损；当水在岩石的裂缝中结冰时，岩石也会分裂。

石英是沙子中最常见的矿物，但是沙子中也可能有长石和其他矿物。一些沙滩主要由方解石组成，它们来自破碎的贝壳和珊瑚。夏威夷和其他太平洋岛屿上分布着一些黑色沙子，它们来自玄武岩和玄武岩玻璃，这些岩石是由火山熔岩硬化而形成的。

沙子可用来建造混凝土人行道、高速公路和建筑物，也可用来制造玻璃。

延伸阅读： 沙滩；沙漠；沙丘；岩石；沉积物；风化。

风把沙堆积成沙丘。

沙坝岛

Barrier island

沙坝岛是沿海岸线形成的岛屿。它在海岸和开阔水域之间起屏障作用。

沙坝岛是由沙、泥和砾石等沉积物形成的。溪流和河流将从两岸和沙床侵蚀下来的沉积物带入大海，风和海浪把沉积物堆积在海底的山脊上，山脊最终露出水面，形成沙坝岛。有许多沙坝岛位于平缓倾斜的美国大西洋沿岸和墨西哥湾沿岸。这些岛屿包括美国北卡罗来纳州哈特拉斯岛和得克萨斯州帕德雷岛。

沙坝岛是由沿海岸线堆积起来的沙土形成的。风和海浪把沙子堆积成狭长的岛屿。美国大西洋沿岸和墨西哥湾沿岸有许多沙坝岛。

一些沙坝岛是由冰川形成的。几千年前，当冰川向前移动时，它们把岩石、沙子、泥土和黏土推到前面。冰川融化后，这些物质堆积起来形成了山脊。当海平面上升时，一些山脊变成了沙坝岛。美国纽约的长岛和马萨诸塞州楠塔基特岛就是这样形成的。

暴风雨和汹涌的海水会侵蚀沙坝岛。飓风对岛屿的破坏性尤其大。

延伸阅读： 侵蚀；冰川；岛；海滨；沉积物。

沙克尔顿

Shackleton, Sir Ernest Henry

欧内斯特·亨利·沙克尔顿（1874—1922）是爱尔兰探险家。1908 年，他带领一支探险队来到了距离南极 180 千米的地方。1914 年，他率领一支探险队进入威德尔海，在那里，冰摧毁了他的“坚忍”号船。他们乘船逃到了象岛。沙克尔顿和他的 5 名同伴随后做了一个大胆的尝试，他们乘船前往南乔治亚岛，并翻越了岛上的冰山，以寻求帮助。最终，全体船员得救了。

1874 年 2 月 15 日，沙克尔顿出生在爱尔兰基尔代尔郡。他著有《南极之心》(1909)和《南极》(1919)。他于 1922 年 1 月 5 日去世。

延伸阅读： 南极。

沙克尔顿

沙漠

Desert

沙漠是很干燥的地方。沙漠里雨水很少，年降水量不到 25 厘米，有时一年到头甚至好几年都不下雨。在夏季，有些沙漠白天的温度可以达到 38℃，晚上，气温可能降至 7℃。有些沙漠在冬季温度可低至零下，甚至会下雪。

地球大约有五分之一的地方被沙漠覆盖。世界上最大的沙漠是北非撒哈拉沙漠，面积约 900 万平方千米，相当于整个美国的面积。

北美洲沙漠覆盖的面积约 130 万平方千米。美国的沙漠包括亚利桑那州佩恩蒂德沙漠和索诺拉沙漠，加利福尼亚州莫哈韦沙漠和科罗拉多沙漠。世界上其他许多地方也有沙漠，包括非洲、亚洲、澳大利亚和南美洲。

戈壁是暴露在风中、几乎没有树木的沙漠，它横跨蒙古南部和中国北部的部分地区。

由于沙漠太干燥，很少有植物和动物能生活在沙漠里。对于大多数生物来说，许多沙漠太热了。然而，有些植物，如仙人掌和牧豆树，在沙漠中生长得很好。沙漠动物包括骆驼、蛇、蜘蛛和蝎子。

在沙漠里，植物有特殊的取水方式。有些植物的根很强

美国西南部的沙漠动物包括狼、鹿、老鼠和山猫。

壮，能深深钻入地下寻找水源。有些植物在叶子、根或茎中储存大量的水分。例如，桶形仙人掌，其茎在一场雨后会吸水膨胀开来，当植物需要水的时候，它会收缩。

沙漠里的动物通常从食物中获取水分。他们也许还能在绿洲找到水源。在沙漠的某些地方还可以找到溪流，这些溪流中的水来自山上。

动物可以通过免受太阳直晒来减少所需的水分。许多沙漠动物在地上挖洞以躲避太阳。他们晚上出来寻找食物。较大的动物可能会待在少数有树荫或地物影子的地方。

人们有时认为南极和北极周围的寒冷地区是沙漠。在这些地区，冷空气中水分很少，地面全年冰冻。例如，南极洲下的雨雪比其他大陆都少。

延伸阅读： 生物群落；沙丘；绿洲；雨；撒哈拉沙漠；沙。

琴管仙人掌国家保护区是美国亚利桑那州南部的一个沙漠地区，这里有美国其他地方所没有的植物和动物。

沙丘

Dune

沙丘是由松散的沙子构成的堆丘。当风把沙子吹起来，然后把它堆到一起时，沙丘就形成了。沙丘可以在任何有沙的地方形成，包括沙漠和靠近海洋、河流和湖泊的地方。沙丘可能长而窄，或者像新月形，它们的形状取决于产生它们的风。一些沙丘有三个或三个以上的山脊，从中央山峰高处延伸出来。大沙丘可能高达 300 米。

许多沙丘会在陆地上移动，风把沙丘一边的沙子吹起来，把它们吹到另一边。移动沙丘会堵塞高速公路，掩埋房屋，摧毁农田。

沙丘通常形成于岩石露头或其他地表特征能减缓或改变风向的地方。风必须足够大，足以吹起、带走或推动细小的沙粒。

大多数沙丘会集聚成群。大片的沙丘，如撒哈拉沙漠，被称为沙海。北美洲最大的沙丘是美国的内布拉斯加沙丘。此外，还有马萨诸塞州的科德角、印第安纳州印第安纳沙丘州立公园、科罗拉多大沙丘国家公园、加利福尼亚州死亡谷国家公园等沙丘群。

科学家还在火星上看到了沙丘。这些沙丘比地球上的沙丘要小，堆积得很慢。这是因为火星上的风没有地球上的强大。

延伸阅读： 沙漠；撒哈拉沙漠；沙；风。

沙滩

Beach

沙滩是位于湖泊、海洋或河流边缘的广阔而平坦的区域。沙滩主要由沙、卵石或小石块组成。它们或由溪流搬运而来，或因侵蚀而自悬崖掉下来，也可能从海底或湖水浅的地方被冲上来。沙滩是很受欢迎的娱乐场所。

许多沙滩的沙是黄色的，但也有纯白色、红色、紫色，甚至黑色的。有些沙滩的沙子有好几种不同的颜色。沙子的颜色通常取决于该地区岩石的种类。

海浪和海流赋予海滩不同的形状。例如，袖珍海滩是弯曲的，周围通常有山。加利福尼亚半月湾就是一个例子。一些低海岸地区有沙埂海滩，这些海滩是由波浪形成的。它们沿着与海岸相同的方向运行，被一条狭长的水域与陆地隔开。佛罗里达迈阿密海滩是沙埂海滩。

延伸阅读： 湖泊；海洋；河流；沙。

海星在退潮时附着在海滩岩石上。

砂岩

Sandstone

砂岩是一种由沙子构成的岩石。沙子已经被“粘”在了一起，可能是地底下的压力把它们压在了一起，某些矿物也可以把沙粒粘在一起。

砂岩通常由细小的石英或长石组成，也可能含有其他小块的岩石。

砂岩有不同的颜色。通常是奶油色、灰色、红色、棕色或绿色。砂岩的颜色取决于其中沙子或矿物的类型。

在19世纪中末期，砂岩被用来建造了许多建筑物。褐砂石在美国东部被广泛用于建造房屋。褐砂石通常是红褐色砂岩，但是任何颜色的砂岩都可以用于“褐砂石建筑”中。欧洲一些重要的教堂就是用砂岩建造的。

延伸阅读： 长石；石英；岩石；沙。

阿尔卡兹尼神殿是位于今约旦佩特拉古城的一座建筑。它是在公元100年左右直接从砂岩表面雕刻而成的。

山地

Mountain

山地是指比周围陆地高得多的陆地。通常有陡峭的斜坡和尖尖的或略圆的山峰。有些山地孤零零的，有些则是一组山地（即山脉）的一部分。一组山脉则构成一个山系。除了陆地上，海洋中也有山。许多岛屿实际上是从海底升起的山的顶。

山地和山脉在许多方面显示出很重要的作用。它们影响气候，包括影响风和降水（雨和雪）的形式。许多河流起源于山地，它们为城镇和农业提供水源。山地还是各种各样的植物和动物的家园。世界上许多矿产资源和木材来自山区。山脉还影响人类的各种活动，包括交通、通信和定居。每年，有数百万人在山区度假、野营、徒步旅行、滑雪、爬山或漂流，抑或只是为了呼吸新鲜空气和欣赏壮观的风景。

山地的形成要经历很长一段时间。它们是由地球内部的巨大力量造成的。大多数山地都是沿着地球构造板块（包括巨大的陆地板块和海底板块）的边缘形成的。科学家认为，地壳是由大约 30 块大小不同的板块组成的，这些板块缓慢

世界上一些著名的山

山地主要的五种类型：

（1）火山形成于熔化的岩石从地球深处喷发出来并堆积于地表时。

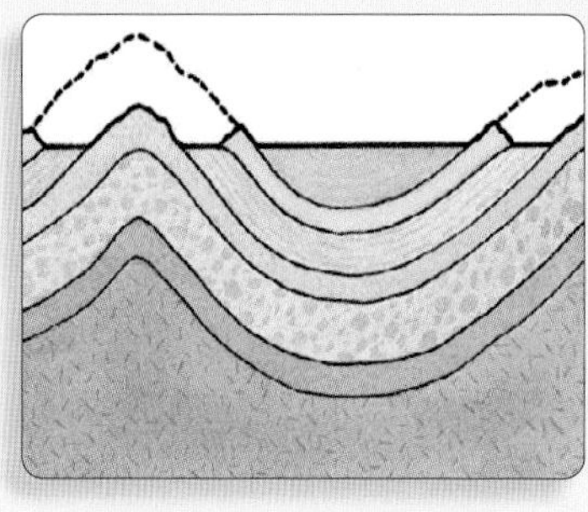

（2）褶皱断块山形成于部分地壳块体的相互冲撞。岩性的地层褶皱弯曲成某种形式，如波。

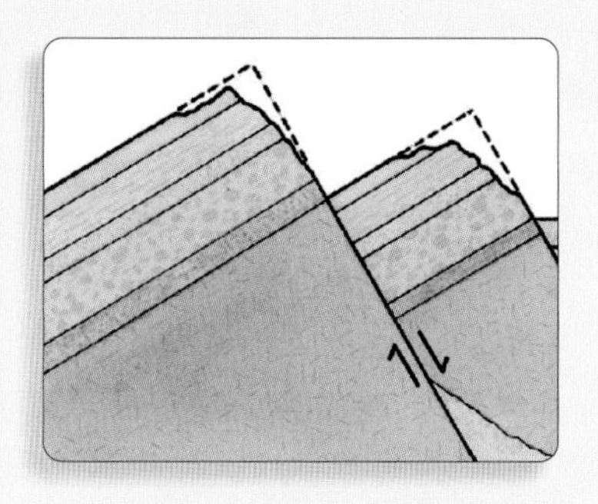

（3）断块山形成于巨大的地壳块体沿着断裂处即断层向上抬升时。

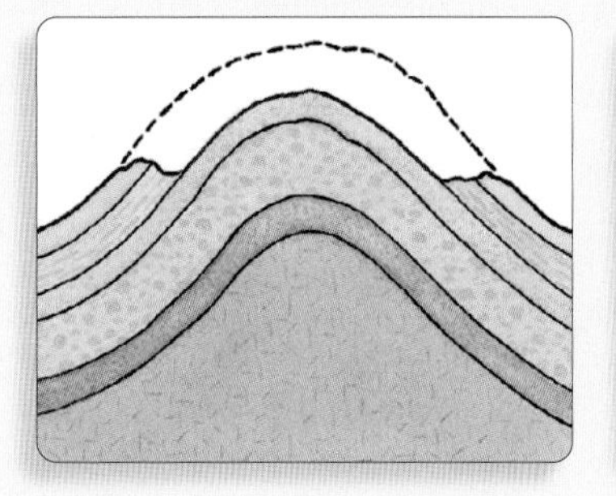

（4）穹窿山形成于地壳块体受挤压隆起时。

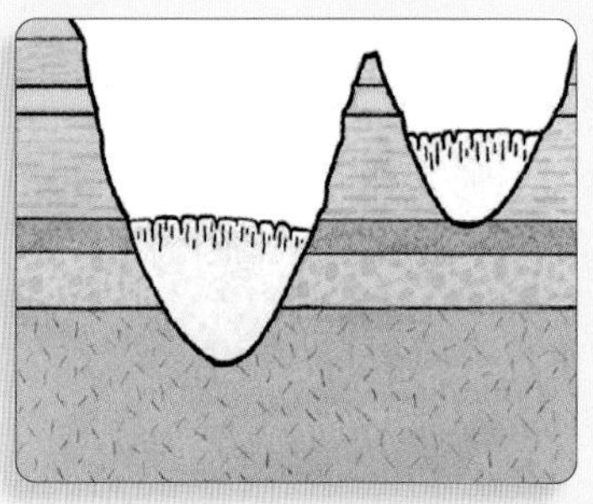

（5）侵蚀山形成于一部分高而平坦的陆地被水或冰川侵蚀得只留下高峰和低谷时。

地运动，或相互错开，或相互碰撞，或相互分离。

山地有火山、褶皱断块山、断块山、穹窿山、侵蚀山5种类型。

大多数火山形成于一个构造板块的边缘挤压另一个构造板块边缘的地方。下沉板块的岩石熔化，在一些地方，熔化的岩石沿着上层岩石的裂缝上升到地球表面，并倾泻而出。这些熔岩冷却后堆积在地表形成一座山。美国华盛顿雷尼尔山和日本富士山都是火山。

火山同样也能在海洋中形成，通常位于两个构造板块相互分离的地方。熔化的岩石在两板块之间的空隙中向上移动。当熔岩冷却后，就会形成新的陆地和山地。大西洋中脊就是这样形成的。

当两个构造板块迎面相遇，就会形成褶皱断块山。这些板块的边缘受到挤压褶皱隆起，形成一座座山。欧洲阿尔卑斯山脉、美国东部阿巴拉契亚山脉和亚洲喜马拉雅山脉都是褶皱断块山脉。

断块山形成于一板块被撕开的地方。地壳的拉伸产生裂

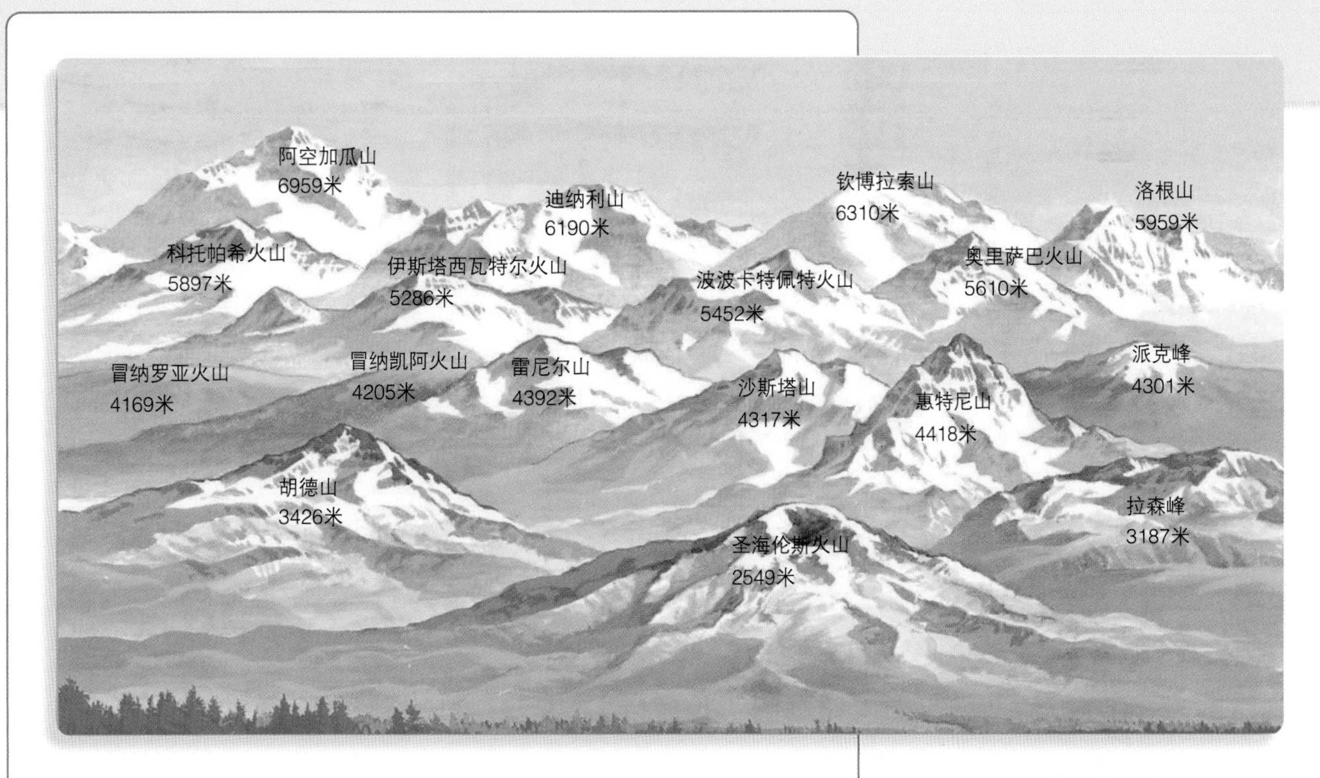

西半球的主要山地

东半球的主要山地

缝，称为断层，巨大的地块会沿着这些断层倾斜或向上推升。附近地块下降形成盆地。美国加利福尼亚州内华达山脉、怀俄明州提顿山脉、犹他州瓦萨奇山脉和德国哈茨山都是断块山。

穹窿山是地壳块体被挤压后形成一个巨大的凸起或穹窿。美国南达科他州布莱克山和纽约州阿迪朗达克山都是穹窿山。

侵蚀山形成于部分高而平坦的陆地被水或被冰川侵蚀的时候。现在只有高峰和低谷还在。美国纽约卡茨基尔山是侵蚀山。

太阳系中岩性的行星和卫星都有山地。奥林匹斯山是火星上一座古老的火山，它是太阳系中已知的最高的山，比周围的平原高出 25 千米，几乎是地球上最高峰珠穆朗玛峰高度的 3 倍。

延伸阅读： 断层；大西洋中脊；珠穆朗玛峰；板块构造；维苏威火山；火山。

闪电

Lightning

闪电是天空中形成的巨大的电火花。它产生于暴风雨。地球上，大约每秒发生 100 次闪电。闪电能快速加热空气，产生一种压力波，我们听到的雷声就来自它。

闪电从云中开始。和世界上其他一切东西一样，云也是由微小物质——原子组成的。当云中的原子在暴风雨中相互碰撞时，它们就会带电。电荷有两种：正电荷和负电荷。正电荷和负电荷会相互移动。当云中的负电荷向地面上的正电荷移动时，它们之间就会产生闪电。闪电会在云中产生，并击中地面。闪电也可能发生在云内或云间。

云内闪电可水平移动达 10 千米或更多。云地闪电通常长 5 ~ 7 千米，其中大约有一半击中地面上的点在一个以上，这些点可能相距好几千米。

闪电能伤害或杀死人。雷雨期间，人们应该待在建筑物内。如果无法待在室内，则应该远离水、高大的树木、高地和金属制品，如自行车。

闪电也会发生在其他星球上。太空探测器在木星和土星上观测到了类似闪电的放电。科学家相信，木星闪电中的电流要比地球闪电中的电流大很多倍。

延伸阅读： 大气；云；雷暴。

叉状闪电是有几根可见分叉的闪电。

深海

Deep sea

深海包括海平面以下 1000 米的所有水域。深海是地球上最大的、最不为人知的区域。

能够到达深海的光线很少，因此在深海中生活的生物几乎处在完全黑暗的环境中。那里的水很冷，压力大到足以压死一个人。然而深海却是许多动物的家园，其中有些生物是地球上最奇异的。深海动物主要以海雪为食物。海雪是生活在海水上层的生物的残余物。

微生物构成了深海中最大的生物群。常见的深海微生物包括单细胞细菌和古菌，它们为其他许多生物提供食物。其他深海动物包括玻璃海绵，它们看起来像玻璃制成的花朵。乌贼和水滴状的章鱼在黑暗的水中缓慢游动。吞鳗的嘴几乎和它的身体一样大。

一些深海动物会发光。琵琶鱼（鮟鱇）利用生物发光这个技能来引诱猎物靠近它的嘴，然后一口吞下猎物。

深海里有一些地球上最迷人的生物（图中所示的动物许多都来自深海的不同地区，在自然界它们并不生活在一起）。

在被称为热液喷口的地方，热水和矿物通过海底的裂缝喷射而出。那里的微生物可以利用矿物制造食物。一大堆奇怪的动物都依赖这些微生物。生活在热液喷口的动物包括红色和白色的巨型管虫，它们可以长到2米长，为微生物提供了一个安全的生存环境。作为交换，微生物为巨型管虫提供食物。

深海的底部是由低矮的山脉、广阔的平原和深谷海沟构成的景观。称为大洋中脊的水下山脉大约占了太平洋洋底的80%和大西洋洋底的50%。科学家认为，大洋中脊的许多山峰都是死火山。

科学家对深海的了解才刚刚开始。要到达这一令人生畏的地区，探险者必须依靠潜水器。潜水器的外壳非常坚固，可以承受深海的巨大压力，但潜水器只去了深海的一小部分。

延伸阅读： 大西洋；底栖生物；大西洋中脊；海洋；海洋学；太平洋。

这种深海生物叫管水母。深海无脊椎动物许多生活在靠近海底的水域中。

生物圈

Biosphere

生物圈是地球上生命赖以生存的地方。它有时称为“生命地带”。已知的生物有几百万种，科学家相信还有更多的物种尚未被发现。

生物圈包括部分空气、陆地和几乎所有的水体。它的范围自大气层的几千米高空到海洋的最深处。大多数已知的生命分布在地表或地表附近。这些地区有适合生命生存的水和其他条件。

生命影响着生物圈的环境。例如，植物吸收二氧化碳。它们在制造养分时释放氧气。动物吸入氧气，通过呼气又将二氧化碳返回到环境中。

延伸阅读： 空气；大气；地壳。

地球上几乎到处都有生命存在。在上面的卫星地图上，植物丰富的陆地呈现绿色，黄色区域的植物较少。在海洋的红色区域，微小的单细胞浮游植物非常丰富，紫色区域浮游植物较少。

生物群落

Biome

生物群落是一个大区域内所有生物的集合。每种生物群落都包括植物、动物和微生物。陆地上生物群落的边界通常是由气候决定的。一个单一的生物群落可以出现在世界不同的地方。因此，亚洲的草原生物群落与北美洲的很相似。海洋和其他水体中的生物群落是由许多因素决定的，如水的深度，而气候对这些生物群落的影响并不那么显著。

高山苔原有着漫长而寒冷的冬季。但是在夏天地面可能会解冻，低矮的草和野花遍地生长。

最冷的生物群落叫苔原。苔原是一个没有树木的干燥地区，那里生长着低矮的灌木和草。苔原上生活着北极狐、北

主要的陆地生物群落

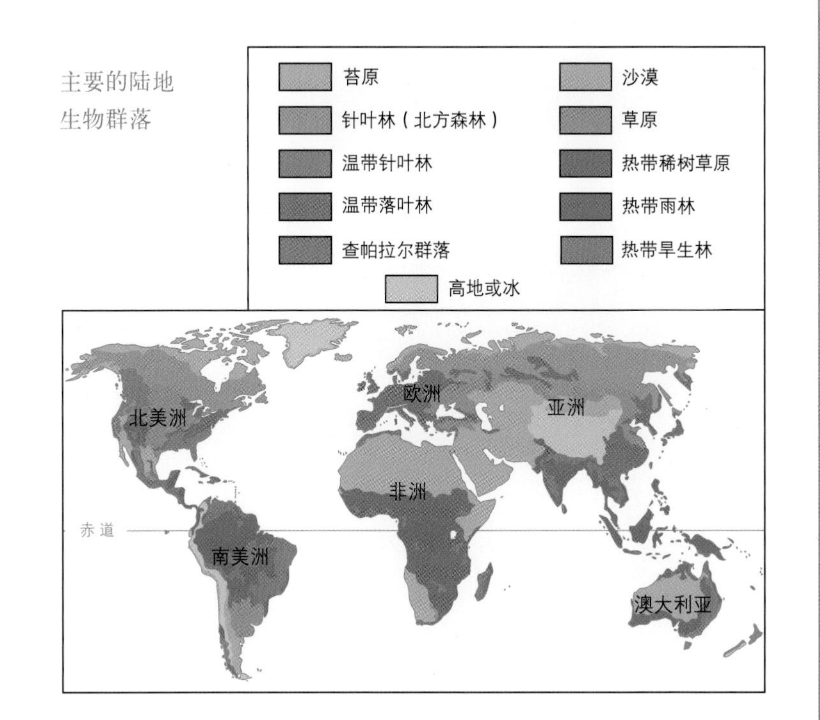

极熊和啮齿类动物等。

地球上的大部分生物群落是森林。森林有很多种。最大的是针叶林（或称北方森林）。它处于冬季又长又冷、夏天很短的地区。那里生长着大片的常青树，熊、鸭子、驼鹿和狼等动物生活在那里。其他森林包括热带雨林和热带季雨林。

沙漠生物群落，气候炎热干燥。它是仙人掌、草和灌木的家园，也是蜥蜴、蛇和许多小啮齿类动物的栖息地。

在特定的生物群落中，动物、植物和其他生物都具有使它们能够在那里生存的特征。例如，北极狐有厚厚的毛皮，以保护它们抵御寒冷，它们相对较小的耳朵也能防止失去过多的体温；许多生活在苔原上的植物生长得很快，而且开花很快，它们要充分利用较短暂的夏季。

延伸阅读： 丛林；沙漠；森林；草原；雨林；针叶林；冻原。

热带雨林生长在终年温暖潮湿的地区。

草原是开阔的地区，最丰富的植物是草。连绵起伏的山丘、成片的树木、河流和溪流把这些地区分割开来。

沙漠是非常干燥的地区，可能很热，也可能很冷。那里的植物不会靠在一起生长。通过蔓延开来，每个植物个体都可以从较大的范围收集它所需要的水和无机盐。

圣安德烈亚斯断层

San Andreas Fault

圣安德烈亚斯断层是地壳的一条巨大裂缝。它几乎全在美国加利福尼亚州内，长约970千米，它的一端位于加利福尼亚州南部与墨西哥交界处。断层沿着加利福尼亚州和太平洋的交界处附近一直延伸到旧金山附近的海岸。断层穿过几个大城市，包括旧金山和圣何塞。断层的最北端在俄勒冈州边界附近伸入太平洋。

断层是由构造板块移动引起的断裂。构造板块是地球外壳

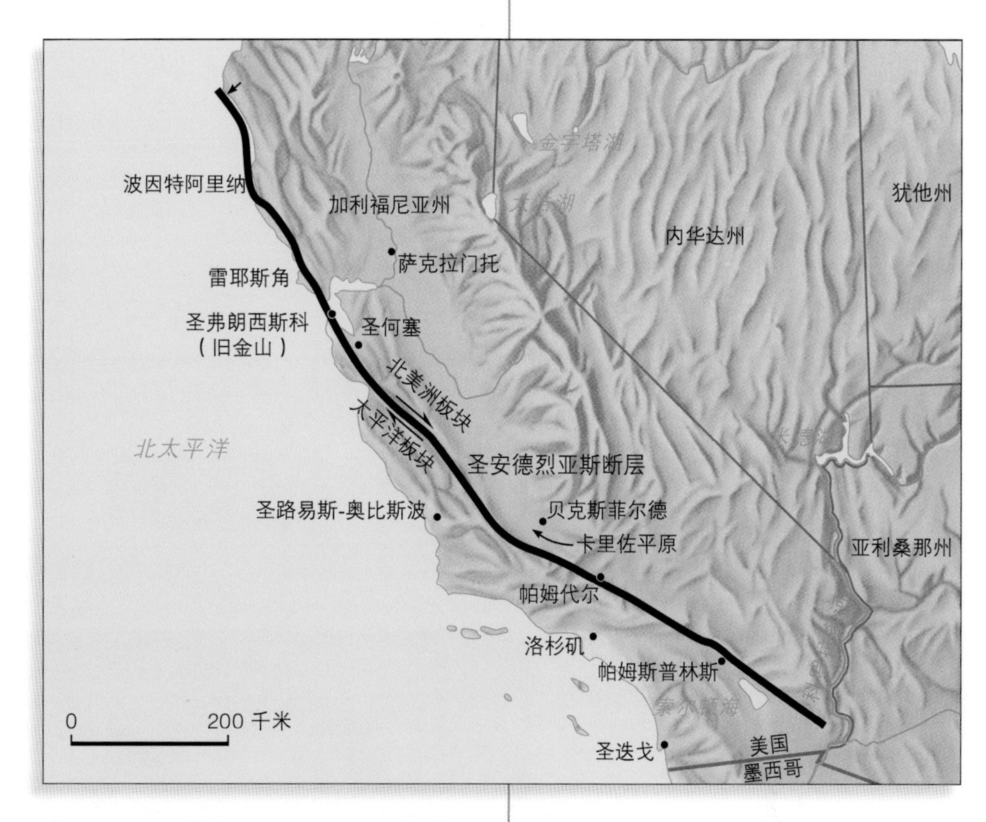

圣安德烈亚斯断层是地壳中的一条长裂缝，从美国加利福尼亚州西北部海岸延伸到其东南部，全长约970千米。

部分圣安德烈亚斯断层出现在地表。照片中断层左侧的陆地是太平洋板块的一部分，断层右边的陆地是北美洲板块的一部分。

的坚硬部分。在过去的1500万年中，圣安德烈亚斯断层成为太平洋板块和北美洲板块之间的部分交界。在此期间，太平洋板块相对于北美洲向西北方向移动了约300千米。今天，板块沿圣安德烈亚斯断层以平均每年5～6厘米的速度在移动。

板块沿着断层运动，并相互滑动，这给岩石施加了很大的压力，压力释放时便引起地震。有时，压力在小地震中释放。但很多时候，压力会积聚很多年，这时就会发生大地震。这样的地震经常造成巨大的人员伤亡和财产损失。

延伸阅读： 地壳；地震；断层；板块构造。

湿地

Wet land

湿地是指一年中的大部分时间里，地表附近或地表以上通常都有水的地方。世界各地都有湿地，它们分布在湖泊、池塘、河流和海岸的附近。

泥炭沼泽创造了丰富的绿色景观。

但并不是所有的湿地都永久地被水淹没。在一些湿地，水位随着季节的变化而变化，这取决于降水量。在沿海的湿地，潮汐会导致水位在一天的时间里涨落。

湿地可能看起来很独特。有些湿地，如草沼和湿草甸，看起来像被水淹没的草地。树沼是潮湿的森林。泥炭沼泽和碱沼表面覆盖着一层松软的泥炭。

湿地有水生土壤，这种土壤是在极端潮湿的条件下形成的。水生土壤是厌氧的，也就是说，它含氧量低，闻起来像臭鸡蛋。湿地土壤通常比含氧量高的土壤含有更多的有机物质。有机物包括树叶、树枝和动物尸体的残骸。

许多动植物的生存依赖于湿地的特殊条件。湿地植物已经进化，能在浸水的土壤中茁壮成长。许多动物一生中大部分时间都生活在湿地上，如短吻鳄、鸭子、河马和麝鼠。其他动物在湿地繁殖，或到湿地寻找食物、水或庇护所。候鸟把湿地当作休息的地方。有许多濒危动植物只能在湿地上生存。

湿地对人类也很重要，可用来控制洪水，因为它们能储蓄大量的水。湿地还可以防止水土流失，有助于恢复地下水的供应。

然而，纵观历史，人们一直把湿地当作是需要清除的地方。他们抽干湿地，为城市、大坝和农场腾出空间，并赶走蚊子。在美国大陆，人类活动已经破坏了1800年前就存在的一半以上的湿地，一些州失去了80%以上的原始湿地。

今天，湿地仍面临许多威胁。道路上的盐和油以及农场里的有害化学物质流入湿地。原生湿地动植物受到外来入侵物种的威胁。甚至来自城市的噪声和光污染也会干扰动物的自然生活方

各种各样的草混合在盐沼中。

美国佛罗里达州南部的大沼泽地是世界上最有趣和最不寻常的湿地之一。

式，从而损害湿地。全球变暖可能导致海平面上升，会淹没沿海湿地。

许多人正在努力拯救世界上剩下的湿地。包括美国在内的许多国家政府都通过了保护这些湿地的法律。

延伸阅读： 泥炭沼泽；洪水；草沼；泥炭；树沼。

美国路易斯安那州的蜂蜜岛树沼。

湿度

Humidity

湿度是表征空气中水汽含量的物理量。太阳加热地球，从而导致海洋、河流和湖泊中的水蒸发时，水汽进入空气。湿度随气温变化而变化。温暖的空气能比凉爽的空气容纳更多的水汽。相对湿度是空气在一定温度下所能容纳的水汽含量与实际所能容纳的水汽含量之比。

潮湿降低我们的舒适度，并影响健康。当气温和相对湿度较高时，人体会感到不舒服，因为出的汗不容易蒸发。为了感觉更舒适，人们使用空调来去除空气中的水汽。当气温和相对湿度较低时，人的皮肤会感到干燥和发痒，可以用加湿器来增加空气中的水汽含量。

延伸阅读： 空气；云；雨；水汽。

一位气象学家准备发射一个携带无线电探空仪的探空气球。无线电探空仪是一种能够测量空气中相对湿度及气压和气温的装置。

活动

空气中有多少水分？

气象学家用一种叫湿度计的仪器测量空气中的水分。这种仪器用于地面气象站，也用于飞机、船舶和探空气球。气象学家利用湿度计测量到的信息来预报天气。

最简单的一种湿度计是毛发湿度计。它是用人的头发来测量相对湿度。你可以用你自己头发做一个毛发湿度计。在三周的时间里，在图表上记下你每天的测量结果。你能预测第四周空气会变湿还是会变干吗？

您需要的材料：

- 一把尺子
- 一支钢笔或铅笔
- 一把剪刀
- 一张薄纸板：15 厘米 ×4 厘米
- 胶带
- 一根头发，大约 20 厘米长
- 一块硬纸板：21 厘米 ×27.5 厘米
- 6 个图钉
- 一块木头：27.5 厘米 ×5 厘米 ×5 厘米
- 一支笔尖很尖的彩色钢笔

1. 用尺子在薄纸板上画一个大约 12.5 厘米长、2.5 厘米宽的箭头，并把箭头剪下来。

2. 用胶带把头发的一端固定在硬纸板的中间顶部。

3. 用图钉把纸板固定在木块长的一侧上。

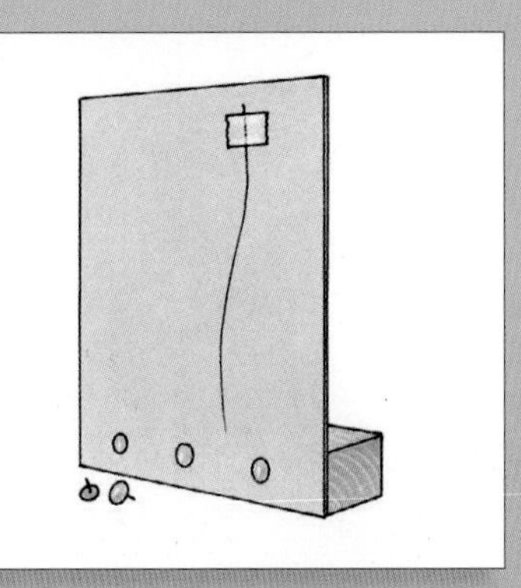

实验

空气中有多少水分?

4. 如图所示，将头发的另一端固定在箭头背部的中间。

5. 把箭头放在纸板上，移动它，直到头发完全绷紧，并与纸板的长边平行。然后用图钉把箭头的末端固定在纸板上。

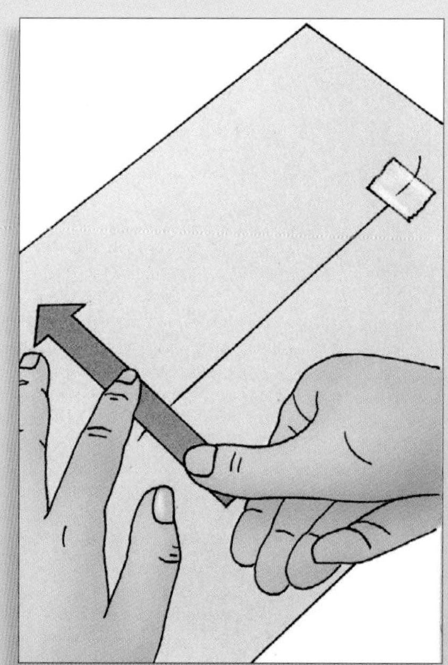

6. 把这个湿度计直立放在室外，并确保它不会倒下。当阳光灿烂时，用彩色笔在纸板上箭头所指的地方做上记号，并在标记旁边写上“干”字。天气潮湿时，箭头会指向下方。标出它的新位置，并在纸板上写上“湿”字。

发生了什么事：

在潮湿的天气里，头发会从空气中吸收水分而伸长，所以箭头向下。在干燥的晴天，头发会变干变短，箭头指向较高的地方。

石灰岩

Limestone

石灰岩是一种软岩，是由一种叫方解石的矿物构成的。大多数石灰岩是灰色的，但也有其他颜色的。

石灰岩分两类，这两大类都形成于水中。一类是含有方解石的潟湖或浅海表面的水蒸发后，白色石灰泥遗留在了海底，慢慢硬化形成石灰岩。

另一类石灰岩是由生物形成的。某些海洋动物，包括牡蛎、蜗牛和珊瑚，使用水中的方解石来制造贝壳。当这些动物死亡后，它们的贝壳下沉并与沙子和泥土混合。地球上的许多石灰岩曾经是贝壳或珊瑚砂和泥。

石灰岩经常用于建筑，因为它很容易雕刻。粉笔是一种质地柔软的石灰岩。

延伸阅读： 大理石；矿物；岩石；沉积岩。

容易雕刻的石灰岩

石榴石

Garnet

石榴石是一种坚硬的玻璃状矿物。它们由二氧化硅和其他化学元素组成，颜色从红色、棕色、黑色到各种深浅的黄色和绿色不等。

有些石榴石晶体被用来制作珠宝。有些则用作研磨剂，也就是用来研磨和抛光各种材料的物质。石榴石遍布世界各地，达到珠宝级别的主要分布在中欧、俄罗斯和南非。石榴石是一月的生辰石。

延伸阅读： 宝石；矿物。

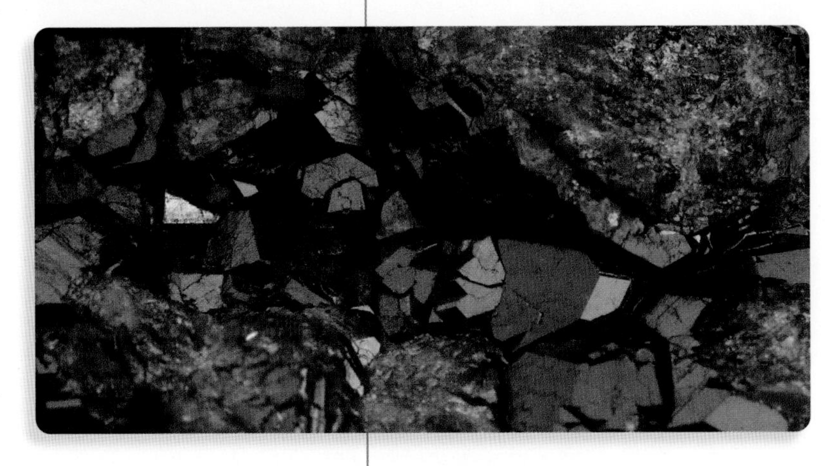

石榴石是一种坚硬的矿物，其玻璃般的外表使其成为珠宝界的“宠儿”。

石墨

Graphite

石墨是一种软的、钢灰色或黑色的矿物，摸起来有一种滑腻的感觉。石墨是化学元素碳的一种形式。

石墨有很多用途。它容易导电，但不易燃烧，因此被用于电气产品。因为石墨很滑，它能使机器零件和锁更容易转动。铅笔中的所谓“铅”是石墨和黏土的混合物。“石墨”这个名字来源于希腊语，意思是“书写”。

世界上许多地方都能找到石墨，但是美国使用的石墨大多数是人造的。人造石墨是由焦炭制成的，焦炭则是由煤经过高温加热制成。

延伸阅读：矿物。

石墨是一种软的、钢灰色或黑色的矿物，摸上去感觉很滑腻。

石炭纪

Carboniferous Period

石炭纪是地球史上距今3.59亿年到2.99亿年前的一段地质历史时期。它比第一批恐龙出现还早了1亿多年。

在石炭纪期间，大部分陆地被树沼覆盖。树沼中生长着各种各样的树——许多与现代蕨类植物有关。树木死亡后，腐烂的植物在陆地上堆积成厚厚的一层。它们被埋了几百万年，随着时间的推移，变成了煤。“石炭纪”来自拉丁文，意思是含煤的。这些煤炭在美国、欧洲和亚洲的很多地区都能找到。石炭系（系是指在“纪”的时间内形成的地层单位）岩层还含有石油矿床。

欧洲和北美洲的石炭系岩层看起来很相似，因为这两块大陆在当时是一个整体。到了石炭纪末期，这块大陆与另一块主要是由现在的南美洲和非洲组成的大陆相撞。世界上的大部分陆地开始形成一块陆地，叫泛大陆。在石炭纪末期，这块大陆的南端，靠近南极，开始形成一个大的冰盖，地球的气候变冷了。

有翼昆虫（第一批会飞的生物）出现在石炭纪时期。当时体型较大的动物有一部分时间生活在水中，一部分时间生活在陆地上，就像现代两栖动物一样。许多动物在体型和外表上像鳄鱼。

延伸阅读：煤；大陆；地球；森林；古生物学；树沼。

石炭纪时期，具有茂密森林的树沼覆盖了地球上的大部分地区。数百万年后，压力和来自地球内部的热量把这些森林的残留物变成了煤炭。

石英

Quartz

石英是一种坚硬的矿物，具有玻璃光泽。它通常存在于岩石和沙子中。石英是一种天然物质，纯石英无色透明。然而，当石英中含有微量的金属或其他物质时，可以呈粉红色、绿色、紫色或黑色。石英存在于许多岩石中。事实上，它是大陆地壳中含量最丰富的矿物。

石英用途广泛。它可用于广播和电视画面的传送，也可用于钟表的准确计时。一些行业使用石英来制造玻璃容器，因为这种矿物可以加热到非常热，即使迅速冷却也不会开裂。透明石英也用于制作一些显微镜和望远镜的透镜。

延伸阅读： 矿物。

石英是一种坚硬的矿物，看起来像玻璃。它是由化学元素硅和氧组成的。

石油

Petroleum

石油是在地下发现的油性液体或气体。它用于制造汽油和其他燃料，也用于制造塑料和化肥等重要产品。石油是世界上最有价值的自然资源之一。液态石油称为原油，气态石油则称为天然气。

现代社会很大程度上依赖于石油产品。飞机、农用设备、卡车、轮船以及大多数汽车和火车都使用石油燃料。石油为许多建筑物提供热能和电力。其他石油产品包括沥青、洗涤剂、机油、化妆品、药品和牙膏。炼油厂把原油变成这些有用的产品。

每个大陆和每个大洋之下都存在石油，但世界上大部分石油分布在中东。

石油是由几百万年前死亡的生物遗骸形成的。这些生物

大多数石油以原油的形式从地下开采出来。它位于称为圈闭的地下构造中。在圈闭中，石油在某些岩石的孔隙中聚集。圈闭中也可能存在气体和水。最常见的圈闭类型有背斜圈闭、地层圈闭、断层和盐丘圈闭。

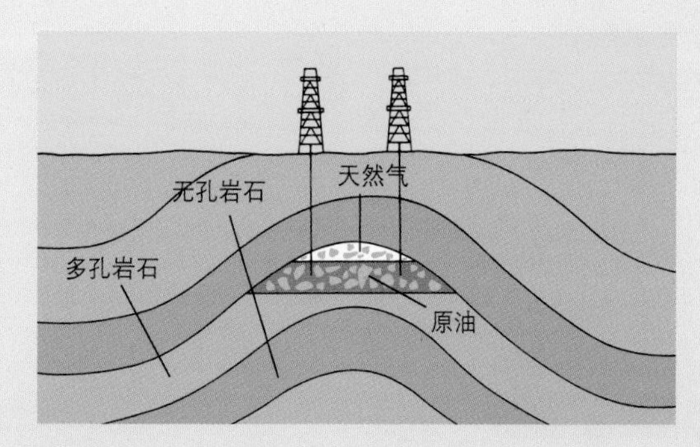

背斜呈拱形。

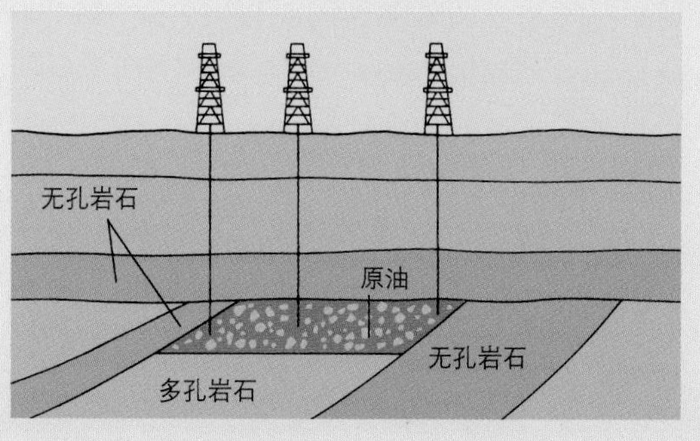

地层圈闭是由平地层构成的。

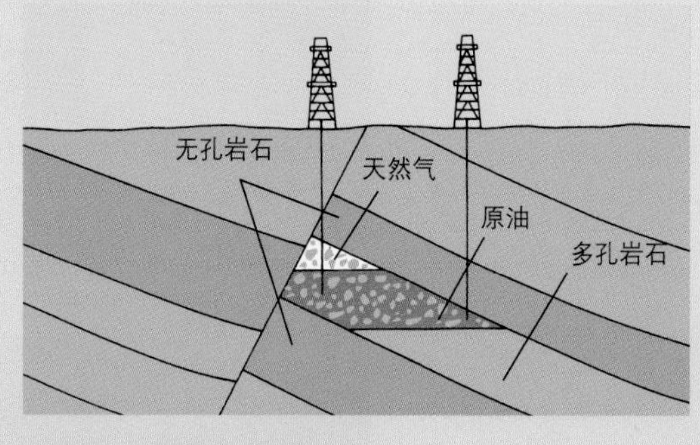

地球岩石外壳断裂产生断层。

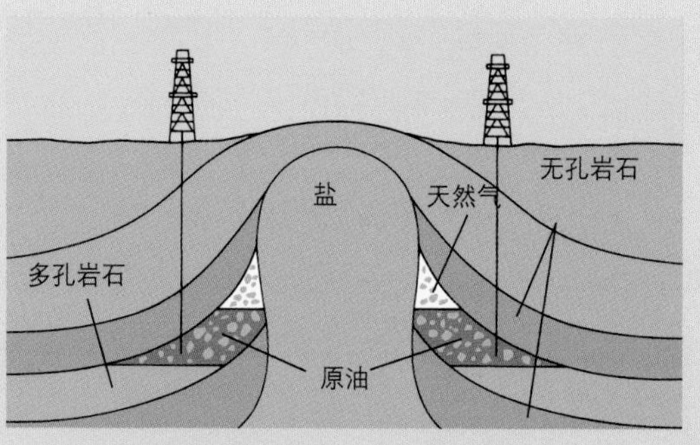

盐丘圈闭是由大量的盐形成的。

死后，它们的遗骸沉到海底。随着时间的推移，沉积物沉积在遗骸上，而且越埋越深。这些沉积物的重量对其施加了巨大的压力，通过挤压，使它们产生了巨大的变化。经过数百万年的重压，这些遗骸就变成了原油和天然气。

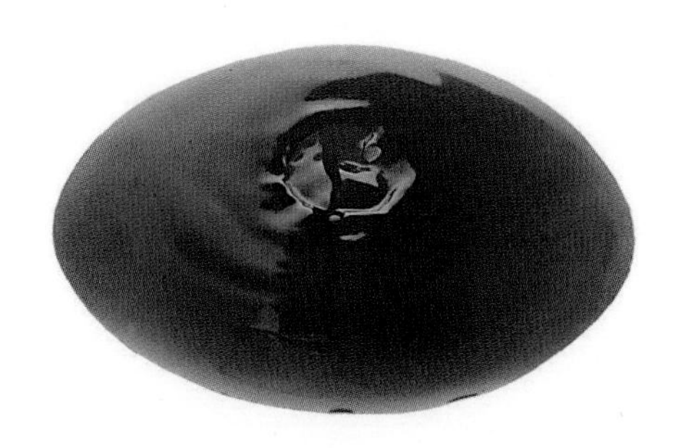
大多数石油以液态形式从地下被开采出来。它可能稠，也可能稀薄。

石油的生产和使用已经引起很多环境问题。有毒的原油可能会溢出到地面或水中，危害动植物。燃烧石油制品会释放出污染空气的有毒气体。几乎所有的科学家都认为石油燃料的燃烧会导致全球气候变化。

延伸阅读： 化石燃料。

石油是用泵通过井从地下抽出来的。在石油资源丰富的地区，这种泵很常见。

石钟乳和石笋

Stalactites and stalagmites

石钟乳和石笋是在洞穴中形成的漂亮的岩石。它们是由石灰岩组成的。

石钟乳悬挂在洞壁或洞顶上。大多数石钟乳看起来像巨大的冰锥，有些看起来像石头做的窗帘，也有的看起来像稻草。

大多数石钟乳的形成是由于其上方的地下水中含有大量的二氧化碳。当水渗入洞穴上方的石灰岩时，会溶解其中一种叫方解石（碳酸钙）的矿物。当水从洞顶滴落下来时，气体会释放到空气中，水滴便在洞顶析出了少量的矿物，这种矿物慢慢聚积，便形成了多彩的石钟乳。有时，石钟乳要经过几千年才能形成。

美国新墨西哥州东南部卡尔斯巴德洞窟中有世界上最大、最壮观的石钟乳和石笋。

石笋从洞穴的地面向上生长。当水从洞顶滴落到洞底时，也会析出少量方解石。随着时间的推移，石笋便从洞穴底部生长出来。它们通常看起来像倒过来的石钟乳。

石笋继续向上生长，便会与悬挂在顶上的石钟乳连接起来，形成石柱或石帘。

在美国，新墨西哥州卡尔斯巴德洞窟、弗吉尼亚州卢雷岩洞、肯塔基州猛犸洞、田纳西州坎伯兰洞穴和阿肯色州布兰查德泉洞都有很好的石钟乳和石笋。在卡尔斯巴德洞窟的洞室里，石钟乳和石笋的形状就像中国的寺庙，有厚重的柱子和带花边的冰柱。

延伸阅读： 二氧化碳；洞穴；石灰岩。

活动

制作石钟乳和石笋

石灰岩含有方解石矿物。石灰岩洞穴中生长着壮观的岩状结构。水流经洞穴时，会溶解周围岩石中的方解石。然后，随着水滴蒸发，析出来的方解石逐渐形成石钟乳和石笋。下面自己动手做实验，制作自己的石钟乳和石笋。

您需要的材料：

- 温的蒸馏水
- 小苏打
- 勺子
- 绳子
- 碟子
- 回形针

1. 两只杯子各装一半温的蒸馏水。逐渐倒入小苏打，尽可能多地溶解它。用勺子搅动苏打水，这种混合物称为饱和苏打溶液。

2. 把一根绳子浸入溶液中，把它从一个杯子拉到另一个杯子，中间放一个碟子。然后用回形针把两边的绳子固定好，再等上几天。

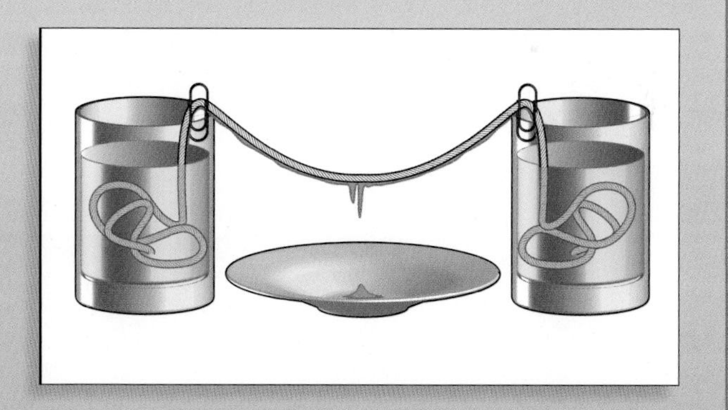

3. 溶液会沿着绳子运动。当它到达最低点时，溶液就会滴到碟子里。水会蒸发，小苏打会沉淀出来，形成石钟乳。溶液滴到碟子上的地方也会有石笋向上生长。

用石钟乳和石笋做实验

再做几个实验。每次做实验时，改变一些条件，比如绳子的长度或杯子里的水的量。什么条件下会形成更大的岩状结构？你能加快或放慢这个过程吗？

世界七大自然奇观

Seven natural wonders of the world

世界七大自然奇观是世界上最突出的七个自然景观。并没有一份特别的自然奇观名单被认为出自官方。通常所说的七大自然奇观是科罗拉多大峡谷、珠穆朗玛峰、巴西里约热内卢港、极光、维多利亚瀑布、帕里库廷火山和大堡礁。

美国亚利桑那州科罗拉多大峡谷是世界上最壮观的峡谷之一。

科罗拉多大峡谷是世界上最令人惊叹的峡谷之一。它穿过美国亚利桑那州西北部，长 446 千米，深约 1.6 千米。在一些地方，它有 29 千米宽。峡谷的岩层有许多不同的颜色。日落时分，峡谷壁上的红色和棕色的岩层格外美丽。经过科罗拉多河的河水数百万年的侵蚀，这条峡谷形成了。

珠穆朗玛峰是世界上最高的山峰，位于中国与尼泊尔交界处，海拔高度约 8850 米。它是喜马拉雅山脉的一部分，这一山脉是两个构造板块相互碰撞而形成的。因为印度板块仍与欧亚洲板块持续碰撞，所以喜马拉雅山脉现在仍在

珠穆朗玛峰是世界上最高的山峰，高 8844.43 米。

巴西里约热内卢市是随着美丽的自然海湾建起来的。

在增长。

巴西里约热内卢港是一个有着许多岛屿的美丽的自然海湾。葡萄牙水手在15世纪初发现了这个海湾。他们误把海湾认作一条大河的河口，于是将该地区命名为里约热内卢，葡萄牙语为“一月之河”的意思。里约热内卢市随着港口而发展。

极光是出现在高纬度天空中的自然发出的光。在北半球，极光称为北极光；南半球的极光则称为南极光。

极光出现于太阳粒子到达地球时。太阳粒子与地磁场和两极上空的大气相互作用时，就会产生光。

维多利亚瀑布是非洲南部赞比西河上一个美丽的瀑布。它位于赞比亚和津巴布韦之间。赞比西河在瀑布处宽约1.6千米并从这里突然掉进一个又深又窄的山谷。瀑布的中央高度为108米。住在瀑布附近的人称它为“打雷的烟雾”，因为它发出巨大轰鸣声，且有雾气从中升起。

帕里库廷火山是墨西哥米却肯州的一座火山。它形成的速度惊人，1943年2月20日，帕里库廷火山只是出现在农田里的一个洞。一年之内，它长到

极光是由地球大气中的带电粒子产生的。

336 米高。当帕里库廷火山 1952 年停止喷发时，它已高达 424 米。这座火山是以它在喷发中摧毁的村庄命名的。

大堡礁是世界上最长的珊瑚礁链。大堡礁位于澳大利亚东海岸，大约有 2010 千米长，它看起来像一个充满鲜艳色彩的生物的海洋花园。

其他自然奇观还包括澳大利亚的乌鲁鲁巨石、瑞士和意大利边境的马特洪峰，以及美国的陨石坑。

延伸阅读： 科罗拉多大峡谷；大堡礁；珠穆朗玛峰。

维多利亚瀑布位于赞比亚和津巴布韦的交界处。1855 年，英国探险家戴维·利文斯通发现了这一瀑布，他以英国维多利亚女王的名字命名了它。

墨西哥帕里库廷火山是西半球最新形成的火山。在大约一年的时间里，它从玉米地里的一个洞上升到 336 米高。

位于澳大利亚东海岸的大堡礁被联合国认定为世界遗产，它在自然或文化方面具有独特的重要性。

树沼

Swamp

树沼是一大片潮湿、泥泞的土地，分布在地势低洼的地区。它们通常形成于沿海或流动缓慢的河流附近。

有许多动植物生活在树沼中。乔木、灌木、藤本植物、草和其他植物生长在树沼中，树沼还是鱼、蛙类，以及鳄鱼、蛇和海龟等爬行动物的家园。鸟类、昆虫以及熊、鹿和兔子等哺乳动物也栖息于树沼中。

世界上大部分气候温暖地区，树沼随处可见。树沼有淡水的，也有咸水的。

延伸阅读： 草沼；湿地。

柏树生长在美国路易斯安那州的树沼中。

典型的树沼生物有短吻鳄和苍鹭等动物，以及柏树和睡莲等植物。

霜

Frost

霜是冰晶的一种形式，它会在窗玻璃上、草地上和户外其他接近地面的表面上形成。有些霜的晶体是片状的，就像雪花，还有一些则是中空的六棱柱。霜冻是指低于0℃的低温对植物产生的冻害。

霜会在日落后的寒夜中产生。当太阳下山后，地面开始变冷，空气中的水分，即水汽，就会凝结在物体上形成露珠。如果气温低于0℃，即水的冰点，露珠就会冻结。当周围的露珠蒸发并将水汽聚集在晶体上时，水滴就变成了霜。

在非常寒冷的夜晚，水汽可以直接凝固成霜，不需要露珠来启动整个冷冻过程。

延伸阅读： 露；露点；冰；水汽。

霜的晶体在窗玻璃上形成图案。

水

Water

水是地球上最常见的物质。它覆盖了地球表面的70%以上，占据了海洋、河流和湖泊。地表以及我们呼吸的空气中都有水。水也存在于每一个生物体中。人体大约有三分之二是水。人类可以在没有食物的情况下生存两个多月，但在没有水的情况下我们最多只能生存一星期。大多数科学家认为生命本身就起源于古代海洋。

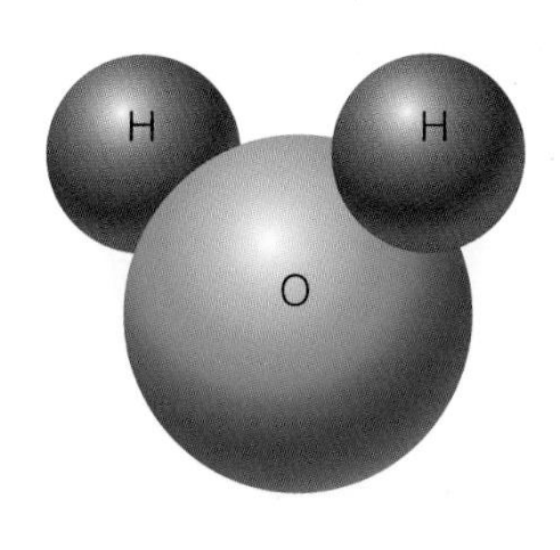

水分子结构图

地球上有大量的水——大约有14亿立方千米。其中97%的水在咸咸的海洋中，超过2%的水在冰盖和冰川中。剩下的大部分水存在于湖泊、河流、泉水、池塘和地下空间，还包括雨和雪，以及空气中的水汽。许多科学家相信，地球深处也有水。

地球上的水被反复利用。水从海洋和其他水体的表面蒸发并上升到空中，再回到地表，然后又上升到空中，这个永无止境的过程叫水循环。因为水循环，今天地球上的水和以前或者将来都一样多。

自从46亿年前地球形成以来，水可能就存在于地球上。许多科学家认为，地球与太阳和其他行星一样，都是由同样的气体云和尘埃形成的。这种气体云包括水的化学元素——氢和氧。当地球冷却并变成固体时，水被困在地壳的岩石中，然后逐渐释放，使海洋盆地充满水。许多科学家相信，有些水是由彗星带到地球的，彗核中含有冰冻的水。

从那时起，水一直在塑造着地球。雨水撞击地面，把土壤冲进河中。河流穿过岩石，切割出峡谷，并在流入大海的地方把侵蚀下来的沙砾堆积起来，形成陆地。海浪拍打着海边的悬崖，带走悬崖上的岩石。冰川则刨蚀山谷，削低山脉。

水还可以防止地球上的气候变得太热或太冷。陆地吸收和散发太阳热量的速度很快，但海洋和其他大型水体吸收和释放太阳热量的速度要慢得多。正因为如此，海洋上吹来的风在冬天使附近的陆地变暖，在夏天则使陆地降温。

水在人类历史上也发挥了重要作用。伟大的文明在供水

波多黎各艾尔云克国家森林公园中的瀑布上，水咆哮着流过。

美国威斯康星州魔鬼湖。

世界上不同地区的降水量不同。有些地方没有足够的雨水来满足当地居民的需求，导致水资源短缺。

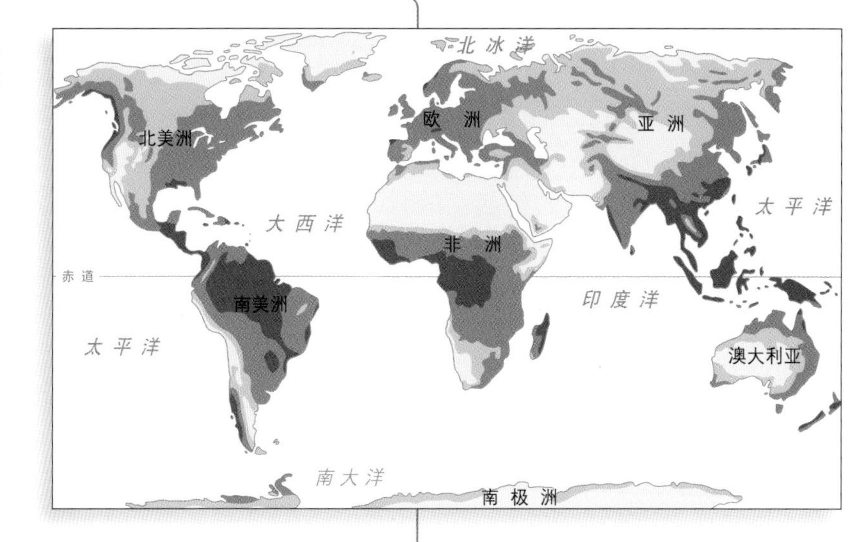

不足时就会衰落。即使在今天，如果不下雨，庄稼就会枯萎，饥荒就会蔓延。但有时雨下得太大、太突然，河水漫过河岸，会造成大量的人员溺亡和巨大的财产损失。

水在我们现代的生活中也是必不可少的。我们在家里使

许多人去海滩游泳，在水里玩耍。

用水来清洁、做饭、洗澡，并冲走污物。我们在农场里用水种植庄稼。我们还利用湍急的河流和瀑布中的水来发电。

华盛顿东北部的大古力大坝上，水从上面倾泻而下，产生电力。

在世界上的某些地区，没有足够的淡水来满足人们的需求，这些地区大量缺水。由于降水在整个地球上的分布并不均匀，所以一些地区出现水资源短缺。另外，一个通常雨水充足的地区有时也可能突然很长一段时间没有下雨。

有些地区水资源短缺，原因是人们不合理地使用水。来自城市和工厂的废物以及来自农场的化学物质会污染水源，导致那里的水无法再使用。有些城市没有充分利用水资源，也会出现水资源短缺。他们有足够的水，但缺少足够的储水池、水处理厂和输水管道来满足人们的需要。此外，过度使用一个水源，如一个湖，也可能导致湖泊干涸。

科学家估计，随着地球人口的持续增长，许多国家将面临水资源短缺。人们需要更合理地利用世界上的水资源，只有这样每个人才能有足够的水。

延伸阅读： 露；洪水；雾；霜；地下水；温泉；湿度；冰；湖泊；绿洲；海洋；雨；河流；雪；水循环；供水；水汽；瀑布；水龙卷；漩涡。

一艘客轮在格陵兰岛卡西江吉特冰冷的海水中航行。

水库

Reservoir

米德湖位于美国内华达州胡佛大坝后，长 185 千米，蓄水量约为 350 亿立方米。

水库是储存大量水的地方。人们出于需要而用水，可能用来饮用、种植庄稼或发电。有一些水库还有助于控制洪水。水库也是人们划船、钓鱼和游泳之所。

水库可以是天然的，也可以是人工修建的。湖泊是天然水库，许多城市的用水就来自湖泊。

许多人工水库是由水坝围成的，也称为人工湖。例如，美国的米德湖就是胡佛水坝围成的人工水库。还有些人工水库则是平地上挖出的盆地，盆地充满水后就形成水库。

水库的水量是用立方米来计量的。1 立方米的水有 1000 升。

延伸阅读： 湖泊；供水。

世界大型水库

水库名称	地理位置	容量（亿立方米）	完工日期
维多利亚湖	肯尼亚，坦桑尼亚，乌干达	2048	1954
布拉茨克水库	俄罗斯	1690	1964
纳赛尔湖	埃及，苏丹	1620	1970
卡里巴湖	赞比亚，津巴布韦	1604	1959
伏尔泰湖	加纳	1480	1965
马尼夸根	加拿大	1419	1963
古里	委内瑞拉	1350	1968
克拉斯诺亚尔斯克	俄罗斯	733	1967
威利斯顿湖	加拿大	703	1967
泽雅水库	俄罗斯	684	1978

水力压裂

Hydraulic fracturing

水力压裂是开采石油(原油和天然气)的一种方法。在水力压裂法中,工人们以极高的压力将沙子、水和化学物质泵入地下,使地下深处的岩石开裂。当不能以其他方式开采时,水力压裂可以使石油和天然气从井下流到地表。

水力压裂法是在钻井之后进行的。这口井可能有几千米深,也可能还有侧支。流体被泵入井中,这种流体含有砂或其他称为支撑剂的东西,支撑剂"支撑"了地下岩石的裂缝,石油和天然气从裂缝中流出。

一个大型水力压裂工程可能需要2万立方米的水。一旦油井破裂,大部分水就会流回地面。这些水通常有毒,必须收集并进行处理,否则,会污染环境。

延伸阅读: 天然气;石油;岩石。

在水力压裂法中,将水、沙子和化合物的溶液用高压注入井中。这种加压混合物会导致页岩破裂,这些裂缝被沙粒压开,使得天然气可以向上流动。收集到的天然气被储存在储罐中,直到卡车将其运送到用户那里。

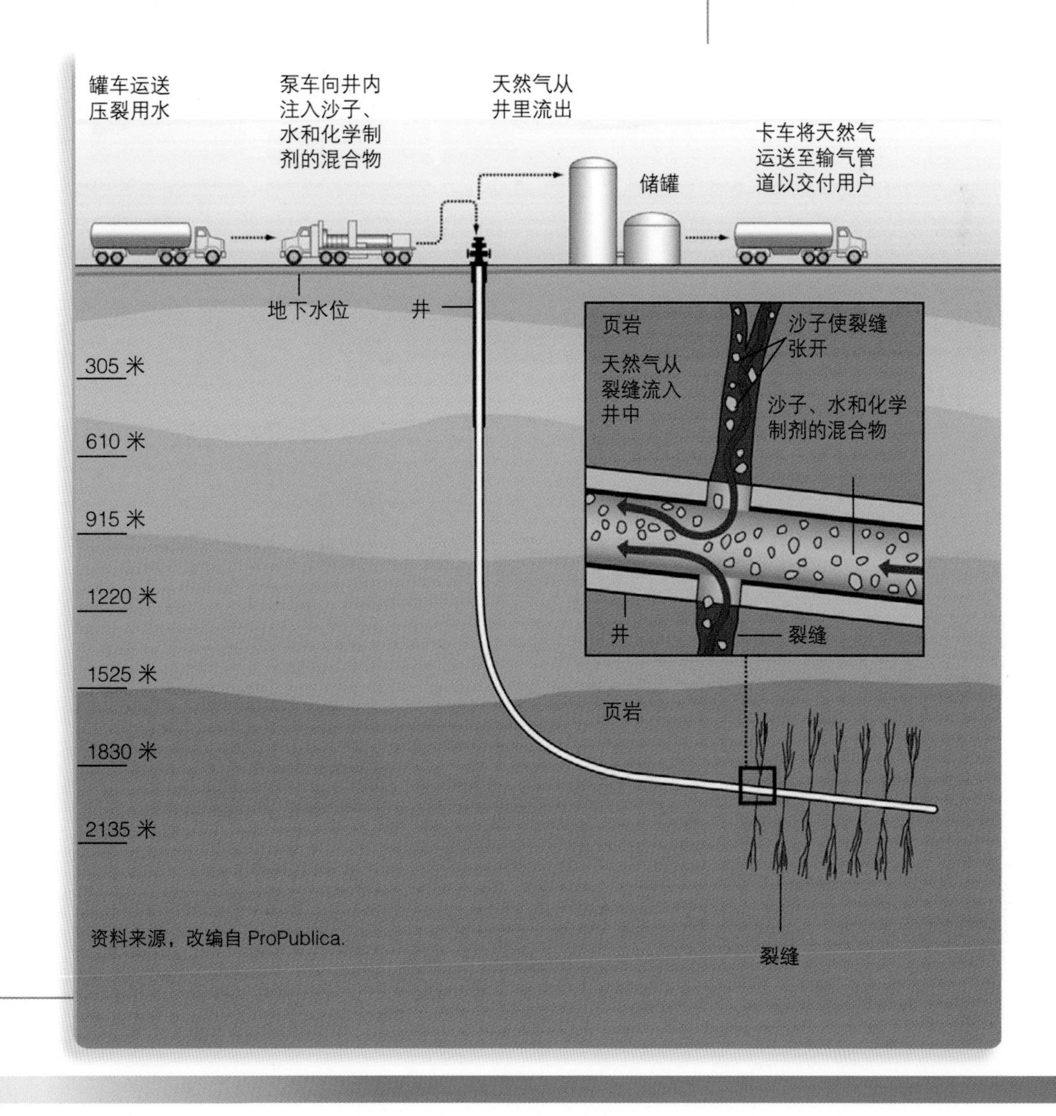

水龙卷

Waterspout

水龙卷是在湖面或海面上出现的龙卷。它通常比陆地上的龙卷弱且小。当低气压中心增强并导致风旋转时，就会出现水龙卷。这时会形成厚厚的、黑色的、旋转的云，一股旋转的气柱从云层下面伸展到水面。大气中的水汽在这个气柱中凝结（变成液体），湖面或海面的水从气柱的底部被吸上去，这时我们可以很清晰地看到这个气柱。

大多数水龙卷的直径在6～60米之间。它们通常与强风有关，能造成严重损害。大多数水龙卷形成于热带地区。在北半球，水龙卷通常是逆时针旋转的，而在南半球则是顺时针旋转。

延伸阅读：龙卷；旋风。

水龙卷旋转的气柱是一个很壮观的景象，但又很危险。

水汽

Water vapor

水汽是以气体形式存在的水。空气中总是有水汽。液态水被加热时就会形成水汽。大多数水汽形成于太阳的热量使水从湖泊、河流、海洋或潮湿的土壤和植物中进入空气之时。在这种情况下，水从液态变成气态，这个过程叫蒸发。

空气只能容纳一定量的水汽。但暖空气能容纳的水汽比冷空气的多。当空气变冷时，一些水汽就开始变成微小的水滴，这个过程叫凝结。这些水滴在地面附近形成雾，在高空则形成云。当水滴变得很大时，它们就会变成雨滴落下来。

延伸阅读：空气；云；雾；冰；霾；水。

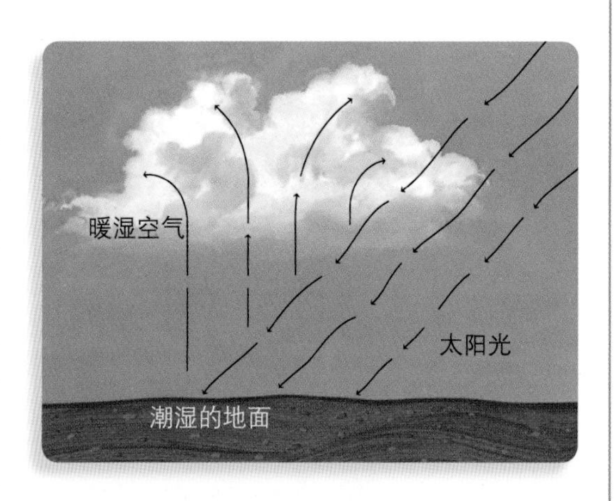

当太阳光加热潮湿的地面和空气时，暖湿空气会上升温度会下降。由于冷空气不能像暖空气那样能容纳那么多的水汽，所以多余的水汽就变成了微小的水滴或冰晶，这些水滴或晶体便形成了云。

水循环

Water cycle

水循环是地球上的水从陆地和海洋升到空气中，再从空气回到陆地和海洋中的无休止的运动。这个运动循环往复，在一定的时间段内会重复出现。水循环还有一个名称叫水文循环。

来自太阳的热量把表层海水变成水汽。水汽是一种气体，水从液体到气体这个过程叫蒸发。有些水汽是从湖泊、河流和其他潮湿地区进入空气的。还有一些水汽是通过植物的叶子进入空气的，这是一种特殊过程，叫蒸腾作用。

水汽升到空中，随着高度的升高会被冷却。冷却后通过凝结这一过程变成微小的水滴。数以亿计的水滴在天空中聚到一起便形成云。云中的水最终以雨的形式落下，如果空气足够冷的话，则以雪的形式落下。大多数雨雪落在海里，但也有一些落在陆地上。随着时间的推移，这些水会流回海洋或其他水体。

水并不总是以完全相同的方式循环。例如，下雨后一些水可能会立刻蒸发回到空气中。它也可能被困在地球的冰盖中或海洋深处很多年。由于自然界的水循环，地球上今天的水和以前或者将来都是一样多的。水只是从一种形式变成另一种形式，从一个地方移到另一个地方。你昨天晚上洗澡用的水可能是去年流入俄罗斯伏尔加河的水，抑或亚历山大大帝可能在2000多年前喝过的水。

延伸阅读： 空气；云；地下水；海洋；雨；雪；水；水汽；天气和气候。

在水循环中，水通过蒸发（液态水变为水汽）和蒸腾作用（水汽从叶子中排出）进入空气中。水汽在大气中冷却，形成由微小水滴组成的云。最终，这些水以降水（雨、雪、雨夹雪、冰或冰雹）的形式落下。有些降水落在陆地上后流进水体，在那里又开始循环。还有一些降水先渗入地下，然后流入水体。

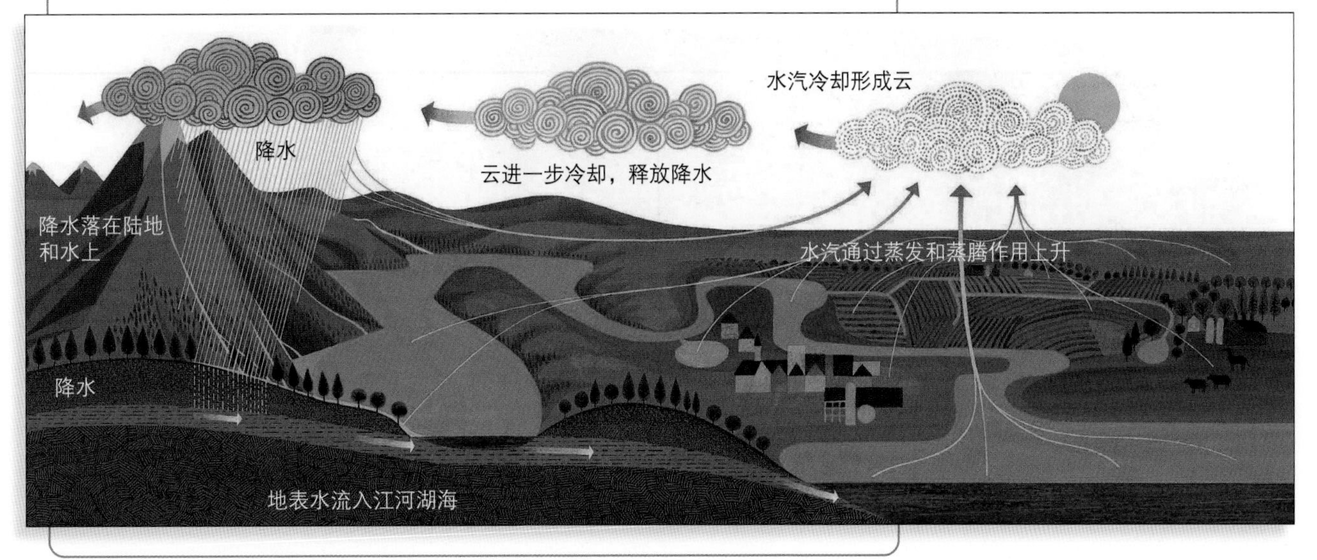

酸雨

Acid rain

酸雨是一种酸性物质含量高于正常水平的有害的雨。酸是一种常常带有酸味的化学物质，会使人的皮肤刺痛或灼伤。除了雨，冰雹、雪和雾也可能是酸性的。酸雨危害湖泊和河流，会杀死鱼类和其他野生动物，还会破坏森林、土壤、雕像、桥梁和建筑物。

空气中含有水汽。当某些化学物质与水汽混合在一起时，就会形成诸如硫酸和硝酸这样的酸。这些化学物质大部分来自煤炭、石油和汽油等化石燃料的燃烧，这些燃料为工厂、发电厂和汽车等提供能源。城区高烟囱可以通过风把污染物扩散到更远的地方，甚至扩散到农村地区。

一座德国雕像揭示了酸雨的破坏性。

科学家和工程师已经开发出各种减少酸雨的方法。例如，通过一些设备过滤掉工厂和发电厂向空中排放的有害化学物质。还可以向湖泊和河流中添加化学物质，以降低它们的酸性。而这些化学物质从其他角度来看，有时也是有害的。

1990 年，美国国会在 1970 年通过的《清洁空气法案》中增加了修正案，以减少美国和加拿大的酸雨。这些修正案

酸雨能大面积地破坏森林。酸性物质常常危害树叶，阻止它们为树木生产足够的养料。

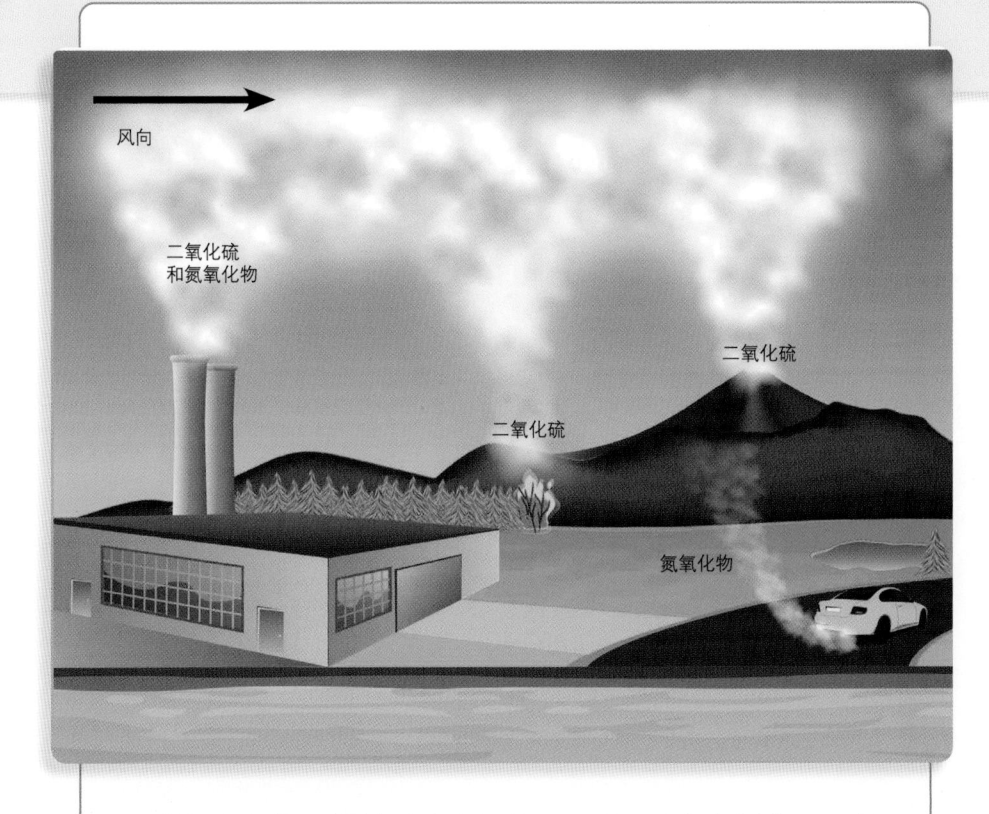

二氧化硫和氮氧化物可能从汽车尾气中释放出来，或从工厂和发电厂排放的烟气中释放出来。一些酸性的气体也可能来自森林大火和火山喷发。

要求行业在使用燃料时减少污染，同时还要求降低化工厂的数量，以减少排放到空气中的化学物质。

延伸阅读： 空气污染；环境污染；化石燃料。

二氧化硫和氮氧化物可以与大气水和地表水结合形成硫酸和硝酸。如果湖床的岩石中有石灰，就可以中和以雨或雪的形式落入湖泊中的酸。

台风

Typhoon

2002 年 9 月，台风“森拉克”在西太平洋的琉球群岛上空盘旋。

台风是一种形成于西太平洋的强烈的、旋转的风暴。当同样的风暴在大西洋、加勒比海或东太平洋形成时，则被称为飓风。台风和飓风都是一种被称为热带气旋的风暴。

当热带海洋中含有大量水汽的暖空气迅速上升时，台风就形成了。在海洋上空，湿空气冷却，形成风暴云和雨。如果强风把潮湿的空气吹得更高，就会变成台风。

台风的风速可达 240 千米 / 时。破坏性的台风可能从风暴中心向外延伸 400 千米。台风造成的巨浪常常会淹没土地。这些风暴可以导致许多人死亡，并造成巨大的财产损失。

延伸阅读： 气旋；飓风；旋风。

太平洋

Pacific Ocean

太平洋是世界上最大的水域，面积约 1.71 亿平方千米，约占地球表面积的三分之一。太平洋如此之大，以至于把所

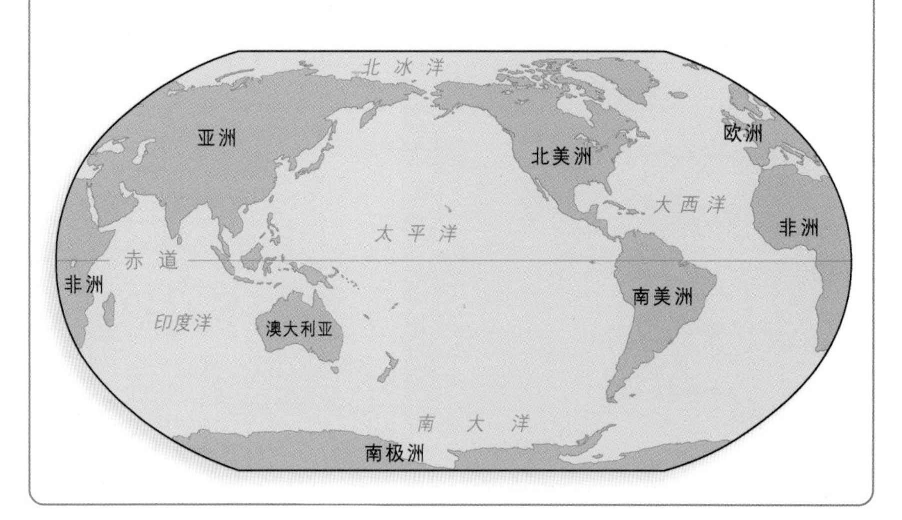

太平洋是地球上最大的水域，覆盖了地球表面积的三分之一。太平洋从亚洲和澳大利亚一直延伸到南美洲和北美洲。

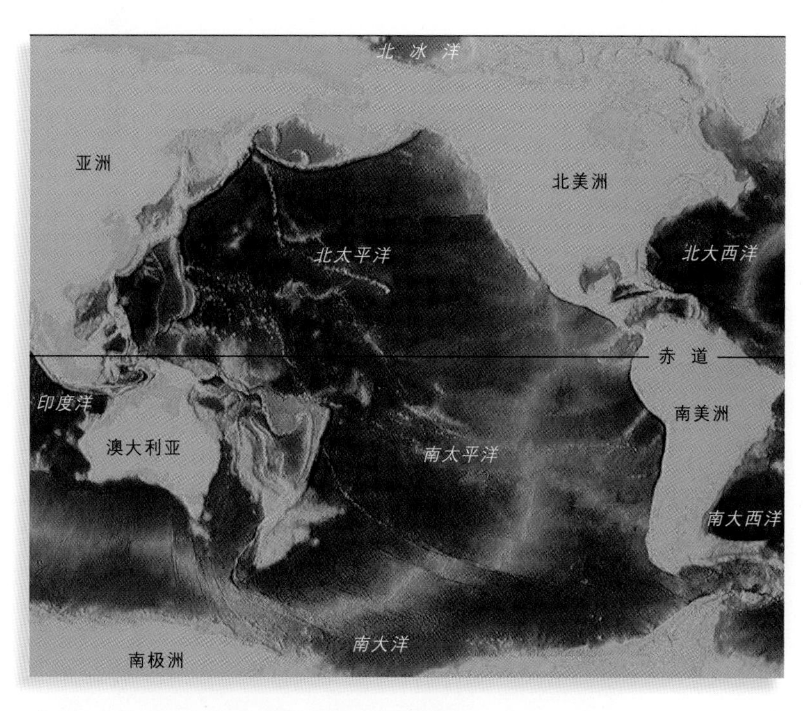

太平洋的深度因地而异。

有的大陆都放在里面，还留有空间。

太平洋北至白令海峡，南到南极洲，东接北美洲和南美洲，西接亚洲和澳大利亚。还有许多海也是太平洋的一部分，包括白令海、日本海和珊瑚海。太平洋上有好几万个岛屿，包括日本、新西兰和菲律宾等岛国，以及很少露出水面的礁石或沙堆。

pacific 的意思是“和平”。1520 年，葡萄牙探险家麦哲伦给它起了这个名字。麦哲伦率领船队环球航行时发现，与他的船只刚刚经过的南美洲南部波涛汹涌的大海相比，这里似乎平静了许多。

然而，太平洋并不总是平静的。它猛烈的风暴毁坏了无

太平洋巨型章鱼是世界上最大的章鱼，通常有 5 米长，重达一两百千克。

数的船只，摧毁了许多城市。地震和深海火山爆发引发海啸，能横扫沿途的一切，夺去数十万人的生命。

太平洋的海底有高山、洋中脊和广阔的平原。太平洋最深的部分是海沟。大多数海沟的深度达6000 ~ 9000 米。关岛附近的马里亚纳海沟，包括查林杰海渊，是所有海洋中已知最深的海沟。东太平洋有热液喷口，这些喷口位于海底，被火山岩加热的水以温泉的形式从喷口冒出。

太平洋有两大海流。海流是在一个方向上稳定流动的水体。一股海流在北半球，另一股在南半球。这些海流组成环流并以一个巨大的圆圈形成流动。风驱动着这两个环流。洋面下有水团，它们以不同的循环模式运动。

太平洋为全世界提供了大约一半的鱼类和贝类。还提供了包括珍珠、用于肥料和食品加工的海藻、用于水族馆的热带鱼和矿物等其他产品。许多国家在沿海水域发现了大量的石油和天然气。

太平洋面临许多问题。许多工厂和城市向其倾倒垃圾、污水和其他污染物。大型油轮或油井泄漏的石油杀死了许多动植物。全球变暖引起海平面上升，破坏了湿地和其他沿海地区。此外，海水变暖破坏了海洋生态系统，尤其是珊瑚礁。

延伸阅读： 环境污染；海洋；海洋学；海啸。

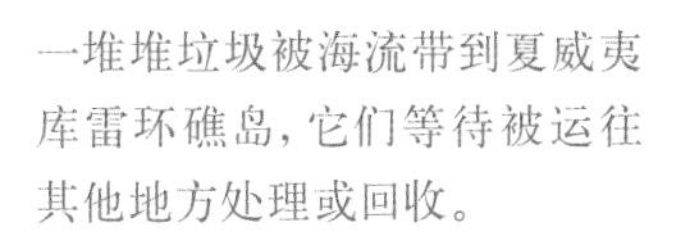

一堆堆垃圾被海流带到夏威夷库雷环礁岛，它们等待被运往其他地方处理或回收。

在计算机生成的图像中，加利福尼亚沿岸水温的差异用不同的颜色来表示。浅灰色、红色和橙色代表最浅、最暖的水域。蓝色和紫色表示最深、最冷的水域。这张图片还展示了侵蚀作用如何塑造海底，形成峡谷和其他特征。

天空

Sky

天空是我们从地球上可以看到的大气层和太空的一部分。大气层是包围地球的空气，太空则始于大气层之上。晚上，天空是黑暗的。在晴朗无云的夜晚，我们可以看到月亮、恒星和一些行星。白天，我们通常只能看到太阳。

天气晴朗时，天空看起来是蓝色的。阳光看起来是白色的，但实际上它包含了彩虹的所有颜色。当阳光穿过大气层时，空气中的气体分子和颗粒物会散射光线。蓝色光被散射得最多，布满天空的各个角落，使天空看起来是蓝色的。日出日落时，阳光在大气中的传播路径比太阳在头顶时走得更长，蓝色光散射得更多。因此，红色和黄色光更容易到达我们的眼睛，这使得太阳和它附近的天空看起来是红色或橙色的。

天空中有小水滴和冰晶，它们以大团的云的形式飘浮在大气层中。

延伸阅读： 大气；云；彩虹。

天气和气候

Weather and climate

天气是指一个地区在短时间内的气象状况，包括温暖、寒冷、下雨、云、风和光照等要素。天气与气候是不一样的。为了弄清一个地区的气候，科学家必须研究该地区多年的每日天气。天气变化很快，但气候变化可能需要数千年。

大多数天气现象发生在对流层中，对流层是大气层的最低层。有三个主要因素影响对流层的天气，那就是气温、气压和湿度。

气温高低主要取决于太阳。白天通常比夜晚暖和，那是因为太阳在白天照射到空气和地面上。夏天比冬天暖和，因为夏天正午太阳高度角比冬天的大，从而有更多的光线直射到地面。

气压是一个地方单位横截面上空气的重量。近地表的空气比高空中的空气重。当一个地区的气压下降时，常会形成云和风暴天气。气压增加，则经常出现好天气。

湿度是空气中的水汽含量。水汽是以气体形式存在的水。暖空气比冷空气能容纳更多的水汽。然而，空气只能容纳一定量的水汽，当空气中的水汽超出空气所能容纳的量时，水汽就会变成水滴，从而形成云。这些水滴结合在一起，如果它们足够大，便可能以雨或雪的形式降落到地面。

在某个时间，有些地方在下雨，而有些地方却是晴朗的；有些地方很暖和，而有些地方却很冷。

天气通常是在天气系统中出现的。一个天气系统通常包括一个气团的运动——一个巨大的气团通常湿度、气温分布比较均匀。当两个气团相遇时，就会形成锋。大部分天气变化发生在锋面上。

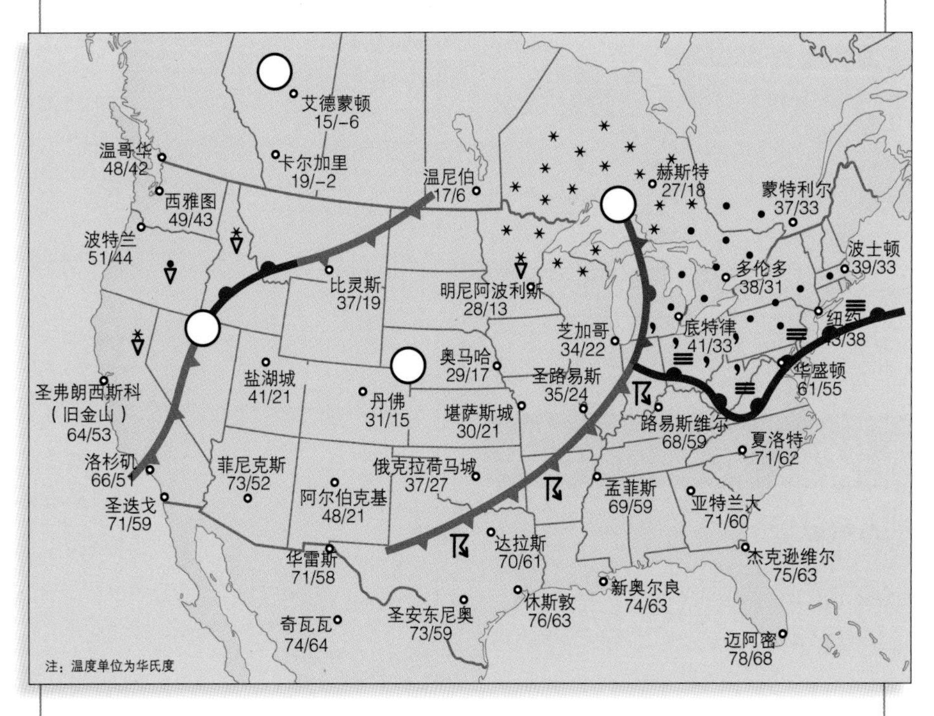

这张天气图显示了美国不同地区以及加拿大和墨西哥部分地区某一天的天气预报。该图显示出暖锋（红线）和冷锋（蓝线）、高压区（H）和低压区（L），以及许多城市的最高气温和最低气温预报。

研究天气的科学家称为气象学家，他们能预报天气。气象学家从许多地方获得信息，包括陆地上的气象观测站和海上的船只，也包括大气层中的探空气球和飞机，以及太空中

在美国华盛顿特区的一场暴风雪中，停车标志几乎被积雪掩埋。

的气象卫星。

地球的气候因地而异，从而创造了各种各样的环境。在地球的不同地方，我们发现有沙漠、大草原和热带雨林。一个地区的气候变化主要取决于五个主要因素：纬度、高度、地形、距离海洋和大湖泊的远近及大气中风的运动。此外，人类活动也可能会影响气候。

许多自然过程也会影响一个地区的气候。其中一些过程，如火山爆发，是短暂的，会引起短期的变化。其他过程，如造山运动和地球围绕太阳轨道的变化，是长期的，会引起气候的长期变化。

研究气候的科学家称为气候学家。为了了解过去的气候，他们研究历史文献。但是从很久以前的文献中很难得到可靠的信息。因此，气候学家还研究树木的年轮、动植物化石，以及沉积物中的花粉。他们还观测从冰川中钻出的冰芯和从海底钻出的岩芯，以及在洞穴中形成的矿藏。

延伸阅读： 空气；大气；云；锋；全球变暖；湿度；气象学；雨；季节；雪；对流层；风寒温度。

美国加利福尼亚的死亡谷是美国最干燥的地方。这里每年的降水量不足 5 厘米。在 1913 年，这个严酷的区域出现了地球上有史以来最高的地面气温——57℃。

活动

如何制作风向标？

风是天气现象中很重要的一部分。如果风从凉爽的地方吹到炎热的地方，炎热潮湿的天气可能会突然转凉。冷空气遇到湿热空气时，就会形成有雨和闪电的云。而另一阵风可能会把云吹走，让太阳再次温暖大地。风也能把风暴带到很远的地方。

来自太阳的能量加热大气层，由于太阳对地球表面的加热并不均匀，风便由此产生。在炎热的地区，上空的空气被加热后膨胀并上升，来自较冷地区的空气随后补充流入，以取代加热上升的空气，这种空气流动就是风。

在北半球，北风经常带来凉爽、干燥的天气，南风通常带来温暖潮湿的天气，风向标是一种能告诉你风向的装置。这个活动将帮助你制作自己的风向标并用它来发现风向如何影响天气的。

您需要的材料：

- 带橡皮擦的铅笔
- 一个纸杯
- 橡皮泥
- 木板或厚纸板
- 剪刀
- 薄纸板
- 一根饮料吸管
- 胶水
- 一枚大头针
- 一个指南针
- 一支记号笔
- 一支记笔记用的钢笔或铅笔
- 纸或笔记本

1. 用笔尖在纸杯底部的中心戳一个洞，再把铅笔向下推下去，穿过那个洞。

2. 沿着纸杯口的边缘粘上橡皮泥，然后把杯子口朝下，粘在木板上。

实验

3. 从薄纸板上剪下一大一小两个等腰三角形。等腰三角形是有两条边相等的三角形。

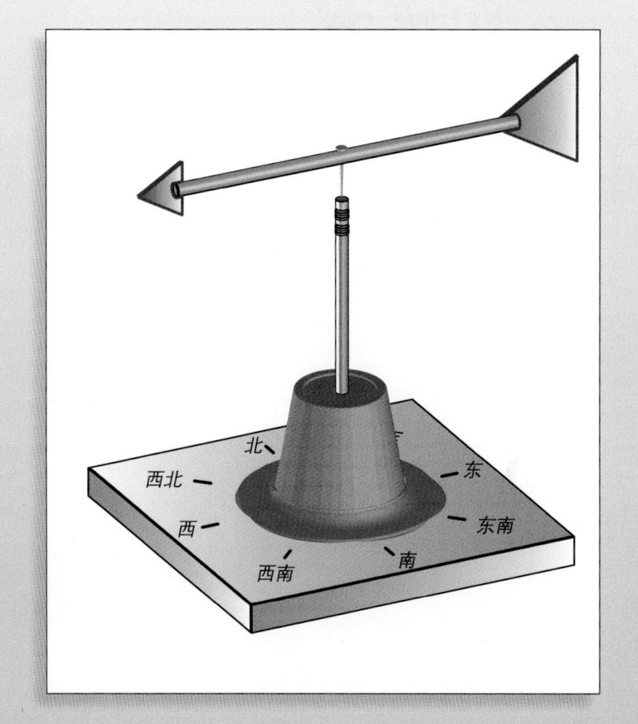

4. 在吸管的两端各切一个口子，把两个纸板三角形一前一后卡进缝里。可以用些胶水粘一下。

5. 把大头针从吸管中间插进去，然后插到铅笔的橡皮擦上面。小心别把吸管弄裂了，它应该可以自由转动。

6. 把风向标放在室外，用指南针找出哪个方向是北。然后，在木板上标出所有的方向。

发生了什么事：

当有风时，吸管会左右转动，三角形箭头的指向就是风的方向。

后续的活动：

记录几星期的风向和天气状况。看看风向是如何影响你所在地区的天气的。根据你的观察画一幅画或写一个故事。

天然气

Natural gas

天然气是一种重要的燃料，可用来取暖和做饭，也可用来制造许多产品，包括塑料和药物。纯天然气是由化学元素氢和碳的化合物组成的，这些化合物叫碳氢化合物。天然气主要成分是甲烷，甲烷是最轻的碳氢化合物。

天然气加工厂把天然气原料中无用的化学物质去除掉。

人们有时会把天然气和汽油弄混，因为在英语中，汽油（gasoline）通常简称为“气”（gas）。但是汽油是液体，而天然气就像空气和水蒸气一样，是一种气态物质。也就是说，它不像液体和固体那样有一个固定的体积。

天然气是一种化石燃料，就像煤和石油一样。化石燃料是由很久以前死去的生物遗骸形成的。

天然气是几百万年前在海底形成的。大量的微小海洋浮游生物死亡并沉到海底。随着时间的推移，沙子和泥土覆盖了它们，慢慢变成了岩石。随着岩石的不断增厚，压力越来越大。压力和来自地球内部的热量，慢慢地把死去的浮游生物变成了天然气和石油。天然气和石油流入石灰岩、砂岩和其他多孔岩石的孔隙中。多孔岩石上一层层的固体岩石把天然气和石油密封在下面。

通过直通到地下的管道，天然气从地下被开采出来。美国和俄罗斯是世界上最大的天然气生产国。

天然气是一种比其他化石燃料更清洁的燃料。也就是说，当它燃烧时，仅产生少量有害气体和颗粒物。部分是出于这种环境效益，对天然气的需求在持续增加。然而，天然气管道的泄漏会把甲烷气体释放到大气中，而燃烧天然气会产生二氧化碳气体。甲烷和二氧化碳通常被认为是温室气体，因为它们能吸收来自太阳但原本会返回太空的热量，并将这些热量截留在地表附近。几乎所有的科学家都认为，全球变暖，即地面平均气温的上升部分原因是温室气体的累积。

延伸阅读： 空气污染；二氧化碳；化石燃料；全球变暖；石油。

土壤

Soil

土壤是地球上最重要的自然资源之一。它覆盖了地球的大部分陆地表面。众所周知，如果没有土壤，地球上的人类是不可能生存的。事实上，科学家已经发现的证据表明，不合理的土壤利用导致了过去许多文明的崩溃。

大多数植物扎根于土壤中，并从土壤中获得营养物质。动物吃植物，或吃以植物为食的其他动物。此外，土壤中含有大量的生物，它们直接依赖土壤作为食物来源。

土壤由几个部分组成，包括来自生物、矿物、水和空气的物质。土壤有很多种，它们的颜色、矿物类型和生物质的量也不尽相

岩层和植物把土壤固定住，有助于防止土壤被侵蚀。

土壤如何形成：

（1）土壤的形成始于固体岩石被风、水和其他外力分解之时。

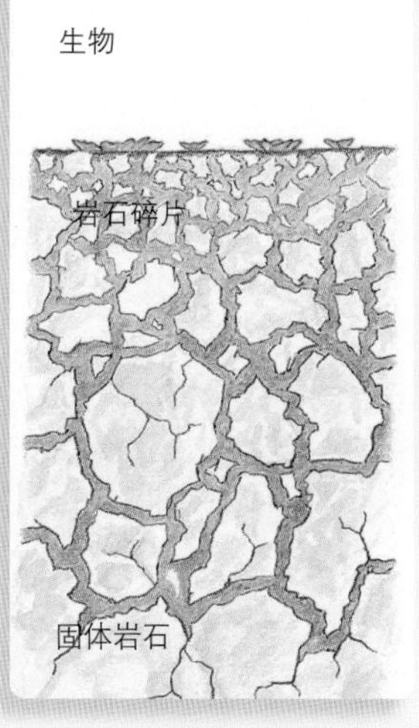

（2）当岩石破碎时，残存的生物质与岩石碎片混合在一起。

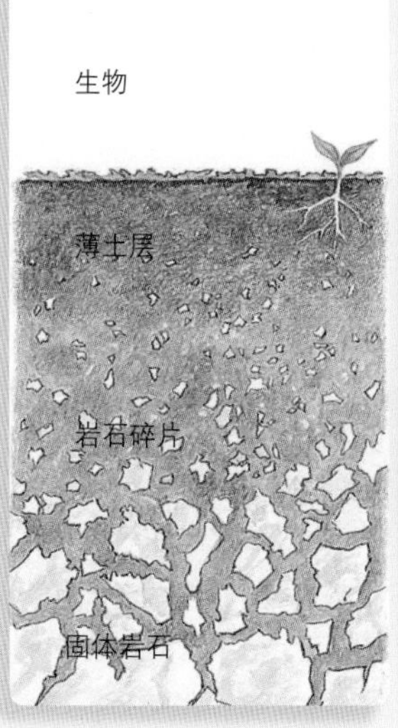

（3）过了一段时间，就会形成一层薄薄的土壤。小的植物可以在上面生长。

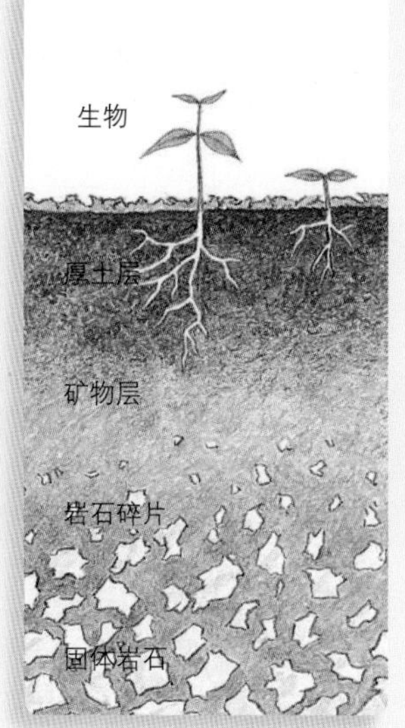

（4）经过更长的一段时间，厚层的土壤随着矿物层形成而形成了。

同。一个地区的土壤类型决定了那里作物和其他植物的生长状况。

来自生物的物质叫有机物。它是由处于不同腐烂阶段的生物遗骸组成的。许多微生物以有机物为食。蚂蚁、甲虫、蚯蚓和白蚁也以有机物为食。所有这些生物有助于有机物分解成更简单的物质。通过这种方式，它们为植物提供养分。有机物只占大多数土壤的 1% ~ 10%。但它可以大大提高土壤支持植物的能力。

土壤是许多生物的家园。蚯蚓通过分解土壤中的腐烂物质来帮助植物生长。当蚯蚓在地下挖洞时，土壤变得松散均匀。

土壤中的矿物主要由沙、淤泥和黏土组成。土壤中的水分有助于营养物质通过气孔这样的微小空间。水分有助于植物根部吸收营养，根也从土壤中获得水分。气孔中的空气使土壤中的生物得以呼吸。

土壤需要许多年才能形成。它来源于地球表面或附近的固体岩石和其他物质。这些物质在植物、动物、风、水和其他外力的作用下分解。经过几个世纪，有机物累积起来，并与矿物颗粒混合。

随着土壤的形成，其中的物质可能会发生变化。因此，土壤通常是分层的，最上面的一层叫表土。

表土被风或水带走的现象称为侵蚀。侵蚀可以把经数千年形成的土壤破坏殆尽。因此，人类必须保护和明智地使用土壤。由于人类活动，特别是农业活动，世界上大部分的土壤都遭到了破坏。

延伸阅读： 黏土；自然保护；侵蚀；矿物；自然资源；多年冻土；岩石；沙；表土。

在美国俄勒冈州海岸的这片陡岸上可以看到水土流失的迹象。这个地区的岩石和土壤开始松动，然后被水和风带走。

活动

土壤是由什么构成的?

您需要的材料:

- 挖掘工具
- 几匙土壤或盆栽土
- 勺子
- 纸巾
- 放大镜
- 带盖子的罐子
- 水

这不仅仅是你脚下的泥土,而是植物生长所需要的土壤。你认为它是什么做的?你可以亲自做个实验看看。

1. 从你家周围的地上挖一点土。或者取一小盆用来栽种植物的盆栽土(首先要征得大人的同意)。

2. 把一勺土铺在纸巾上,用放大镜观察土壤。所有的土块看起来都一样吗?还是有些不一样呢?它们看起来像什么?

活动

3. 取两勺土放在罐子里。把罐子装满水，并把盖子盖紧。

4. 将罐子摇晃 30 秒，使土壤和水充分混合，然后把罐子放下。底部有多少土？有漂浮物吗？

5. 等待 15 分钟，然后再看看土。罐子底部现在还有多少土？它们看起来是一样的，还是分层的？它们看起来是什么样的？

6. 测试来自不同地方的土壤样本。例如，你的院子、校园和操场。你认为所有的样本看起来是一样的还是不同的？罐子里不同的土层总是一样的厚度吗？试着猜猜每个样本会是什么样子，然后在罐子里测试你的样本，看看会发生什么。

发生了什么事：

即使你等了很长时间，水也不会变得完全清澈，因为一些最细小的黏土仍然漂浮在水里，一些植物也会漂浮在水面上。根据土壤来源的不同，沉降后的土层也会有所不同。

维苏威火山

Vesuvius

维苏威火山是意大利的一座活火山。活火山是指随时都可能喷发或爆炸的火山。维苏威火山位于那不勒斯市东南约 11 千米处。

维苏威火山爆发频繁。然而，仍有许多人生活在山上和周围地区。这里土壤肥沃，盛产酿酒用的葡萄。

第一次有记载的维苏威火山爆发发生在公元 79 年 8 月 24 日。火山灰和熔岩覆盖了赫库兰尼姆和庞贝两座城市，有数千人丧生。这两座城市一直被埋到 17 世纪，意大利人才发现它们。今天，从山的西侧的一个观测台，科学家可以密切监视火山。

延伸阅读： 熔岩；火山。

维苏威火山是意大利沿海城市那不勒斯附近的一座活火山。

魏格纳

Wegener, Alfred Lothar

阿尔弗雷德·魏格纳 (1880—1930) 是德国气象学家。气象学家是研究天气的科学家。魏格纳是第一个提出大陆是在千百万年的时间里缓慢移动到现在这个位置的科学家。

魏格纳认为，大陆的形状有点像拼图，能拼在一起。地球的外层称为地壳。我们现在知道，地壳是由大约 30 块坚硬的碎片组成的，这些碎片称为构造板块。这些板块能缓慢地在地球表面移动，解释这种运动的理论叫板块构造学。

魏格纳还指出，科学家在南美洲和非洲发现了类似的化石。因此他认为，大陆曾经挤在一起，拼成一块超级大陆，他称之为泛大陆。泛大陆在大约 2 亿年前开始分裂成几块大陆。在魏格纳生前，他的理论曾遭到大多数科学家的反对。然而，到了 20 世纪 60 年代，许多科学家开始相信他是对的。

魏格纳 1880 年 11 月 1 日出生于柏林，求学于柏林大学。1930 年 11 月，他在研究格陵兰岛的天气时不幸身亡。

延伸阅读： 大陆；地壳；泛大陆；板块构造。

魏格纳

温泉

Hot springs

温泉是从地下流出的热水。大多数温泉形成溪流或平静的水池，但也有可能是间歇泉，间歇泉能把水喷射到空中，还有一些温泉冒着泥浆。

许多温泉形成于岩浆比通常情况离地表更近的地方。它的水来自雨或雪，水渗过地下的岩层，一直流到岩浆处。受岩浆加热后，这些水通过岩石的裂缝上升到地表。

自古以来，许多人相信泡温泉或饮用矿泉水有助于治疗各种疼痛和疾病。全世界有成百上千个温泉，它们大多数分布在火山活动区附近。许多著名的度假区就是建在温泉附近，包括美国的温泉国家公园。

温泉是地热能。地热能是由地下蒸汽或热水产生的，包括美国在内的许多国家都有利用地热能来发电的设施。

延伸阅读： 地热能；间歇泉；岩浆；泉水；火山；水。

美国黄石国家公园大棱镜泉鸟瞰图

温室效应

Greenhouse effect

温室效应是地球低层大气和地表的增温现象。它是由大气中的气体和颗粒物引起的。这些气体和颗粒物减缓了热量从地球返回太空的速度。温室效应的原理与温室（植物生长的玻璃房子）吸收太阳热量的方式有点相似，引起温室效应的气体通常称为温室气体。

二氧化碳是地球大气中主要的温室气体，它本身是大气的自然组成部分。空气中还有其他几种温室气体，例如，甲烷是天然气的主要成分，也是一种强大的温室气体。大气中甲烷的量要比二氧化碳少得多，但是，在吸收太阳热量方面，甲烷要比二氧化碳强得多。

地球上的温室效应始于数十亿年前，远在人类出现之前。如果没有温室效应，地球要比现在冷得多。因此，温室效应对地球上的生命的生存至关重要。

但科学家发现，大气中越来越多的温室气体导致近地表空气增温，这种地面气温的上升称为全球变暖。科学家已经发现了有力的证据，证明人类活动排放的温室气体的增加是全球变暖的主要原因。例如，燃烧化石燃料（煤、石油和天然气）向大气中排放了大量的二氧化碳。自18世纪以来，大气中的二氧化碳增加了40%，而且人类活动还排放了大量的甲烷和其他温室气体。

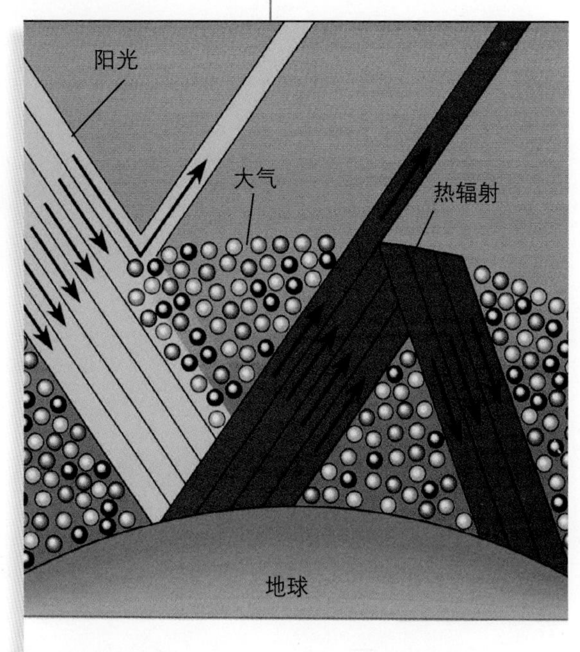

地球大气中的二氧化碳、甲烷和水汽对阳光没有阻碍作用，阳光能直达地面。但能阻挡部分地面吸收太阳热量后发出的热辐射。这一过程称为温室效应。

如果地球大气持续变暖，地球上的天气、气候和生命形式将会受到严重影响。北极和南极的大部分冰有可能融化，海平面会升得更高，沿海地区会遭受更多的洪水，世界上大多数人将生活在海平面上升能直接影响的区域附近。

延伸阅读：大气；二氧化碳；化石燃料；全球变暖。

乌鲁鲁

Uluru

乌鲁鲁是澳大利亚北部地方的一块巨石，它有时也称为艾尔斯岩。它位于乌鲁鲁－卡塔丘塔国家公园内。

乌鲁鲁海拔 335 米，位于一片沙质沙漠之上，其底部直径为 8 千米。它是由红砂岩构成的。这块岩石形成于距今约 4.8 亿年前。

乌鲁鲁对于它的传统主人——澳大利亚原住民阿南古人来说，是一个具有宗教和文化意义的圣地。乌鲁鲁有许多小洞穴，这些洞穴的墙壁上布满了原住民艺术家很久以前创作的岩画。乌鲁鲁也是一个著名的旅游景点。

延伸阅读： 岩石；砂岩。

乌鲁鲁粗糙的砂岩在日出和日落时发出红光。

乌鲁鲁是一个很受游客欢迎的旅游地。

雾

Fog

雾是由飘浮在空中的小水滴构成的，像云，但接近地面。雾经常出现在海岸和湖区。

水从湖泊、其他湿地或潮湿的土壤及植物中进入空气时，往往会形成雾。通过蒸发，水变成水汽。水汽在空中上升时，温度变得越来越低。如果空气足够冷，一些水汽就会在近地面处凝结成水滴，这些水滴便形成了雾。当空气变暖，水滴又变成水汽时，雾就消失了。

延伸阅读： 云；霾；水汽。

美国加利福尼亚旧金山金门大桥的一座高塔穿过了笼罩着海湾的大雾。

四种主要的雾：

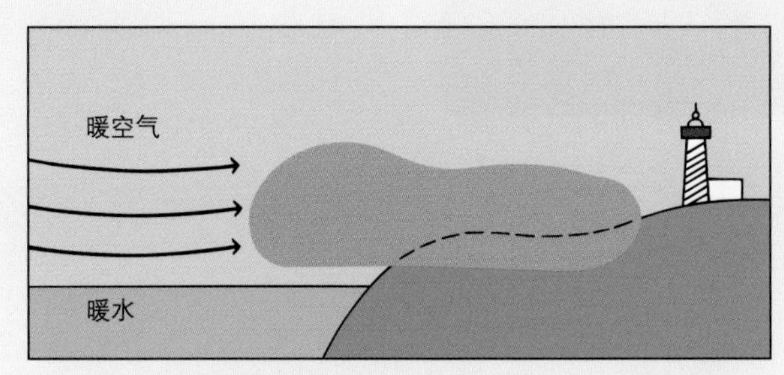

（1）冷空气经过温暖的水体时，会产生平流雾。当温暖、潮湿的空气经过冷的表面（如海滨或湖岸）时，这种情况也会发生。

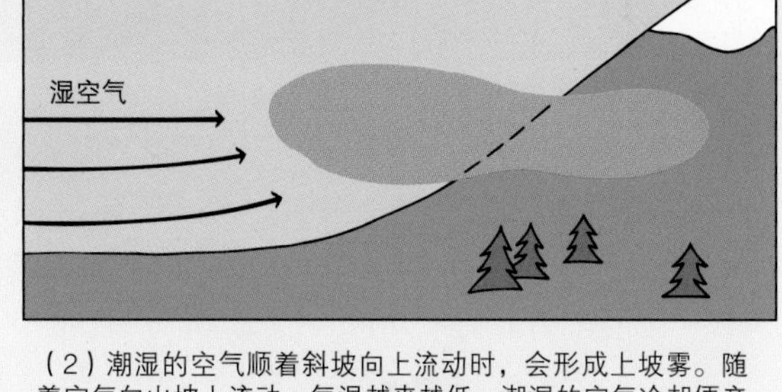

（2）潮湿的空气顺着斜坡向上流动时，会形成上坡雾。随着空气向山坡上流动，气温越来越低，潮湿的空气冷却便产生了雾。

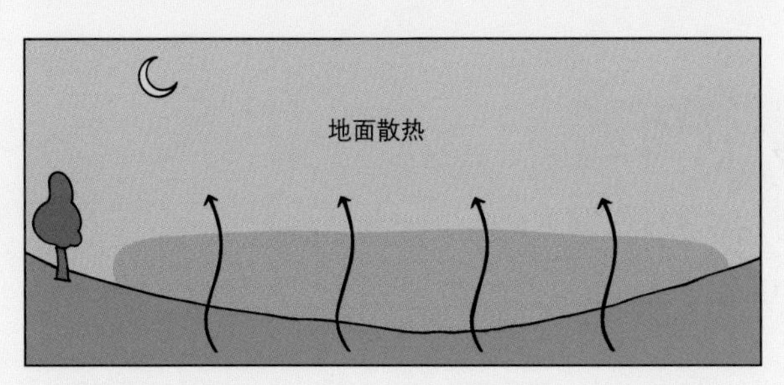

（3）夜间，地面通过辐射散发热量产生辐射雾。地面冷却时，上面的空气也随之冷却。因为这种较冷的空气可以容纳的水汽少，雾就形成了。

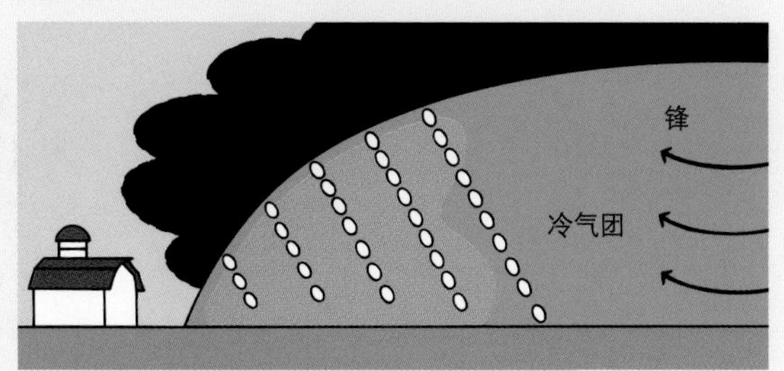

（4）锋面雾产生于两个气温不同的气团之间的交界处。雨滴从较暖的气团降落到较冷的气团中，水分蒸发变成雾。

稀树草原

Savanna

稀树草原是零星散布着乔木和灌木的草原。稀树草原也叫萨凡纳。大多数稀树草原分布在温暖的地区，它们通常位于沙漠和雨林之间。稀树草原覆盖了非洲五分之二的面积，它们还分布在澳大利亚、印度和南美洲的一些地区。

非洲坦桑尼亚塞伦盖蒂稀树草原

稀树草原有干季和雨季。大多数稀树草原每年的降水量在 76 ~ 100 厘米之间。

在最干旱的稀树草原上，草是最常见的植物之一。那里通常树很少，因为干季可能长达 5 个月。在干旱季节，频繁的灌木丛火灾会烧掉许多小树。湿润的稀树草原上则草更高，树更多。洋槐、猴面包树和棕榈树是稀树草原上常见的树木。在最湿

世界上许多地方都有稀树草原。

润的稀树草原上，草的高度可以达到 3 米，甚至更高。草的根系很发达，能在火灾中存活下来。雨季一来，它们就会长出新的嫩芽。

稀树草原上生活着各种各样的动物。有大群的羚羊和斑马在非洲稀树草原上吃草，它们是猎豹、鬣狗、狮子和其他食肉动物的捕食对象。许多啮齿动物、鸟类、爬行动物和昆虫也栖息在稀树草原上。

气温较凉爽的地区的某些草原有时也被称为稀树草原。

延伸阅读： 草原。

斑马在肯尼亚马赛马拉国家公园的稀树草原上漫步。

潟湖

Lagoon

潟湖是部分或完全脱离海洋的水体。潟湖都很浅。

潟湖有几种形成方式：海浪可能会把沙子冲在海岸附近，沙子在水下堆积起来形成一道山脊，即沙嘴，把近岸的海水与海洋分开；珊瑚礁是另一种能形成潟湖的山脊，它们是由一种叫珊瑚的微小海洋生物建造的；沙坝岛的沙质小岛也可以形成潟湖，沙坝岛紧靠着更长的海岸线，美国东海岸和墨西哥湾沿岸的几个潟湖就是由沙坝岛形成的。

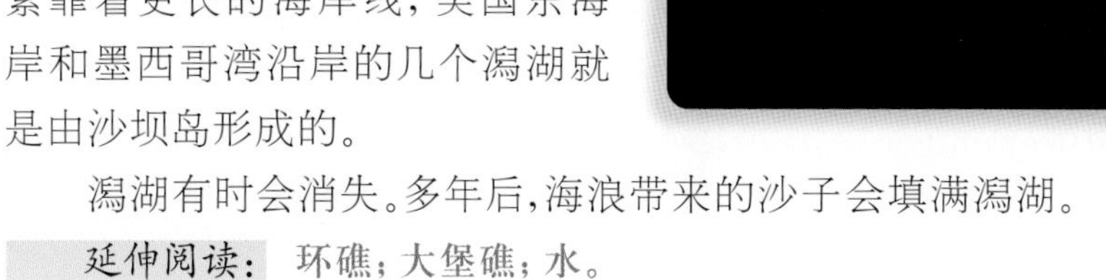

太平洋上的波拉波拉岛的中心有一个潟湖。

潟湖有时会消失。多年后，海浪带来的沙子会填满潟湖。

延伸阅读： 环礁；大堡礁；水。

峡谷

Canyon

科罗拉多河流经美国亚利桑那州的大峡谷。

峡谷是有陡峭山坡的深谷。它呈V字形或两侧悬崖耸立，深而窄。大多数峡谷是由河流或小溪的源源不断的水流深深下切岩石而形成。

美国亚利桑那州科罗拉多大峡谷是世界上最著名的峡谷之一。它深约1.6千米，是由科罗拉多河经过数百万年的作用而形成的。

在山区，峡谷有时是由冰川形成的。地壳运动在地面上造成巨大裂缝时，也能形成峡谷。

火星上有一系列比大峡谷大得多的峡谷，叫水手谷。这个峡谷长约4000千米，一些地方深达8～10千米。峡谷的长度足以横跨整个澳大利亚。

延伸阅读： 科罗拉多大峡谷；河流；谷地。

峡湾

Fiord

挪威的海岸有许多峡湾。

峡湾是一种狭长、蜿蜒曲折的海湾。“Fiord”是挪威语，意指位于挪威崎岖多山的海岸处的深海湾。科学家认为，河流在数百万年前冲刷出了这些峡湾，然后冰川使它们更深。

大多数峡湾有陡峭的崖壁，上面有茂密的树林和奔腾而下的瀑布。一些峡湾崖壁附近有一小片肥沃的农田。美国阿拉斯加州、缅因州，加拿大不列颠哥伦比亚省，以及格陵兰岛和新西兰等处的海岸都有像挪威的峡湾这样的海湾。

延伸阅读： 冰川；海洋；岩石；瀑布。

新近纪

Neogene Period

新近纪是距今 2300 万年到 260 万年前的一个地质历史时期。新近纪以前被认为是第三纪的一部分，但是许多科学权威已不再承认第三纪。

哺乳动物的种类数量在新近纪达到了最大。例如，非洲和亚洲出现了大量的猿类；许多鸟、蛇和其他动物的新种类也出现了。

在新近纪期间，地球气候变得凉爽干燥。南极洲的冰盖开始扩张，从而导致海平面下降。

北美洲和南美洲在新近纪晚期连接了起来。大约出现在距今 400 万年至 300 万年前的巴拿马地峡，是连接这两个大陆的狭长地带。它把大西洋和太平洋分开，并使得动物在北美洲和南美洲之间迁徙。

新近纪包括两个较短的时期（即所谓的“世”），它们是中新世和上新世。中新世出现在距今约 2300 万年到 530 万年前，上新世出现在距今约 530 万年到 260 万年前。

延伸阅读：地球；地质学；古生物学。

生活在中新世的一些动物已与它们现在的“亲戚”很相似了。其中包括象类中的板齿象、早期的犀牛——远角犀和远古的马——草原古马。还有一些中新世动物虽外形与现代哺乳动物相似，但它们不是近亲，像狗一样的半熊实际上是早期的熊。

新生代

Cenozoic Era

新生代是地球史上始于距今6600万年前的一个地质历史时期。它一直延续到今天。我们今天所知道的许多植物和动物都是在这个时期出现的。

新生代有时被称为哺乳动物时代，这是因为这一时期大多数大型动物都是哺乳动物。在新生代之前，恐龙和其他大型爬行动物很常见。这些动物大约在距今6600万年前灭绝了，这使得很多种类的哺乳动物得以发展。

延伸阅读： 地球；古生物学。

新生代开始于一次物种大灭绝后，在那次大灭绝中，恐龙和其他许多动物都灭绝了。

玄武岩

Basalt

玄武岩是一种坚硬的深色岩石，它来自地下深处。熔岩从火山或海底裂缝中流出后，冷却硬化形成玄武岩。玄武岩熔岩能从其喷发地流出很远的距离。玄武岩是地壳中最常见的火山岩。

当玄武岩在水下形成时，它呈圆形、枕状块体；当它在陆地上形成时，它可以是光滑的，也可以是粗糙的。有时，当熔岩在陆地上冷却时，它就会分裂成高高的玄武岩柱。

夏威夷群岛和冰岛大多由玄武岩组成。除此之外，海洋中有许多岛屿也是由玄武岩组成。海底是由玄武岩组成的。在大陆上，玄武岩可能覆盖数十万平方千米。这些地区包括美国的哥伦比亚高原和印度的德干地盾。玄武岩也覆盖着月球黑暗的玛丽亚低地。

延伸阅读： 熔岩；岩石；火山。

巨人堤由大约4万个玄武岩柱组成。这些地层一直延伸到北爱尔兰北岸以外的海域。

旋风

Whirlwind

旋风是旋转的空气团，也叫气旋。它们包括龙卷和热带气旋等猛烈的风暴。气旋这个术语通常用来指猛烈的、旋转的风暴。旋风还包括尘暴和水龙卷。

龙卷形成于雷雨云之下。它们旋转的风速可超过480千米／时。一个强大的龙卷可以把牛、汽车，甚至移动房屋卷到空中。它几乎可以摧毁它所经过的一切。

飓风和台风都属于热带气旋。至于叫哪个名字，取决于它们的发生地。

尘暴常出现在沙漠中。这些像龙卷一样的空气柱是靠近地面的一层非常热的空气上升而造成的。水龙卷则是在水面上形成的龙卷。

延伸阅读： 气旋；飓风；龙卷；台风；水龙卷；风。

一种称为尘暴的小旋风通常只持续很短的时间，但它能把尘土和碎片带到很高的地方。

漩涡

Whirlpool

漩涡是一股以巨大的力量在不停旋转的水流。有些漩涡是暂时的，有些可能会持续数年。

水流冲击具有特定形状的陆地时，会形成漩涡。两股水流相遇的时候也能产生漩涡。还有些漩涡是由风引起的。

有几个漩涡众所周知，而且持续时间很长。一个在尼亚加拉瀑布下面的峡谷里；大漩涡则是挪威海岸附近的一个著名的漩涡，它是由岩石和潮汐引起的；位于意大利亚平宁半岛和西西里岛之间的卡律布狄斯漩涡则是由风形成的。在风暴中，漩涡会变得很猛烈，对过往船只造成威胁。

一个漩涡

延伸阅读： 尼亚加拉瀑布；海洋；潮汐；风。

雪

Snow

雪是以冰的形式落到地球上的降水。它是由冰晶组成的。这些冰晶来自云，每个冰晶都有六个面，但它们组合成的形状各不相同。它们相互碰撞，并粘在一起形成雪花。

片状的雪晶体呈扁平的六边形。在寒冷潮湿的空气中，它们以六角星的形状生长，没有两个是一样的。

雪花的大小也不尽相同。有多达100个冰晶粘在一起形成超过2.5厘米宽的雪花。雪的含水量比雨少得多，76厘米深的雪只相当于2.5厘米深的雨。

地球上的降雪量因地而异。在寒冷的极地地区，一年到头都会下雪。最大的降雪发生在加拿大不列颠哥伦比亚省山区、美国落基山脉和内华达山脉地区，以及意大利和瑞士的阿尔卑斯山区。

雪是重要的水源。当山上的雪融化时，可为小溪和河流提供水源。这些融水还为人们提供饮用水，并为发电厂和农场提供水源。雪也有助于保护植物和动物免受冬季冷空气的伤害。

延伸阅读： 雪崩；雪暴；冰雹；冰；供水；水汽。

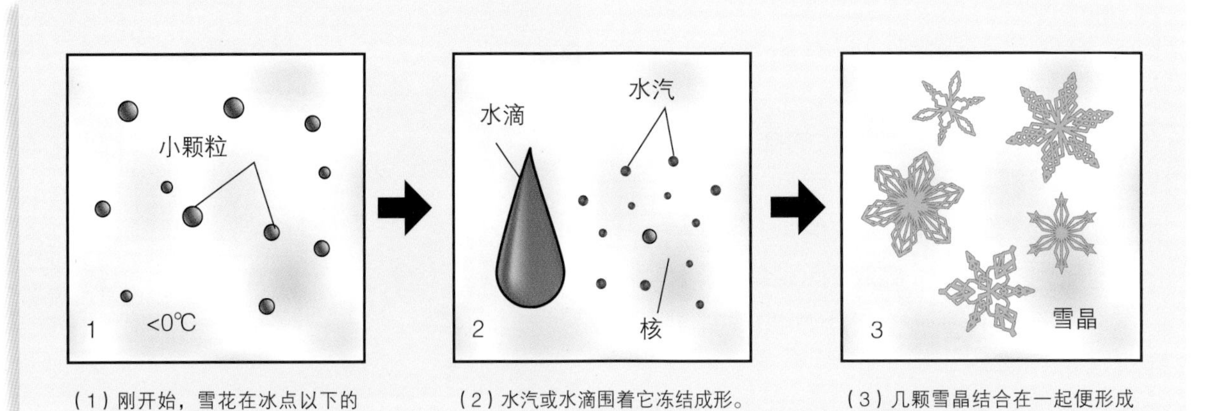

（1）刚开始，雪花在冰点以下的云层中围绕小颗粒生长，这些小颗粒成为雪晶生长的冰核。

（2）水汽或水滴围着它冻结成形。

（3）几颗雪晶结合在一起便形成一片雪花。

雪暴

Blizzard

雪暴是一种伴有强烈冷风的暴雪。在雪暴期间，大量的雪被吹到空中，空气能见度很低。风也可以把雪吹成雪堆。这些雪堆常常出现在建筑物的边上，它们可以堆到足以挡住门窗的高度。雪会靠着停放的汽车堆积，也会堆积在开阔的道路和田野上。

美国国家气象局将雪暴定义为降雪或吹雪时风速至少达 56 千米／时的暴风雪。雪暴发生时气温可低至 −12℃，能见度小于 150 米。严重的雪暴风速超过 72 千米／时，同时气温低于 −12℃，且能见度接近零。

雪暴是伴有大风和大雪的暴风雪。

在雪暴天气开车特别危险。司机看不清楚，地面很滑，成堆的雪会堵塞道路。在发生雪暴期间，人们常常不再开车，企业、学校和其他公共场所也会关闭。

冷空气遇到温暖潮湿的空气时，常会发生雪暴。它导致空气中的水汽以雪的形式降落。许多雪暴发生在异常温暖的冬季天气之后。雪暴在美国北部大平原、加拿大东部和中部以及俄罗斯部分地区很常见。

延伸阅读： 冰；雪。

雪崩

Avalanche

雪崩指大量的雪从山上滑下来。雪崩发生在积雪过载的地区。大多数雪崩是由天气状况引起的。在一定条件下，山上的积雪会变得不稳定，在自身重力的作用下向下移动。大风、山体震动或其他干扰都可能引发积雪向下滑动。许多雪崩是由滑雪者引起的，它会将人掩埋而致人死亡。

一些雪崩是由干燥的粉状雪粒和空气混合而成的。它们能以超过 160 千米／时的速度向下滑动。湿雪的雪崩通常滑动得较慢。在板状雪崩中，大块固态的雪会散开，在滑动的时候分裂成碎片。

科学家研究雪崩以了解它们何时何地会发生。为了防止雪崩，专家们会在安全的条件下使用炸药来阻止雪的堆积。为了防止积雪从山上滑下来，他们会在山坡上植树或设置障碍。

延伸阅读： 滑坡；雪。

雪崩是指大量的雪从山坡上滑下来。雪崩也可能包含土石和在滑坡过程中被带下来的其他碎片。

岩浆

Magma

岩浆是地球内部炽热的、熔融的岩石。当岩浆从火山或地面、海底的裂缝中涌出时，我们称之为熔岩。

岩浆通常在地面以下 50 ~ 200 千米处形成。那里的温度高到足以熔化岩石。岩浆中也含有热的气体。因此，它比周围的岩石要轻，可以通过岩层裂缝向上运动。

上升的岩浆可能会积聚在火山下面或火山内部的岩浆房中。随着岩浆的积聚，岩浆房内的压力也在增加。当压力过大时，岩浆房就会破裂，岩浆就会从火山中涌出。如果岩浆到达地表，就会喷发。

火山爆发的猛烈程度在很大程度上取决于岩浆中的气体含量，也取决于岩浆流动的容易程度。有少量气体的岩浆会产生相对平静的喷发，熔岩静静地流到地表。气态岩浆能把气体和火山灰喷向高空，厚而黏的岩浆往往比流动的岩浆喷发得更猛烈，水与喷发的岩浆混合会使喷发更具爆炸性。

延伸阅读：火成岩；熔岩；岩石；火山。

一些岩浆也以火山灰、气体和碎屑岩的形式喷发。

岩石

Rock

岩石是一种坚硬的固体物质，它构成了地球的大部分。在许多地方，岩石被土壤覆盖，而土壤是由微小的岩石和死去动植物的腐殖质混合而成的。海底也有岩石。

在高速公路穿山而过的地方，你可以看到山坡上的岩层。河流有时会穿过岩石，形成峡谷。

大多数岩石是由一种或多种矿物组成的。岩石主要有三种，分别是火成岩、沉积岩和变质岩。

火成岩曾经是熔化的岩石，即岩浆。岩浆埋藏在地球深处。地震和火山能把岩浆带到地表。岩浆冷却后变硬，形成火成岩。花岗岩是一种火成岩。

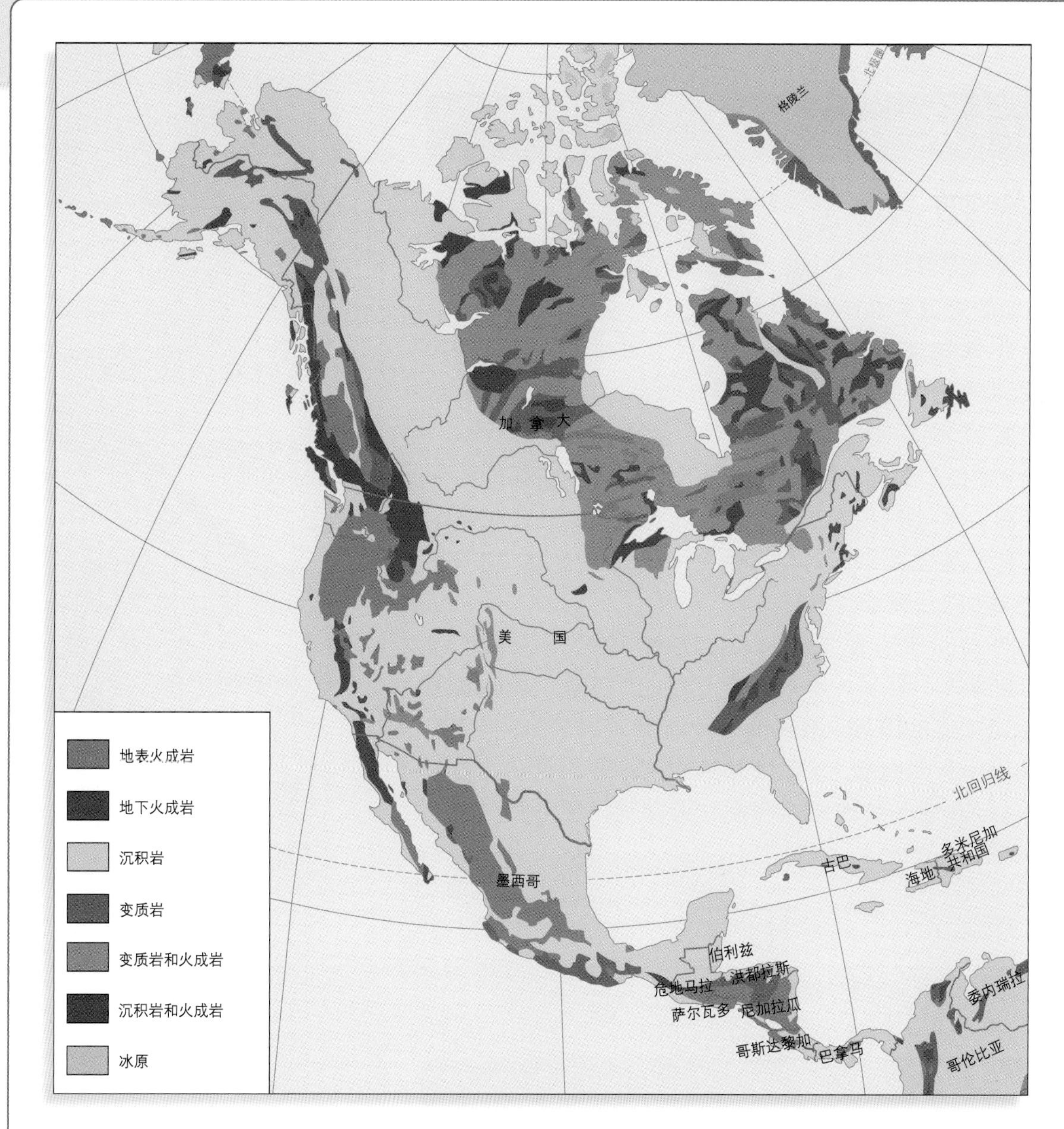

在北美洲和中美洲分布有不同种类的岩石。

燧石是一种沉积岩。

黑曜石是一种火成岩。

角闪石是一种变质岩。

沉积岩是由松散的物质层构成的，这些松散的物质层来自老的岩石碎屑或死去的动植物。它们大多形成于海底。石灰岩是一种沉积岩。

变质岩是地壳内部的压力和热量对火成岩或沉积岩发生作用而形成的。压力和热量改变了岩石的外观。大理石是一种变质岩。

这三种岩石都可以相互转化。岩石从一种类型转换到另一种类型的过程称为岩石循环。

人们把石头用于建筑物、大坝和道路。有些岩石含有贵重的晶体。科学家研究岩石以了解地球及其历史。

延伸阅读： 宝石；地质学；火成岩；变质岩；矿物；矿石；沉积岩；土壤。

片麻岩是在地壳深处巨大压力作用下形成的一种变质岩。随着时间的推移，陆地的抬升和侵蚀使其露出地表面。

炎热指数

Heat index

炎热指数是用来表示感觉空气有多热的一个参数。考虑到相对湿度的影响，炎热指数可能要高于实际气温。相对湿度是指空气中的水汽含量与空气在特定的温度和压力下所含水汽之比。

例如，实际气温为36℃，然而，如果相对湿度是55%，那么人体感觉有43℃。在美国，国家气象局使用高温指数来警示危险的湿热天气。其他一些国家也采取了类似的措施，炎热指数有时缩写为HI。

炎热指数是用摄氏度表示的。它告诉你，在微风吹拂下，阴凉处感觉有多热。阳光直射可使炎热指数增加十几摄氏度。炎热指数越高，人们就越有可能患上与热有关的疾病，如中暑。

当预计炎热指数在40～43℃或以上的时间达到至少两天，美国国家气象局就会提醒公众。该服务还向公众普及如何降低与炎热相关的疾病的风险。此外，它还提醒处于高风险区的人们提防这类疾病，这些人包括老人、小孩、有某些疾病的人以及超重的人。

延伸阅读： 空气；湿度；天气和气候。

盐

Salt

盐是一种分布于地球陆地、盐湖和海洋中的透明矿物。自古以来，人们就用盐来给食物调味，防止食物变质。用于食物中的盐是由钠和氯两种化学元素组成的。

海水晒盐是人们获取盐的一种方式。人们把水蒸发掉，或者让它风干，然后把留下的小盐块收集起来。

人们也从地下开采盐。有些盐是通过挖掘开采出来的。盐也可以通过从地下抽水来开采。因为盐溶于水，将抽上来的咸水蒸发后就能得到盐。

工人们从地下盐矿开采盐。

盐按其质量好坏被归类，碾碎，然后按颗粒大小分类。食盐是一种高质量的盐，已被磨成非常小的颗粒。

延伸阅读：矿物；海洋。

盐晶体几乎是完美的立方体。

在西班牙的奥迪埃尔河河口附近，一台机器在把盐堆起来。水经管道注入水池，然后晾干。剩下的就是盐。

氧

Oxygen

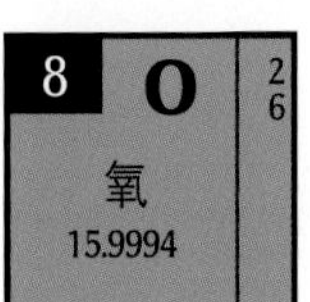

氧是一种化学元素。一个氧分子是由两个氧原子结合在一起组成的。氧气无色、无味、无嗅。

氧气是支持地球上生命的气体。它与动植物细胞中的其他化学物质结合，产生生命所需的物质和能量。只有少数几种生物，包括某些细菌，可以在没有游离氧（不与其他化学物质结合的氧）的情况下生存。人类和其他陆地动物从空气中获取氧气。鱼和大多数其他水生动物从水中获得溶解氧。

氧是地球上最丰富的化学元素之一。它约占大气体积的五分之一。大多数岩石和矿物中，氧的质量百分比接近一半，而水中约为90%。但地壳矿物和水分子中的氧并不是游离的。

空气中的氧是植物细胞在光合作用过程中产生的。在这个过程中，细胞利用太阳光的能量来制造养分，而氧是副产品。科学家认为，空气中所有的氧都是经过数十亿年的光合作用形成的。

另一种形式的氧，称为臭氧，在大气中少量存在，它是由三个氧原子结合而成的。大气层上层的臭氧层能保护地球免受来自太阳的有害辐射，靠近地面的臭氧则是一种污染物，

植物释放出供人和其他动物呼吸的氧，并吸收人类和其他动物呼出的二氧化碳。

能伤害植物和动物的组织。

氧在工业上有许多用途。它被用来炼钢；大多数燃料燃烧时也需要氧气，在燃烧过程中，氧气与燃料发生化学反应，热量在燃烧过程中释放出来；液氧，用于由液体燃料驱动的火箭，液氧还与其他燃料混合制成爆破用的炸药。

氧是在18世纪70年代由两位化学家分别独立发现的，他们是瑞典的舍勒和英国的普里斯特利。当时，舍勒称其为“火空气”，普里斯特利称其为“脱燃素气体”。1779年，法国化学家拉瓦锡把这种气体命名为氧气。

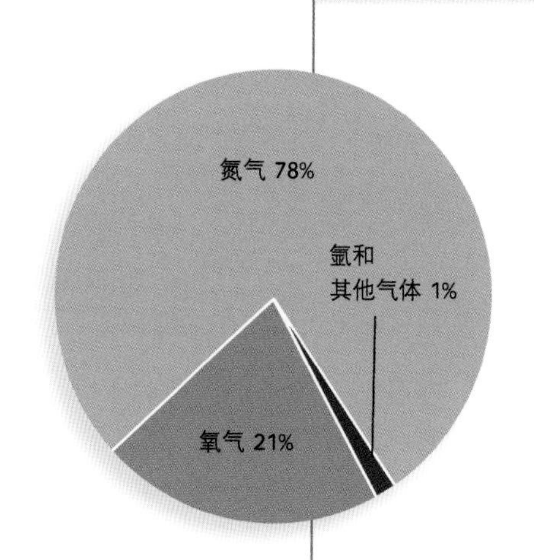

氧气约占地球大气的21%。

延伸阅读： 空气；大气；地壳；臭氧。

异常浪

Rogue wave

异常浪是一种巨大的、突发的海浪，出现时没有任何预兆。它们有时也称为反常波。一个异常浪的高度可以是它周围海浪的几倍，它能威胁到船只和石油钻井平台。

科学家不知道这种浪的发生频率，但是他们认为异常浪是罕见的。人们曾经认为这是水手们编造的故事。科学家从20世纪90年代开始才收集到异常浪的证据。

科学家还不完全知道这种巨浪是如何形成的。原因可能不止一个：两个或更多的波可能在一个点聚集；波浪可能一个浪一个浪地堆积起来。异常浪也可能是一系列波浪进入反向流动的海流时，海流迫使波浪相互叠加而形成的。

延伸阅读： 海洋；海啸。

印度洋

Indian Ocean

印度洋是世界第三大洋。它的面积不到太平洋的一半，大约比大西洋小五分之一。印度洋几乎完全被大陆包围。东边是澳大利亚和印度尼西亚，西边是非洲，北面是亚洲，南面是南极洲。印度和斯里兰卡把北印度洋分为阿拉伯海和孟加拉湾，红海和波斯湾也是印度洋的一部分。

印度洋面积约6900万平方千米，平均深度为3840米。印度洋已知的最深处在爪哇海沟，深达7258米。印度洋东西最宽约为1万千米，位于非洲和澳大利亚之间；南北最长的距离约为9000千米，在巴基斯坦和南大洋之间。

风的运动方向决定了印度洋海流的流向。海流就像海洋中的河流，印度洋北部的海流冬季向西南方向流动，夏季向东北方向流动。印度洋南部的海流则以环状的形式流动。

历史上，印度洋一直是重要的贸易和旅行路线。1869年苏伊士运河开通后，它把红海和地中海连接了起来，为欧洲和远东地区之间提供了最近的航线。

印度洋有许多自然资源，海底有大油田，这里还提供了世界上9%的捕鱼量。

延伸阅读：海洋。

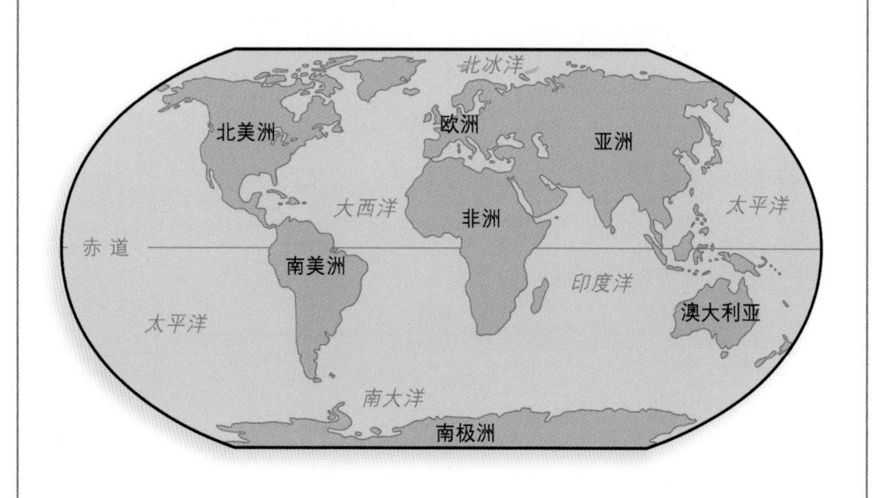

印度洋位于亚洲南部，位于非洲和澳大利亚之间。它是地球上五大洋中的第三大洋。

雨

Rain

雨是从天而降的水滴。它能洗去空气中的灰尘和化学物质，使空气得以净化。它还有助于植物生长。但是过多的雨会导致洪水。洪水会造成人员伤亡和财产损失，还会冲走农民种植作物所需的土壤。

雨形成于水汽。当太阳加热地球表面时，水分从湖泊、河流和海洋中蒸发上升。当温暖、潮湿的空气上升时，它会变冷。比起暖空气，冷空气中能容纳的水汽要少。所以当空气冷却时，水汽就会凝结成水滴。水滴聚集在一起形成云。当云冷却时，小水滴会聚成大水滴。当水滴变得太重时，它们就会形成雨滴落到地上。雨滴的大小和下落速度因地而异。

延伸阅读： 云；洪水；冰雹；闪电；彩虹；雷暴。

人们在雨中撑伞过马路。

碰并过程始于云的底部(1)。在那里，水汽凝结在灰尘和其他微粒上，形成微小的水滴。随着上升的气流把水滴带得更高(2)，更多的水汽在上面聚集，形成更大的水滴。然后，下降的气流将水滴带往下方(3)，水滴相互碰并结合在一起。就这样形成大雨滴，落在地上。

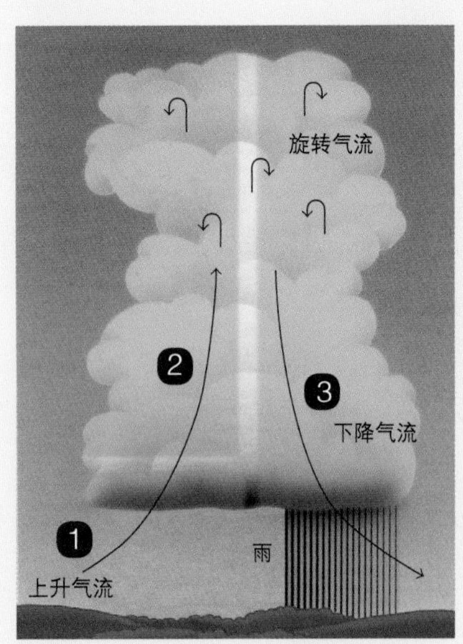

结晶过程是从水滴形成的地方开始的(1)。当水滴随着空气上升得更高时，其中些水滴会结冰。水汽凝华在冰粒上(2)，形成雪晶。当雪晶穿过云层时，水滴冻结在其上(3)形成冰雹或其他冰粒。这些物体下落到云层底部附近融化(4)，然后以雨滴的形式落到地面。

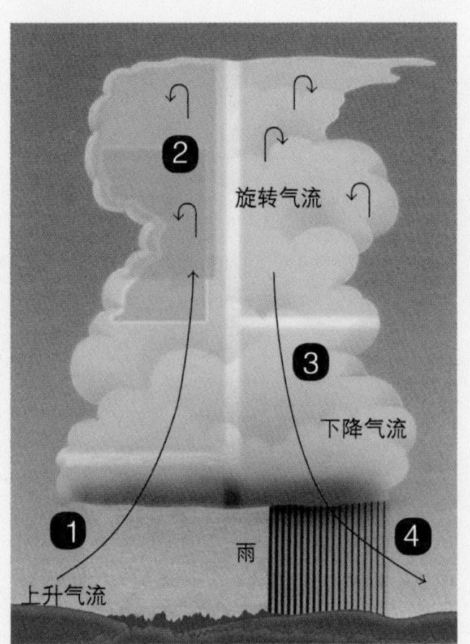

雨滴在云中以两种不同的方式形成：碰并增长过程和结晶过程。

雨林

Rain forest

雨林是一个有很多树和很多雨水的地方。热带雨林是指那些分布在赤道附近的热带地区的森林。这些雨林主要分布在非洲、亚洲、中美洲和南美洲。在世界上较冷的地区分布有其他种类的雨林，如美国西北部。

世界上已知的动植物有一半以上种类生活在热带雨林中。这种森林中的树木种类比其他任何一种森林都多。

热带雨林中最高的树木高达 50 米。雨林中树顶的树叶形成一个盖子，这个盖子叫林冠层。它就像马戏团帐篷的顶棚。林冠层下面是较小的乔木、灌木和其他植物，形成所谓的亚林冠层。靠近地面，森林形成一个下植被层。这些较低的层得到的阳光很少。热带雨林的底层是地面，那里有落叶、种子、果实和树枝。

热带雨林通常温暖多雨。每年雨天可达 200 多天。大多数热带雨林每年的降水量超过 200 厘米。树木还会通过树叶散发水分。在一些热带雨林中，这些水几乎占到雨水的一半。因为有这些雨和水，热带雨林总是绿色的。许多树会开出很大的花，结出很大的果实。

热带雨林中栖息着各种各样的动物。有些住在树上，从

并不是所有的雨林都位于热带地区。如果有足够的降水，较冷的地区也会有雨林。这片雨林位于美国西北部华盛顿州的海岸处。

许多种类的昆虫、青蛙、蛇、蜥蜴、鸟类和哺乳动物栖息于热带雨林中。图中这些只是在南美洲热带雨林中发现的一些动物。

不到地面。蝙蝠、猴子、松鼠、鹦鹉等动物在林冠上吃水果和坚果。树懒和猴子也吃树叶。鸟儿啜饮花蜜。许多青蛙和蜥蜴在树枝间爬行。大型的鸟和蛇在树上捕食小动物。

有数百万人居住在热带雨林中。一些族群已经在热带雨林中生活了数百年。他们打猎、捕鱼，采集森林中的食物，并且耕种。

热带雨林给人们提供木材、食物和药品等，它们还有助于控制地球的气候。但是人们为了给农田和建筑腾出空地而砍伐热带雨林，致使热带雨林中的许多动植物濒临灭绝。政府和保护组织正在努力保护热带雨林。

延伸阅读：森林；热带地区。

最大的热带雨林分布在中美洲、南美洲、非洲和亚洲的部分地区。澳大利亚的东北海岸和一些岛屿上也分布有较小的热带雨林。这些雨林位于赤道附近。

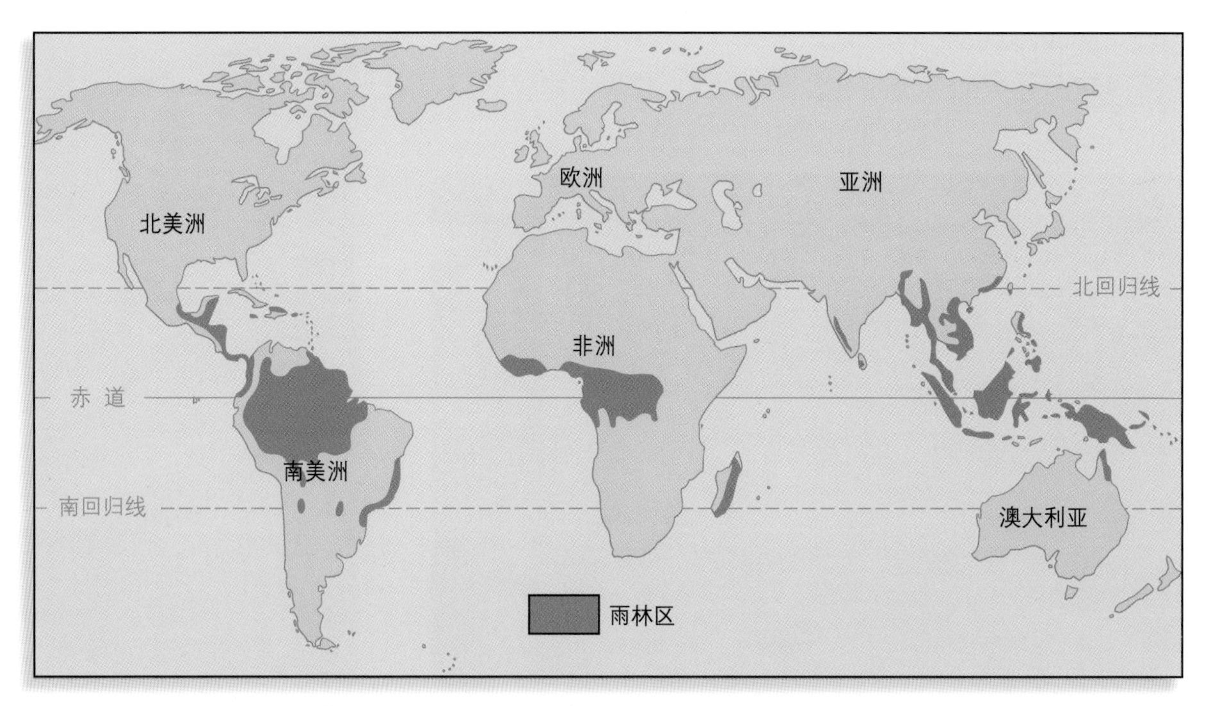

热带雨林的砍伐，如马来西亚的这一地区，威胁着数千种动植物。为了给农场、住宅和企业腾出空间，人们砍伐雨林中的树木。

玉

Jade

玉是色彩艳丽的宝石。它以强度和硬度著称。3000 多年来，中国人一直用玉来制作精美的雕刻品和珠宝首饰。

玉通常为白色或绿色，但也可能是深绿色、淡紫色、黄色、红色、灰色或黑色。有一种稀有的玉是透明的，像玻璃一样。

有两种矿物，即硬玉（翡翠）和软玉，都被称为玉。这两种矿物都是由非常细的针状晶体构成的。晶体是由原子以一种井然有序的方式排列在一起组成的固体。玉中的针状晶体是紧紧地交织在一起的。因此，玉可以被切割，并刻上精致的图案。

现今的大多数玉石来自新西兰。然而，缅甸、美国加利福尼亚，以及日本发现了一种稀有而珍贵的玉石。大多数的玉在中国雕刻加工。

延伸阅读：宝石；矿物。

大多数玉是白色或绿色的。它们被用来作精细的雕刻品和珠宝。

云

Cloud

云是飘浮在空中的小水滴或小冰晶。它们可能是白色、

当湿空气上升冷却时，便形成了云。空气上升通常由 (1) 对流 (2) 抬升 (3) 锋面抬升引起。比起暖空气，冷空气能容纳的水汽要少。多余的水汽会凝结成微小的水滴或冰晶。这些水滴或冰晶便形成云。

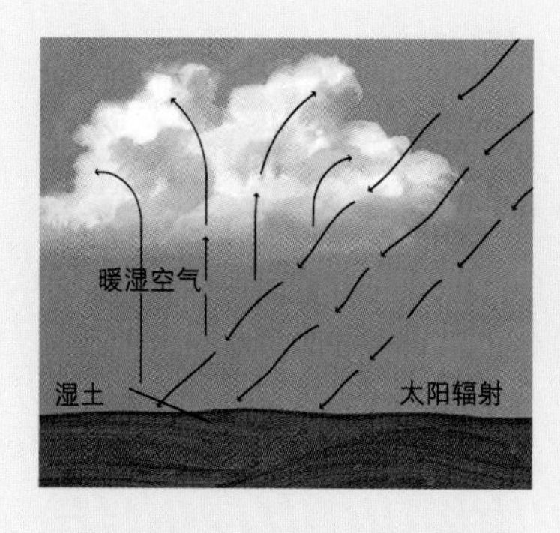

对流。地面和近地面空气吸收太阳辐射升温，暖空气变得更轻，并随对流上升。当空气上升时，气温会随高度下降。如果空气湿度大，部分水汽就会凝结成云。

抬升。吹向山坡的暖湿空气被抬升。空气上升时会冷却，因而不能容纳所有的水汽，部分水汽便在山坡上空凝结成云。

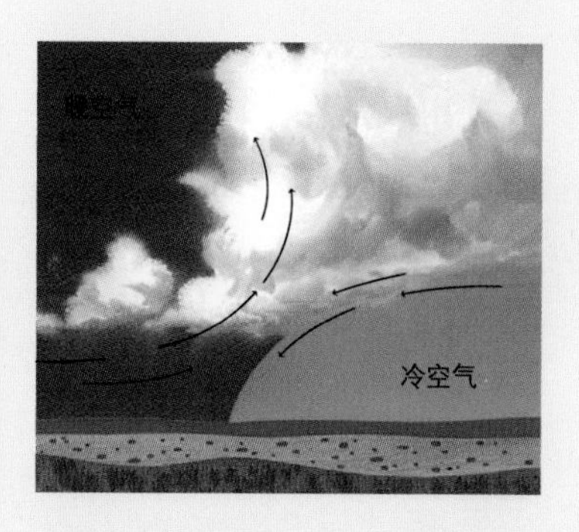

锋面抬升。当两股温度不同的空气团相遇时，会在交界处形成锋面。冷空气在暖空气下运动时形成冷锋。暖空气被抬升，并冷却，云便沿着锋面在任何高度上形成。

灰色或黑色的。云层在天气中起着重要的作用，它们带来的雨水和雪是所有生命所必需的，但云层也会带来灾害性天气。

天空中的云有许多种类。看起来像层状或片状的称层状云。积云是一堆一堆的白云。卷云是一种高而细线状的云，它们都是由冰晶构成的。

太阳辐射使湖泊、海洋和河流中的水变暖，当这些水变暖时，一些水分就会蒸发——从液体变成水汽跑到空气中。在上升过程中水汽会冷却，变成小水滴。如果温度足够低，小水滴就会变成小冰晶。这些水滴或冰晶聚集在一起便形成

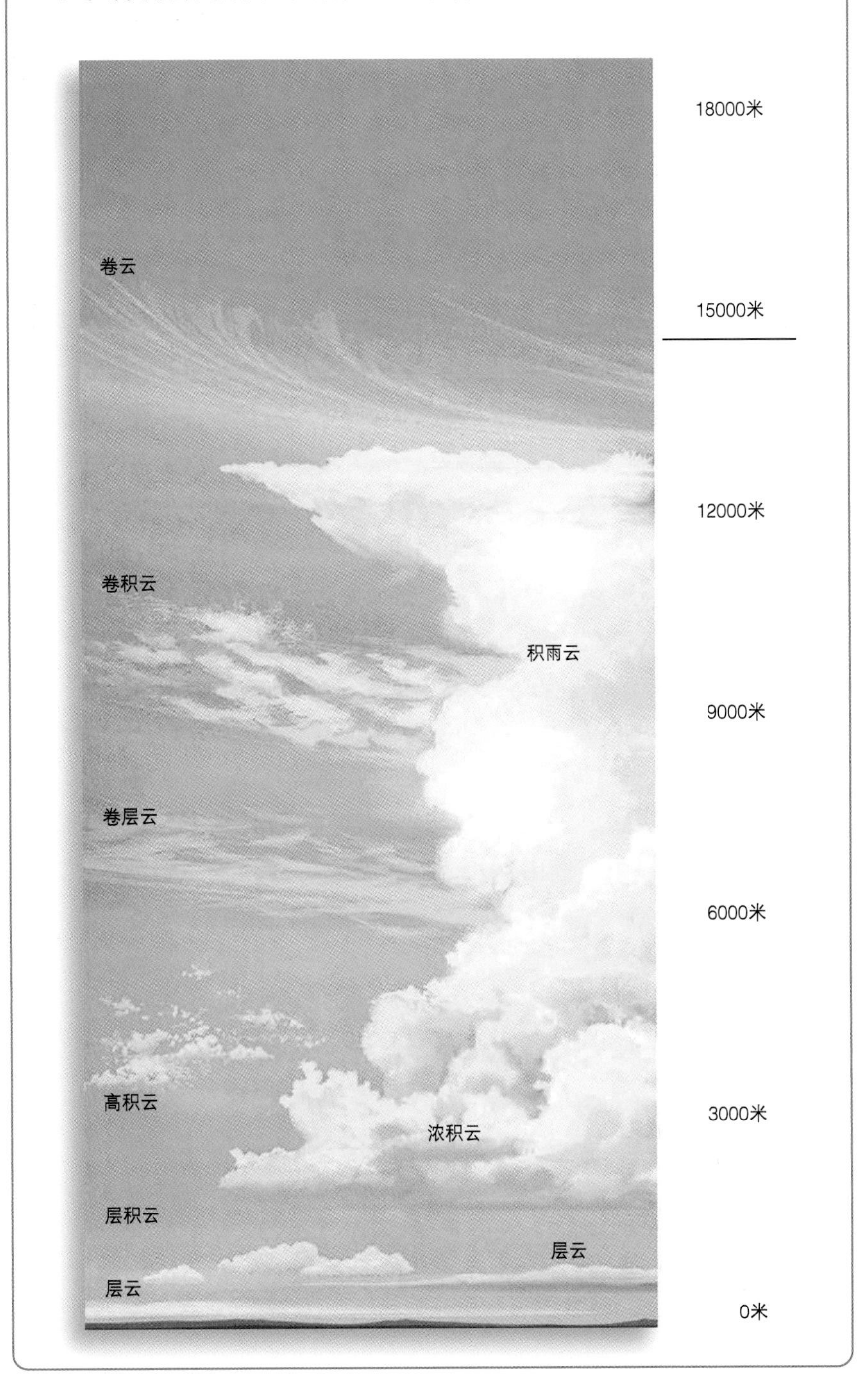

在地表以上的不同高度可以看到不同类型的云。

了云。

雨、雪和冰雹在云中形成。当云中的水滴冻结在冰晶上时，就会发生这种情况。冰晶变得越来越大，直到云无法再托住它们，便以雪花的形式从云里掉落到地上。然而，如果冰块进入到一层足够温暖的空气层中，雪花被融化，这时它就以雨滴的形式落到地上。有时还会形成更大的冰块，称为冰雹。这些冰块在落地之前没有完全融化。冰雹的大小通常只有小石子那么大，但有时，冰块可以很大。

预报天气的人会仔细研究云层。某些种类的云经常在暴风雨前出现。例如，当一个暖锋（暖空气团的前沿）经过一个区域时，有些云就会出现。在很多天中，暖锋以一定的顺序推动着云。当这些云经过一个地区时，通常会带来雨水。

云还有助于加热和冷却地球。多云的日子通常比晴朗的日子凉爽，因为云能把阳光反射回太空。晚上的情况正好相反，地球向太空释放热量，这会导致地面冷却。而云层能阻挡其中的大部分热量，将其送返地面。因此，多云的夜晚通常比晴朗的夜晚更暖和,因为热量被留在了云层和地面之间。

延伸阅读： 大气；雾；锋；冰；雨；雪；水汽；天气和气候。

云母

Mica

云母是一类矿物，它由铝、氧和硅等原子组成，这些原子以扁平的薄片状结合在一起。这些薄片很结实，也非常有韧性和弹性。云母呈黑色、棕色、绿色或紫色，但有些云母没有颜色。

云母有几种不同的种类。它们的不同之处在于结合成薄片状的原子的类型。例如，一种云母含有镁和钾，另一种则含有铝和锂。

印度、巴西和马达加斯加是云母的主要生产国。云母用于各种电气和电子产品。美国生产小片的云母，称为片状云母，它对许多行业都很重要。

延伸阅读： 矿物；岩石。

云母用于各种电气和电子产品。

针叶林

Taiga

针叶林是地球北部地区的大片森林，它覆盖了亚洲、欧洲和北美洲的广大地区。针叶林通常称为北方森林。针叶林包括地球上最后的未受干扰的一些森林。

针叶林是一个生物群落。生物群落是在一定气候条件下的生物集群。针叶林的夏季相对较短但凉爽，冬季较长且寒冷。常青树是针叶林中最常见的植物。针叶林中的大型动物有熊、驼鹿、驯鹿和狼。

延伸阅读： 生物群落；森林。

俄罗斯西伯利亚地区广阔而茂密的常绿森林是针叶林。它包括地球上最后一些未受干扰的森林。

志留纪

Silurian Period

志留纪是地球史上从距今4.43亿年至4.19亿年前的一段地质历史时期。这一时期，有许多原始动物生活在海洋中，包括三叶虫、腕足类和海百合。珊瑚礁也很繁盛，特别是在赤道附近。珊瑚礁里生活着巨大且很重的生物，它们类似现代的海绵。

陆地上的植物小且原始，它们只能生活在水资源丰富的地区，远离河岸和沼泽的陆地上仍然没有植物。包括千足虫的节肢动物，可能首次向陆地进发。节肢动物是一种腿部有关节，但没有脊椎骨的小动物。

志留纪时期，地球的大部分陆地位于南半球，而现在的北美洲横跨赤道。随着时间的推移，一小块大陆与现在的北美洲东部边缘相撞，岩石沿碰撞带发生挤压，并隆起，形成了阿巴拉契亚山脉。

延伸阅读： 地球；地质学；古生物学。

中间层

Mesosphere

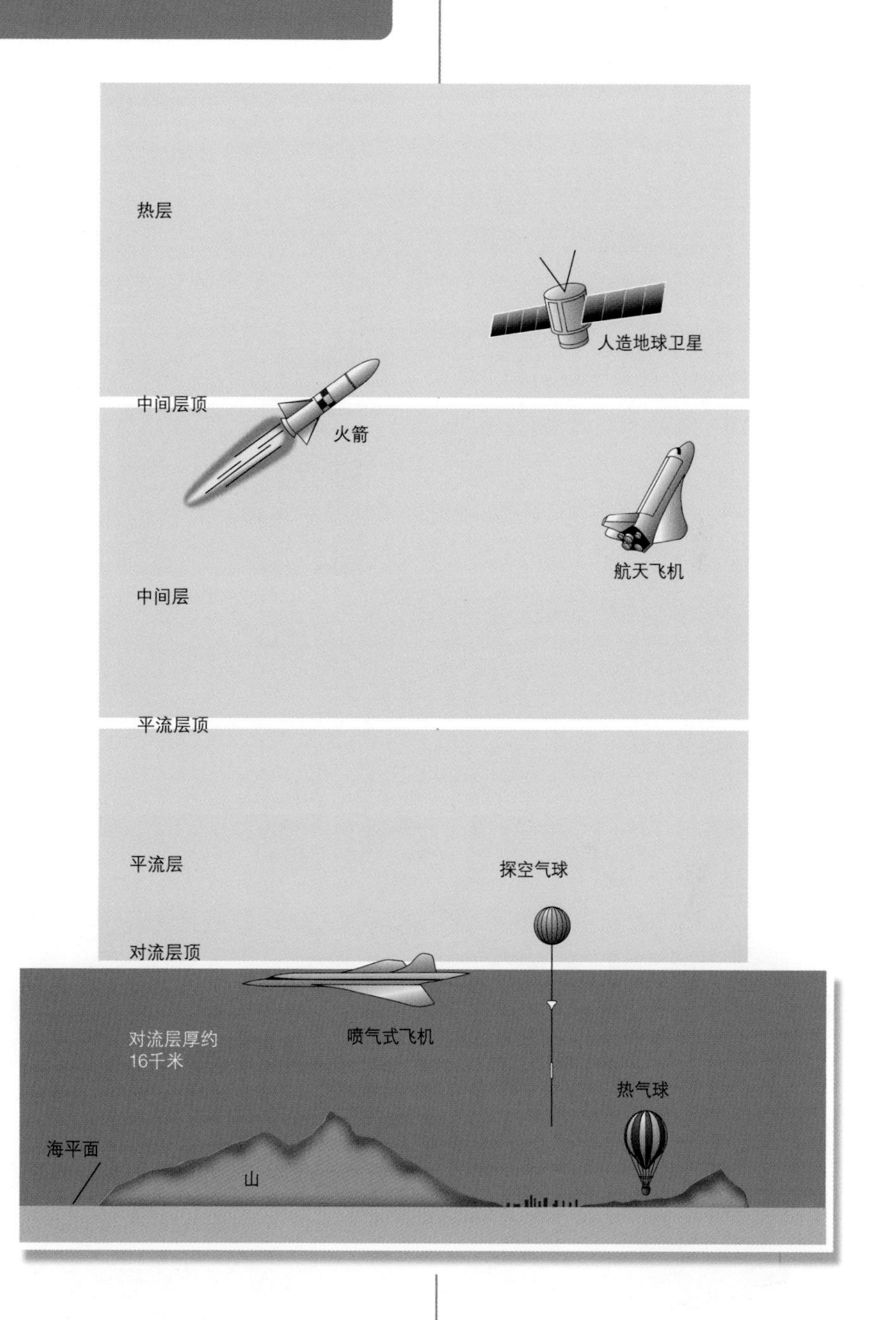

中间层是地球大气层中的一层。一般情况下，大气按气温随高度分布特征分为四层。离地球最近的一层叫对流层，它上面一层是平流层，中间层是平流层之上的一层，最高的一层称为热层。中间层开始于离地面约50千米处，往上到离地面80～100千米处。

随着与地面距离的增加，中间层的气温变得越来越低。中间层的底部，气温为0℃，中间层的顶部是地球大气中最冷的地方。这个区域叫作中间层顶，在北极和南极，中间层顶气温有可能降至－130℃。

中间层气温的下降与臭氧浓度的下降有关。平流层中的臭氧吸收太阳辐射，使中间层的底部变暖。

中间层太高，探空气球和飞机无法到达那里，因此，研究者主要从空间或地面研究中间层反射或发出的辐射。

延伸阅读：空气；大气；臭氧；平流层；热层；对流层。

中生代

Mesozoic Era

中生代是距今约2.52亿年至6600万年前的一段地质历史时期。它通常称为爬行动物时代。

中生代由三个纪组成。最早的一纪叫三叠纪，它从距今2.52亿年前持续到距今2.01亿年前，三叠纪中出现了最早的乌龟、鳄鱼、恐龙和早期哺乳动物；接下来是侏罗纪，它从距今2.01亿年前持续到距今1.45亿年前，在这一纪，巨型恐龙广泛分布，最早的鸟类从小型食肉恐龙中演化出来，最早的显花植物可能也出现了；中生代的最后一纪是白垩纪，它从距今1.45亿年前持续到距今6600万年前，像霸王龙和迅猛龙这些为人熟知的恐龙就生活在这一时期。

在中生代末期，许多动植物灭绝了。除了某些鸟类以外，所有的恐龙都消失了。中生代之后是新生代，在新生代，哺乳动物、鸟类和显花植物都变得丰富起来。

延伸阅读： 新生代；白垩纪；地球；侏罗纪；古生物学；三叠纪。

在中生代，爬行动物统治着陆地、天空和海洋。这些爬行动物包括会飞的翼龙(1)、巨大的食肉恐龙霸王龙(2)、食草的鸭嘴龙、冠龙(3)、早期水生鳄鱼(4)、早期哺乳动物，如阿法齿负鼠(5)也生活在这一时期。

侏罗纪

Jurassic Period

侏罗纪是地球史上距今 2.01 亿年至 1.45 亿年前的一段地质历史时期。侏罗纪处于中生代中期。中生代通常称为恐龙时代。

在侏罗纪，恐龙体型达到最大。最大的恐龙是食植蜥脚类恐龙。蜥脚类恐龙有长长的脖子和尾巴、粗壮的腿和庞大的身体。剑龙是另一种食植恐龙。食肉恐龙有异特龙等。

巨型爬行动物鱼龙和蛇颈龙生活在海洋里。最早的鸟类起源于侏罗纪的小型食肉恐龙。

侏罗纪时期，针叶植物非常丰富。第一批显花植物可能是在这个时期出现的。

在侏罗纪早期，地球上的大部分陆地聚合在一起，地质学家称之为泛大陆。后来，盘古大陆开始分裂成南北两大块，北部的现在称为劳亚古陆，南部的称为冈瓦纳古陆。劳亚古陆由现在的北美洲、欧洲和亚洲组成。冈瓦纳古陆后来分裂成南美洲、非洲、印度次大陆、澳大利亚和南极洲。当劳亚古陆和冈瓦纳古陆分离时，大西洋开始在它们之间形成。

侏罗纪时期，全世界的海平面都上升了。现在的加拿大中部和美国北部的陆地在当时下沉了，上升的海水覆盖了这个地区，但最终海平面又下降了。这次事件称为海侵，这也是在现在的陆地上可以发现许多海洋生物化石的缘故。海侵同样发生在海平面上升并席卷现在欧洲和俄罗斯大部分地区的时期。

延伸阅读： 大陆；地球；中生代；海洋；古生物学；泛大陆。

在侏罗纪时期，恐龙的体型达到了最大。

珠穆朗玛峰

Mount Qomolangma

珠穆朗玛峰是世界上最高的山峰，海拔约8850米，是中国西藏南部喜马拉雅山脉的一部分。产生珠穆朗玛峰的地质作用力现在仍在起作用，这座山可能会在许多年的地质过程中变得更高。

珠穆朗玛峰是世界上最高的山峰。

有超过3000人攀登过珠穆朗玛峰，至少有200人在途中丧生。强风、落石、雪、深深的裂缝和高海拔使得登山变得十分困难。1953年5月29日，新西兰的埃德蒙·希拉里爵士和尼泊尔的导游丹增·诺尔盖成为第一批登上山顶的人。1975年5月5日，日本的田部井淳子成为第一位登上珠穆朗玛峰的女性。

一些住在山上或附近的人声称那里有一种生物，他们称之为雪人，或喜马拉雅雪人。但是登山者从未见过。

延伸阅读：山地。

子夜太阳

Midnight sun

子夜太阳是指在北极或南极附近一天24小时都能看到的太阳。在北极，太阳从3月20日到9月23日从不落下。在南极，从9月23日到3月20日，太阳从不落下。

随着离两极越来越远，持续的日照时间变短。在一条称为北极圈的假想线上，日照时间在6月21日左右只持续几天。

在另一条叫南极圈的假想线上，12 月 21 日前后，日照时间持续一到两天。

子夜太阳是地球绕太阳运行时地轴向一个方向倾斜而造成的。地轴是一条连接南北两极的假想线。一极向太阳倾斜运转 6 个月时，另一极则远离太阳倾斜运转 6 个月，且得不到一点阳光。

延伸阅读： 南极圈；北极圈；地轴；地球；北极；南极。

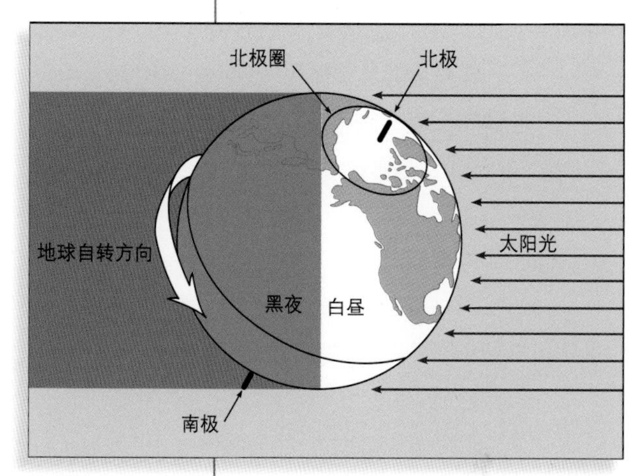

从 3 月 20 日到 9 月 23 日，在北极可以看到午夜太阳。此时，地球在绕太阳运行时向太阳倾斜。

紫水晶

Amethyst

紫水晶是一种紫色或蓝紫色的宝石。它是制作戒指、项链和胸针等的常用宝石。

紫水晶是石英的一种。它的颜色通常被认为是由杂质引起的，如含有铁和锰等金属。紫水晶在巴西、乌拉圭、俄罗斯西伯利亚、印度、斯里兰卡、马达加斯加、墨西哥和加拿大等地均有开采。紫水晶是二月的生辰石。

延伸阅读： 宝石；矿物；石英。

多个世纪以来，紫水晶一直被认为是一种珍贵的宝石，但在 19 世纪，人们发现了大量的紫水晶矿床。

自然保护

Conservation

自然保护是让自然资源不受破坏并被谨慎利用。保护意味着节约。自然资源包括所有有助于维持生命的东西。阳光、水、土壤和矿物都是自然资源。植物和动物也是。致力于保护自然资源的人称为自然保护主义者或环保主义者。

为了满足今天的人们以及子孙后代对自然资源的需求，自然保护是很重要的。人们的需求随着世界人口的增长而增加，但是，一些自然资源的供给并没有增加，反而正在迅速地被消耗殆尽。

自然保护对维持或改善人们的生活质量也很重要。自然保护主义者用“生活质量”这个词来指代环境的好坏。清洁的空气和水、开放的生活区，以及风景区都有助于提高生活质量。

有时，开发自然资源的努力与保护自然资源的努力相冲突。例如，用于农业的化学物质可能会污染河流和湖泊，但它们也增加了农民的粮食产量，从而帮助养活更多的人。人们用矿物制造了很多产品，这些产品提高了人们的生活质量，然而，采矿作业又常常破坏风景优美的土地和动植物的栖息地，并且还会污染空气和水。自然保护主义者认为，为了保持或改善生活质量，我们必须以对环境造成最小可能损害的方式来利用自然资源。

自然保护包括各种各样的活动。一些自然保护主义者努力防止海洋、河流和湖泊受到污染，他们试图确保人们有足够干净的水用于生活、农业和工业。保护森林、牧场和土壤也是他们的目标。一些自然保护主义者寻求安全可靠的方法来满足世界能源需求。还有一些人努力让城市变得更有吸引力，更宜居。例如，他们试图减少汽车尾气和工业废气排放来阻止空气污染。

学生志愿者在他们的学校种树来帮助保护自然资源。

自然保护主义者认为，我们需要保护一些地方的自然资源免于任何形式的开发。某些物种只能在诸如草原、湿地和森林等自然环境中生存，保护这样的栖息地有助于地球生物多样性或生命多样性，也就是植物和动物物种的多样性。古往今来，人类活动导致了许多动植物物种的灭绝。今天，还有许多物种正处在濒临灭绝的巨大危险中。

回收是一项重要的自然保护活动。回收中心的工作人员将塑料和其他可重复使用的材料从垃圾中分离出来。

几百年来，人们一直在进行着某种形式的自然保护。但是，自然保护作为一种流行运动，在20世纪初才开始在美国兴起。在此期间，美国自然保护主义者主要致力于保护美国的森林和野生动物。但是，他们重视植物和动物主要是因为他们可以改善人们的生活质量。自20世纪90年代末以来，许多物种保护机构开始相信，非人类物种有权利为了自身而存在。

延伸阅读： 环境污染；森林；国家公园；自然资源；湿地。

野生动物保护包括在动物栖息地设立庇护所，以免其受人类活动干扰。这是美国新墨西哥州博斯克德尔阿帕奇国家野生动物保护区的鹤。

自然资源

Natural resources

自然资源是存在于地球内部或周围的对生命很重要甚至是必需的物质。空气、阳光、水、金属和石油是自然资源，植物和动物也是自然资源。

自然资源可用于食品、燃料和原材料（用于制造其他东西的物质）。例如，我们吃的食物来自植物和动物，而植物和动物需要空气、阳光、土壤和水。人们用树木建造房屋或作为燃料。化石燃料，如煤、石油和天然气，提供热、光和动力。矿物也是制造电子产品、塑料、汽车和冰箱等东西的原材料。

自然资源可以分为四类：取之不竭的资源、可再生的资源、不可再生的资源和可回收的资源。

阳光是取之不竭、用之不尽的资源。水也被认为是取之不竭、用之不尽的资源，因为地球上水的总量是不变的。然而，水的供给因地区而异，一

植物是一种可再生资源。玉米是人类和动物的重要粮食，它也可以用来制造乙醇燃料。

木材用来建造房屋和制造其他许多东西，也可以用来取暖。

些地区缺乏清洁的淡水。食盐和其他一些矿物的储量十分丰富，以至于人们不太可能用光它们。

可再生资源使用过后能再生，如植物和动物，它们可一代代繁殖。大多数可再生资源不能储存起来供将来使用。例如，老树如果不砍伐，就会腐烂而失去利用价值。

大多数可再生资源是生物，而且它们能相互影响。因此，一种资源的使用常常会影响到其他资源。例如，砍伐树木影响许多植物和动物，以及土壤和水的供给。土壤有时可以被认为是一种可再生资源，因为如果土壤得到适当的保护，作物可以在同一块土地上种植多年。但是如果任凭雨水冲刷或大风吹蚀土壤，数百年之后它们就会被破坏殆尽。

煤、铁、石油等资源是不可再生的，它们需要数百万年的时间才能形成。人们消耗这些资源的速度比新资源形成的速度要快，我们可以将大多数不可再生资源储存起来，以备将来使用。

可回收的资源，如铝和铜，可以多次使用。例如，铝可以用来制造容器，然后可以再加工和再利用。

自然资源是一个国家财富的一部分。加拿大和美国是自然资源丰富的发达国家。但丹麦和日本是自然资源匮乏的发

铝土矿是一种不可再生资源。它可以用来生产铝，铝是一种可回收资源。大量的铝被用来制造飞机和车辆的零件。

煤炭是不可再生资源，它需要数百万年的时间才能形成。煤储量充足，所以被大量用于发电。但是，如果我们继续以目前的速度消耗煤炭，那么到 2050 年，这种唾手易得的资源可能会枯竭。

达国家。一些发展中国家的自然资源很少，但有些国家，如秘鲁和刚果民主共和国，自然资源也很丰富。

人类面临的问题是如何平衡利用自然资源，以满足人们的需求和愿望，同时又满足环境保护的要求。人们经常由于污染空气和水，或杀死动物等破坏了这种平衡。一些专家担心，如果地球人口增长过多，许多自然资源可能会变得稀缺。

延伸阅读： 环境污染；化石燃料；天然气；石油；土壤；供水。

水被认为是用之不尽的自然资源。然而，降水不足可能会影响一个地区的供水。近年来，干旱已经降低了胡佛大坝(上图右)后面湖泊的水位。胡佛大坝为美国西部和西南部的大部分地区提供水和电力，包括内华达州拉斯维加斯（上图左）。

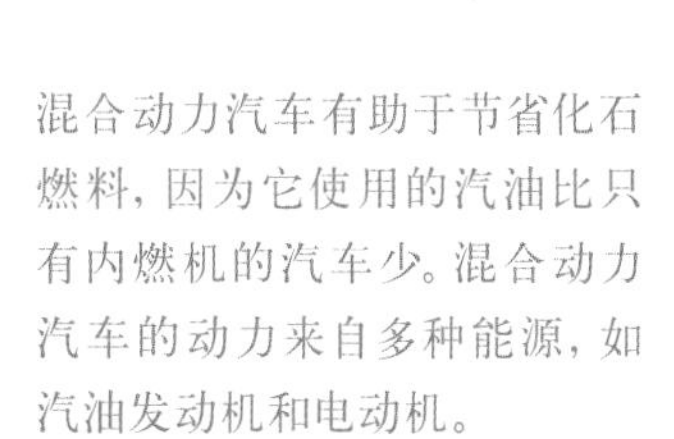

混合动力汽车有助于节省化石燃料，因为它使用的汽油比只有内燃机的汽车少。混合动力汽车的动力来自多种能源，如汽油发动机和电动机。

钻石

Diamond

钻石是一种非常坚硬的矿物。它是由化学元素碳构成的。钻石是纯碳晶体。晶体是由原子组成的，它们以相同的形式连接在一起。钻石通常没有颜色。

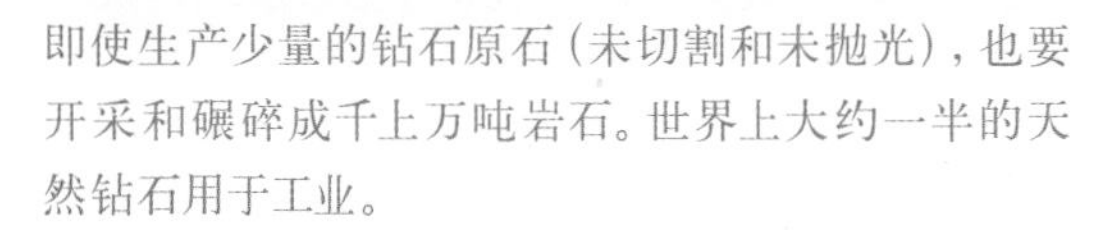

即使生产少量的钻石原石（未切割和未抛光），也要开采和碾碎成千上万吨岩石。世界上大约一半的天然钻石用于工业。

用于制作珠宝的钻石会被切割出许多小的刻面。这些刻面通过反射、折射和分解光来发出光辉。

钻石是自然界中已知的最坚硬的物质。人们用钻石来切割或研磨像金属这样的坚硬材料。钻石也是最有价值的天然物质之一，它们经常用于珠宝。在美国、欧洲和日本等地方，许多人在订婚和结婚戒指上镶嵌钻石。

今天正在开采的天然钻石可能形成于数百万年前地球的上地幔。在那里，高温和高压把碳变成了钻石。含有钻石的岩石被带到了金伯利岩的表面，金伯利岩是一种管状的岩体，它形成于一些火山的咽喉处。现在科学家已知道如何利用高温和高压在实验室中制造出钻石，这种钻石叫人造钻石。

延伸阅读： 宝石；矿物。

图书在版编目（CIP）数据

地球/美国世界图书公司编；沈岩译. —上海：上海辞书出版社，2021

（发现科学百科全书）

ISBN 978-7-5326-5505-2

Ⅰ.①地… Ⅱ.①美… ②沈… Ⅲ.①地球—少儿读物 Ⅳ.①P183-49

中国版本图书馆CIP数据核字（2020）第068952号

FAXIAN KEXUE BAIKEQUANSHU DIQIU

发现科学百科全书 地球

美国世界图书公司 编 沈 岩 译

责任编辑 于 霞
装帧设计 姜 明 杨钟玮
责任印刷 曹洪玲

出版发行 上海世纪出版集团
上海辞书出版社（www.cishu.com.cn）
地 址 上海市陕西北路457号（邮政编码 200040）
印 刷 上海丽佳制版印刷有限公司
开 本 889×1194 毫米 1/16
印 张 19.25
字 数 444 000
版 次 2021年7月第1版 2021年7月第1次印刷
书 号 ISBN 978-7-5326-5505-2/P·24
定 价 148.00元